职业教育金属材料检测类系列教材

金属材料化学分析

主　编　司卫华

副主编　任俊英

参　编　贺丽丽　张　博

主　审　王大力

机 械 工 业 出 版 社

本书共分九个单元，内容包括定量分析化学概论、化学滴定分析方法、试样的采集与制备、固体试样的分解及分析方法的选择、常用仪器分析方法简介、钢铁及其合金分析、非铁金属及其合金分析、稀土材料分析和金属材料化学分析实验。为了便于教学，本书另配备了电子教案，选择本书作为教材的教师可登录 www. cmpedu. com 网站注册免费下载。

本书可作为高职、高专、各类成人教育金属材料检测类专业、工业化学分析类专业及无损检测类专业教学用书，也可供科研或生产单位的相关工作人员参考。

图书在版编目（CIP）数据

金属材料化学分析/司卫华主编. —北京：机械工业出版社，2009. 10（2024. 8 重印）
职业教育金属材料检测类系列教材
ISBN 978-7-111-28443-7

Ⅰ. 金… Ⅱ. 司… Ⅲ. 金属材料-化学分析-职业教育-教材 Ⅳ. TG115. 3

中国版本图书馆 CIP 数据核字（2009）第 179068 号

机械工业出版社（北京市百万庄大街 22 号　邮政编码 100037）
策划编辑：齐志刚　责任编辑：薛　礼　丁秀丽　版式设计：霍永明
封面设计：王伟光　责任校对：吴美英　责任印制：刘　媛
涿州市般润文化传播有限公司印刷
2024 年 8 月第 1 版 · 第 8 次印刷
184mm×260mm · 13 印张 · 318 千字
标准书号：ISBN 978-7-111-28443-7
定价：39. 80 元

电话服务　　　　　　　　网络服务
客服电话：010-88361066　机　工　官　网：www. cmpbook. com
　　　　　010-88379833　机　工　官　博：weibo. com/cmp1952
　　　　　010-68326294　金　　书　　网：www. golden-book. com
封底无防伪标均为盗版　　　机工教育服务网：www. cmpedu. com

前　　言

为了进一步贯彻《国务院关于大力推进职业教育改革与发展的决定》的文件精神，加强职业教育教材建设，满足现阶段职业院校金属材料检测类专业教学对教材建设的需求，根据现阶段该专业教材现状，机械工业出版社于2008年8月在北京召开了“职业教育金属材料检测类专业教材建设研讨会”。在会上，确定了面向该类专业职业教育系列教材的编写计划，本书是根据高职高专人才培养目标，在多年从事高等职业教育教学实践和经验的基础上编写的，可供高职高专金属材料类、工业化学分析类及无损检测等相关专业教学使用，还可供相关技术人员参考。

本书紧密结合高等职业教育的办学特点和教学目标，强调实践性、应用性和创新性。努力降低理论深度，理论知识坚持以应用为目的，以必需、够用为度；注意内容的精选和创新，突出实践应用，拓宽知识领域，重在能力培养。书中涉及的名词术语和相关的标准与国家最新标准一致。

本书共分为九单元，主要内容有定量分析化学概论、化学滴定分析方法、试样的采集与制备、固体试样的分解及分析方法的选择、常用仪器分析方法、钢铁及其合金分析、非铁金属及其合金分析、稀土材料分析及实验实训等内容。

为便于教学，本书另配备了电子教案，选择本书作为教材的教师可来电索取（010-88379201），或登录www.cmpedu.com网站注册免费下载。

本书由司卫华（第一、二、五、六单元）、任俊英（第七、八、九单元）、张博（第三单元）、贺丽丽（第四单元）共同编写，司卫华任主编，任俊英任副主编。天津渤海精细化工有限公司王大力任主审。

在本书的编写过程中，引用或参考了大量已出版的文献和资料，书后难以一一列举，在此向原作者表示衷心的感谢。特别是北京普汇恒达材料测试有限公司严范梅高级工程师给予了很多帮助，特此感谢。

由于编者学识水平和收集资料来源有限，加之时间仓促，书中难免有疏漏和不妥之处，敬请读者不吝赐教，共同商榷。

编　者

目　　录

绪　论

一、化学分析技术在生产中的应用

“化学分析技术”是高职高专材料工程技术类专业的一门重要的实用技术课程，与化学学科的重要分支——分析化学在原理上完全一致，但它更加突出知识的特色和实用性，注重培养学生分析和解决实际问题的基本技能。

分析化学是表征和量测的科学，是研究物质的化学组成、含量、结构的分析方法及有关理论的一门学科。按照分析化学的任务，可将其分为定性分析和定量分析两部分。定性分析的任务是确定物质由哪些组分（元素、离子、基团和化合物）组成，也就是确定组成物质的各组分“是什么”；定量分析的任务是测定物质中有关部分的含量，也就是确定物质中被测组分“有多少”。在进行物质分析时，首先要确定物质有哪些组分，然后选择适当的分析方法来测定各组分的含量。在生产中，大多数情况下物料的基本组成是已知的，只需要对原材料、半成品、成品以及其他辅助材料进行及时准确的定量分析。化学分析技术主要讲述定量分析的基本原理和方法，并着重介绍无机非金属材料的原材料、半成品和成品的化学组成的分析检测技术。

化学分析技术对化学其他学科的发展起着重要的作用，促进了其他学科的发展和进步。许多化学定律和理论都是用化学分析的方法确定的，对于其他各个科学研究领域，如地质学、海洋学、矿物学、考古学、生物学、医药学、农业科学、材料科学、能源科学、环境科学等学科，都需要化学分析提供大量的信息。

不仅如此，化学分析技术对国民经济建设、国防建设和人民生活等方面都具有很重要的实际意义。例如，在工业上，资源的勘测、原料的配比、工艺流程的控制、产品检验与“三废”处理；在农业上，土壤的普查、化肥和农药的生产、农产品的质量检验；在尖端科学和国防建设中，原子能材料、半导体材料、超纯物质、航天技术等的研究都要应用化学技术。对于进出口商品的质量检验、引进产品的“消化”和“吸收”，也需要化学分析技术。因此，人们常将化验室称为生产、科研的“眼睛”。化学分析技术在实现我国工业、农业、国防和科学技术现代化的宏伟目标中具有重要的作用。可以说，化学分析技术的水平已成为衡量一个国家科学技术水平的重要标志之一。

化学分析技术是一门实践性很强的课程，是以实验为基础的科学，是高职高专材料工程技术类、金属材料检测类专业学生必须掌握的一项基本技术。在学习过程中一定要理论联系实际，注重培养实践技能这一重要环节。通过本门课程的学习，要求学生掌握有关物质的化学组成分析的基本原理和测定方法，树立准确的量的概念；加强基本操作技能的训练，培养严谨、求实的工作作风和科学态度；提高分析问题和解决问题的能力，提高综合素质，为学习后续课程和将来的实际应用打下坚实的基础。

二、分析方法的分类

分析化学不仅应用广泛，它所采用的方法也是多种多样。多年来，人们从不同的角度，如根据分析任务、分析对象、试样用量、组分含量和分析原理的不同对分析方法进行了分类。

(1) 按分析任务分类　按分析任务可分为定性分析、定量分析和结构分析。定性分析的任务是鉴定物质由哪些元素、原子团或化合物组成；定量分析的任务是测定物质中有关成分的含量；结构分析的任务是研究物质的分子结构、晶体结构或综合形态。

(2) 按分析对象分类　按分析对象可分为无机分析和有机分析。无机分析的对象是无机物质，有机分析的对象是有机物质。两者分析对象不同，对分析的要求和使用的方法也多有不同。针对不同的分析对象，还可以进一步分类，可分为冶金分析、环境分析、药物分析、材料分析和生物分析等。

(3) 按试样用量分类　按试样用量可分为常量分析、半微量分析、微量分析和痕量分析，分类标准见表0-1。

(4) 按组分含量分类　按组分含量可分为常量组分分析、微量组分分析和痕量组分分析，分类标准见表0-2。

表 0-1　按试样用量分类

分析方法	试样用量/g	试液体积/mL
常量分析	>0.1	>10
半微量分析	0.01~0.1	1~10
微量分析	0.001~0.01	0.01~1
痕量分析	<0.001	<0.01

表 0-2　按组分含量分类

分析方法	被测组分的含量(%)
常量组分分析	>1
微量组分分析	0.01~1
痕量组分分析	<0.01

(5) 按分析原理分类　按分析原理可分为化学分析法和仪器分析法。以物质的化学反应及其计量关系为基础的分析方法称为化学分析法。化学分析法是分析化学的基础，又称为经典分析法，主要有重量分析法（称重分析法）和滴定分析法（容量分析法）等。

重量分析法是通过化学反应及一系列操作步骤使试样中的待测组分转化为另一种化学组成恒定的化合物，再称出该化合物的质量，从而计算出待测组分的含量。如测试样中钡的含量，可称取一定量试样溶于水（或酸）中，加入过量稀 H_2SO_4，使之生成 $BaSO_4$，然后过滤、洗涤、烘干、灼烧、称重，就可求出钡的含量。

滴定分析法是将已知浓度的标准滴定溶液滴加到待测物质溶液中，使两者定量完全反应，根据用去的标准滴定溶液的准确体积和浓度即可计算出待测组分的含量，故又称容量分析法。根据反应类型的不同，滴定分析法又可分为酸碱滴定法、配位滴定法、氧化还原滴定法和沉淀滴定法。

化学分析法常用于常量组分的测定，即待测组分的含量一般在1%以上。化学分析法的特点是准确度高，误差一般小于0.2%，在基准方法中起着重要作用。缺点是速度慢、时间长，尤其是重量分析法，灵敏度较低，比滴定分析法麻烦、费时，适用于常量组分（组分的含量大于1%）分析。

以物质的物理性质或物理化学性质为基础的分析方法称为物理分析法或物理化学分析法。这类方法通过测量物质的物理化学参数完成，需要较特殊的仪器，通常称为仪器分析法。最主要的仪器分析方法有光学分析法、电化学分析法、热分析法、色谱法等。

光学分析法是根据物质的光学性质和能量变化所建立的分析方法，主要包括①分子光谱法，如可见和紫外吸光光度法、红外光谱法、分子荧光及磷光分析法；②原子光谱法、化学发光分析法等。

电化学分析法是以物质在溶液中的电化学性质变化为基础建立的分析方法，主要包括电位分析法、电量法和库仑法、伏安法和极谱法、电导分析法等。

热分析法是根据测量体系的温度与某些性质（如质量、反应热或体积）间的动力学关系所建立的分析方法，主要有热重量法、差示热分析法和测温滴定法。

色谱法是以物质在互不相溶的两相中的分配系数差异为基础建立起来的分离分析方法，是一种重要的分离富集和分析方法，主要包括气相色谱法、液相色谱法（又分为柱色谱、纸色谱）以及离子色谱法。

近几十年迅速发展起来的质谱法、核磁共振法、X 射线光电子能谱法、电子显微镜分析以及毛细管电泳、纳米化学传感器等仪器分析的分离分析方法使得分析手段更为强大。

仪器分析法准确度、灵敏度较高，适用于微量、痕量组分的测定，分析速度快，易于实施实时、在线监测，如炼钢炉前分析。

综 合 训 练

1. 分析化学方法按照分析任务、分析对象、试样用量、组分含量和分析原理等分类方法如何进行分类？

2. 简述滴定分析法的概念及化学分析法的特点。

第一单元　定量分析化学概论

【学习目标】　了解定量分析的一般步骤；了解常用的滴定分析方法及基准物质和标准溶液；了解分析误差及数据处理的方法；掌握有效数字及其运算规则。

模块一　定量分析的一般步骤

定量分析的目的是获得物质中待测组分的含量，定量分析过程一般包括采样、样品的处理、样品测量、分析结果的表示与评价这四个步骤。

一、采样

采样是实施具体分析过程的第一步，其正确与否将直接影响到最终的结论。由于分析测试的目的是从小样本中获得的数据来表征对象全体的无偏信息，这就要求所采集的样本必须首先能代表对象全体，即采样必须有代表性。

获得有代表性采样的一种简单方式是随机采样，如图 1-1 所示。具体的采样方式还需根据样品的类型和分析的目的来进行，并根据分析的准确度的要求确定采样的数量。

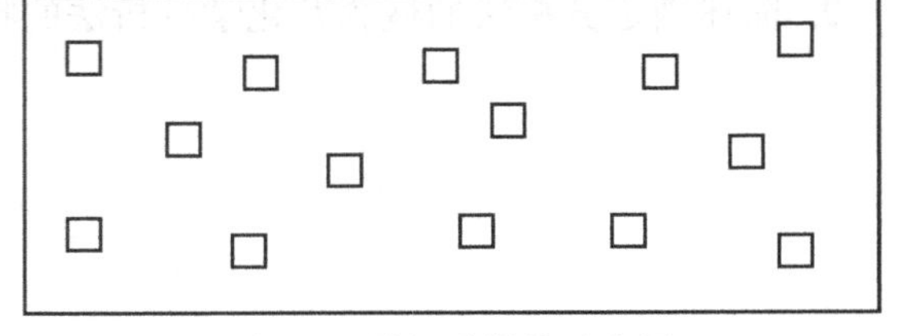

图 1-1　随机采样的示意图

二、样品的处理

1. 样品的制备

以固体样品为例，样品的制备包括样品的破碎和缩分。采集的固体样品通常并不均匀，且样品量相对较大，不适于直接用于定量分析。对采集的样品首先要经过多次破碎、研磨、过筛，使样品颗粒达到一定的粒径，以此来保证样品总体的均匀性。

对于研磨均匀的样品要进行缩分，以获得可进行定量分析的最小量。常用的缩分方式是四分法，其做法是将样品混匀后堆为锥形，然后压为圆饼状，通过中心将其分为四等份，弃去对角的两份，将保留的两份继续缩分，直至达到一定的量。样品制备的一般过程如图 1-2 所示。

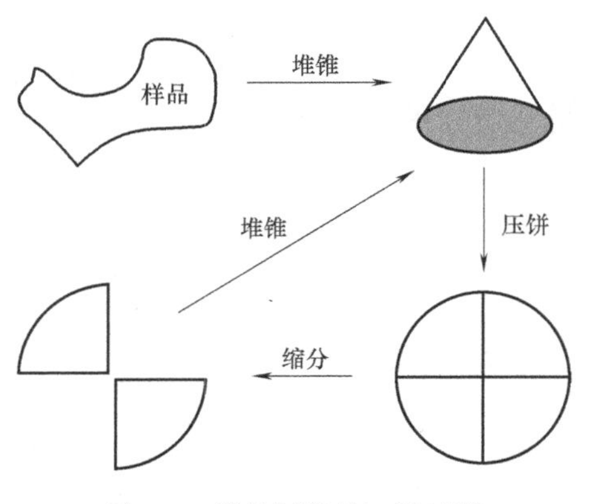

图 1-2　样品制备的一般过程

上述样品的制备过程可能要进行多次循环才可达到要求，最终所需试样的最小质量可用式（1-1）进行估计：

$$m_Q \geqslant kd^2 \tag{1-1}$$

式中 m_Q——所需试样的最小质量，单位为 kg；

d——试样的最大粒径，单位为 mm；

k——缩分常数，通常取值范围为 0.05 ~ 1kg · mm^{-2}。

【例 1.1】 有试样 20kg，要求最终的样品粒径不大于 3.36mm，应缩分几次？已知 k = 0.2kg · mm^{-2}。

解：$m_Q \geqslant kd^2 = 0.2\text{kg} \cdot \text{mm}^{-2} \times 3.36^2\text{mm}^2 = 2.26\text{kg}$

缩分三次剩余的试样量为 $20 \times 0.5^3 = 2.5\text{kg}$，与 2.26 接近，故应缩分三次。

2. 样品的预处理

从样品制备过程中获得的样品通常包含待测组分和其他的杂质，它们的存在形式往往也很复杂，在进行定量分析之前，通常要将此样品进行分解，使待测组分定量地转入到溶液中，并设法消除各种可能存在的干扰，这一过程通常称为样品的预处理。

对样品进行预处理的方式有很多，通常要根据样品的形态和分析的目的选择合适的预处理方式。对于无机固体样品，通常采用溶解法和熔融法对样品进行分解。溶解法采用的溶剂有水、酸、碱和混合酸，样品与溶剂作用后发生氧化还原反应从而使其溶解。例如，盐碱通常可用于溶解纯金属类样品，也可溶解以碱土金属为主的矿石。熔融法通常采用某些固体化合物作为熔剂，使其与样品在高温下熔融，再用水或酸浸取融块。例如，测定土壤中的硅含量时，通常将 KOH 与土壤样品共熔，融块经溶解后再进行滴定分析。

对于有机固体样品，通常可采用干式灰化法和湿式消化法。干式灰化法是将样品置于马弗炉中高温分解，待有机物燃烧完后将留下的无机物残渣以酸提取制备成分析试样。湿式消化法是将硝酸和硫酸的混合物作为溶剂与样品一同加热煮解。

三、样品的测量

样品的测量应该兼顾分析的准确度与速度两个方面。当待测组分含量较高时，要求测量的准确度也较高。例如，当组分含量在 50% ~ 100% 的范围内时，要求测量的相对误差在 0.01% ~ 1% 的范围内时，对准确度的要求可放宽至相对误差为 2% ~ 10%，此时宜采用仪器分析法。

分析速度也是实际分析过程中需要考虑的问题。例如，现代化的化工厂通常是大规模的连续生产，其中每一个工段的产品质量是否合格都将直接影响到整个工厂的正常运转，这就需要采用快速的分析方法，以便在短时间内测定中间产品的组分含量，为工况的调整提供参数。

四、分析结果的表示与评价

1. 分析结果的表示形式

样品中的待测组分的实际存在形式有时会与其测量形式不同，这就会涉及到分析结果的表示形式的问题。例如，当铁矿石中的铁为待测组分时，其可能的存在形式有 Fe_2O_3、FeO 等。而在实际的分析过程中，有时是将样品中所有存在形式的铁都转化为 Fe^{3+}，故测量结果通常是以 Fe^{3+} 含量的形式来表示。

然而，有时也会遇到特别注重样品中某种存在形式的情况，此时应将测量结果以需要的表示形式的方式来表示。如上例中，分析结果也可以用 Fe_2O_3 或 FeO 等的形式来表示。

2. 分析结果的表示方法

对于固体样品，分析结果通常以质量分数表示，如式（1-2）所示：

$$w(\mathrm{B})=\frac{m(\mathrm{B})}{m(\mathrm{S})}\times 100\% \tag{1-2}$$

式中 $w(\mathrm{B})$——待测组分B的质量分数；

$m(\mathrm{B})$——待测组分B的质量；

$m(\mathrm{S})$——样品的质量。

当$m(\mathrm{B})$和$m(\mathrm{S})$的单位一致时，$w(\mathrm{B})$通常以百分数的形式表示。当目标组分的含量非常低时，可用$\mu g \cdot g^{-1}$，$ng \cdot g^{-1}$和$pg \cdot g^{-1}$来表示。

对于液体样品，分析结果通常是以待测组分的物质的量浓度来表示，有时也以质量分数、体积分数等来表示。

对于气体样品，分析结果通常以体积分数来表示。

3. 分析结果的评价

定量分析通常涉及多个步骤，每一个步骤都会引入一定的误差，而这些误差最终会传递到最后的结果中。因而，如何评价每一个步骤的误差及最终结果的可信度，是定量分析必不可少的一个步骤。

模块二 滴定分析方法概述

一、滴定分析法的特点

滴定分析法充分利用了化学反应的计量关系来实现定量分析，这种计量关系可以是直接的，也可以是间接的。如下所示为直接滴定反应的一个例子。

$$\mathrm{T}+\mathrm{S}\rightleftharpoons\mathrm{P}$$

根据这个反应，如果我们要知道物质S的含量，可以用已知准确浓度的T物质与之反应，根据T物质所消耗的量就可确定S的含量。在这里T物质的溶液称为标准溶液或滴定剂，它是以逐滴加入的方式与S进行反应的。当滴加的标准溶液恰好与待测物质反应完全时，我们称滴定反应达到化学计量点。

判定滴定反应是否达到化学计量点的方法通常有化学指示剂法和仪器法。化学指示剂法是通过某种化学试剂颜色的改变来指示化学计量点；而仪器法则根据某种装置的电位（或其他物理量）来指示化学计量点。后者比前者准确，但前者比后者操作方便，故在实际分析过程中更为常用。但是，在采用化学指示剂法时，由于其变色点并不一定与化学计量点一致，以及人眼在判定颜色变化时存在一定的偏差，故此时判定的仅仅是滴定反应的终点，而不一定是化学反应的计量点。滴定反应终点与化学反应计量点的不一致会导致滴定误差，称为滴定反应的终点误差。

滴定分析法要实现准确滴定，一般要满足如下几个条件：①滴定反应必须具备确定的化学计量关系；②反应必须定量地进行完全；③滴定反应有较快的反应速度；④必须有合适的方法确定化学计量点。

二、常用的滴定方式

常用的滴定方式有直接滴定法、返滴定法、置换滴定法和间接滴定法。

1. 直接滴定法

直接滴定法是将滴定剂直接滴加到待测物质的溶液中的一种滴定方法，它是滴定分析中最常用和最基本的滴定方法，凡能满足前述的四个条件的体系都可以采用该法进行定量分析。

2. 返滴定法

返滴定法是先往待测组分的溶液中加入一定过量的某种标准溶液，使之与溶液中的待测组分反应完全，再用另一种标准溶液滴定前一种标准溶液剩余的量，从而实现间接的定量分析。返滴定法通常用于滴定剂与待测组分的反应很慢，或用滴定剂直接滴定固体试样的情况，有时也用于没有合适的指示剂的情况。例如，Al^{3+}与 EDTA 的反应为慢反应，故宜加入已知量的过量的 EDTA 使二者反应完全，过量的 EDTA 可用锌标准溶液返滴定。

3. 置换滴定法

置换滴定法是先用适当试剂与待测组分反应，定量地生成另一种物质，然后用标准溶液滴定该物质。置换滴定法用于直接滴定待测组分没有确定的化学计量关系时的情况，也用于存在副反应的情况。例如，$Na_2S_2O_3$ 不能直接滴定 $K_2Cr_2O_7$，因为在酸性溶液中滴定时 $S_2O_3^{2-}$ 易发生歧化反应，生成 $S_4O_6^{2-}$、SO_4^{2-} 等的混合物，且反应没有确定的计量关系。此时，可以先让 $K_2Cr_2O_7$ 与过量的 KI 反应，定量地生成 I_2，然后再用 $K_2Cr_2O_7$ 滴定 I_2。

4. 间接滴定法

间接滴定法通常用于某种滴定无法进行的情况。例如，Ca^{2+} 无法直接用 $KMnO_4$ 滴定。然而，由于 Ca^{2+}可以被 $H_2C_2O_4$ 定量沉淀为 CaC_2O_4，此沉淀用酸溶解后可生成与 Ca^{2+} 等量的 $C_2O_4^{2-}$，用 $KMnO_4$ 滴定生成的 $C_2O_4^{2-}$ 就可间接地测定 Ca^{2+}的含量。

三、基准物质和标准溶液

1. 基准物质

滴定分析法中，能直接用于配制或标定标准溶液的物质称为基准物质。基准物质必须是纯金属或纯化合物。基准物质应满足如下要求：①基准物质的组成与化学式完全相符。如果该物质含有结晶水，其结晶水的含量应与化学式相符；②基准物质的主要成分的含量应在 99.9% 以上；③基准物质应有很好的稳定性，不易与空气中的物质发生化学反应，也不易吸附空气中的物质；④基准物质的摩尔质量要大。

2. 标准溶液

标准溶液是指其中组分浓度已知的溶液，在滴定分析中通常用作滴定剂。配制标准溶液的常用方法是直接配制法和标定法。

直接配制法是用天平准确称取一定量的某种基准物质，溶解于适量水中，然后定量转入容量瓶中定容。根据称取的质量数及容量瓶的体积，即可计算出标准溶液的浓度。

标定法用于直接配制无法进行的情况，通常是因为试剂不能满足基准物质的要求。例如，市售的盐酸中 HCl 的准确含量难以确定，故无法直接将其配制成标准溶液。要配制 HCl 标准溶液，可先用浓 HCl 溶液稀释到需配制的浓度附近，然后用硼砂或已经标定过的 NaOH 标准溶液进行标定，以此求得该溶液的准确浓度。

四、滴定分析法的计算

1. 标准溶液浓度的表示方法

标准溶液的浓度一般用物质的量浓度来表示，其计算式如下：

$$c(\mathrm{B})=\frac{n(\mathrm{B})}{V} \tag{1-3}$$

式中 $c(\mathrm{B})$——物质B的浓度，单位为$\mathrm{mol \cdot L^{-1}}$；

$n(\mathrm{B})$——溶液中组分B的物质的量，单位为mol或mmol；

V——溶液的体积，单位为$\mathrm{m^3}$，在分析化学中，最常用的单位为L（升）或mL（毫升）。

需要说明的是，物质的量$n(\mathrm{B})$取决于所采用的基本单元，基本单元不同，其摩尔质量的数值就不同，浓度值也不同。例如，对于硫酸溶液的浓度，可以有如下几种表示方式：

$$c(\mathrm{H_2SO_4})=0.1\mathrm{mol \cdot L^{-1}}$$

$$c\left(\frac{1}{2}\mathrm{H_2SO_4}\right)=0.2\mathrm{mol \cdot L^{-1}}$$

$$c(2\mathrm{H_2SO_4})=0.05\mathrm{mol \cdot L^{-1}}$$

在上面三个浓度表示中，硫酸分别以$\mathrm{H_2SO_4}$，$\frac{1}{2}\mathrm{H_2SO_4}$和$2\mathrm{H_2SO_4}$为基本单元。当以$\frac{1}{2}\mathrm{H_2SO_4}$为基本单元时，相当于将一个$\mathrm{H_2SO_4}$分子“拆”成两个单元，摩尔数增加了一倍，故浓度相应增加一倍；而以$2\mathrm{H_2SO_4}$作为基本单元时，相当于把两个$\mathrm{H_2SO_4}$分子“缩”减为一个单元，摩尔数减少了一倍，故浓度相应减小一倍。

在工业生产中，常用滴定度表示标准溶液的浓度。滴定度是指每毫升滴定剂相当于被测物质的量。例如，当每毫升$\mathrm{K_2Cr_2O_7}$溶液恰好能与0.0060g $\mathrm{Fe^{2+}}$反应时，则$\mathrm{K_2Cr_2O_7}$的滴定度为$T(\mathrm{Fe/K_2Cr_2O_7})=0.0060\mathrm{g/mL}$。

2. 滴定分析的计量关系

设滴定剂T与被滴定物质S之间存在如下反应：

$$t\mathrm{T}+s\mathrm{S}=\!=\!=p\mathrm{P}$$

则被滴定物质的量$n(\mathrm{S})$与滴定剂的物质的量$n(\mathrm{T})$之间存在如下反应：

$$tn(\mathrm{S})=\!=\!=sn(\mathrm{T})$$

也可以通过等物质的量的规则来建立计量关系。例如，对于如下反应：

$$2\mathrm{MnO_4^-}+5\mathrm{C_2O_4^{2-}}+16\mathrm{H^+}=\!=\!=2\mathrm{Mn^{2+}}+10\mathrm{CO_2}+8\mathrm{H_2O}$$

如果选择$\mathrm{KMnO_4}$的基本单元为$\frac{1}{5}\mathrm{KMnO_4}$，$\mathrm{H_2C_2O_4}$的基本单元为$\frac{1}{2}\mathrm{H_2C_2O_4}$，则化学计量关系为：

$$n\left(\frac{1}{5}\mathrm{KMnO_4}\right)=n\left(\frac{1}{2}\mathrm{H_2C_2O_4}\right)$$

3. 标准溶液浓度的计算

对于采用标准物质直接配制的标准溶液，其浓度直接用式（1-1）计算。对于采用标定法配制的标准溶液，要根据所采用的标定反应的计量关系来计算其浓度，见例1.2。

【例1.2】 用硼砂为基准物标定由市售盐酸溶液配制的HCl标准溶液。称取硼砂的量为0.4710g，滴定至终点时消耗HCl溶液的体积为25.20mL。求HCl溶液的浓度。已知$M(\mathrm{Na_2B_4O_7 \cdot 10H_2O})=381.36\mathrm{g \cdot mol^{-1}}$。

解： 滴定反应式如下：

$$\mathrm{Na_2B_4O_7}+2\mathrm{HCl}+5\mathrm{H_2O}=4\mathrm{H_3BO_3}+2\mathrm{NaCl}$$

所以，

$$n(HCl)=2n(Na_2B_4O_7\cdot 10H_2O)$$

即：

$$c(HCl)V(HCl)=\frac{2m(Na_2B_4O_7\cdot 10H_2O)}{M(Na_2B_4O_7\cdot 10H_2O)}$$

HCl 溶液的浓度为

$$c(HCl)=\frac{2\times 0.4710}{381.36\times 25.20\times 10^{-3}}mol\cdot L^{-1}=0.09802mol\cdot L^{-1}$$

4. 待测组分含量的计算

待测组分含量的计算要根据滴定反应的计量关系式来进行。

【例 1.3】 称取铁矿石试样 0.5000g，将其溶解且使全部铁还原为亚铁离子。用 $0.01500mol\cdot L^{-1}$ 的 $K_2Cr_2O_7$ 标准溶液滴定至终点时，用去 $K_2Cr_2O_7$ 标准溶液 33.45mL。求试样中铁的质量分数，分别以 Fe 和 Fe_2O_3 的形式表示分析结果。

解：$K_2Cr_2O_7$ 滴定 Fe^{2+} 的反应如下：

$$Cr_2O_7^{2-}+6Fe^{2+}+14H^+ = 2Cr^{3+}+6Fe^{3+}+7H_2O$$

滴定反应的计量关系为

$$n(Fe^{2+})=6n(K_2Cr_2O_7)$$

即

$$\frac{m(Fe^{2+})}{M(Fe)}=6\times c(K_2Cr_2O_7)V(K_2Cr_2O_7)$$

所以，

$$\begin{aligned}m(Fe^{2+})&=6\times c(K_2Cr_2O_7)V(K_2Cr_2O_7)M(Fe)\\&=6\times 0.01500mol\cdot L^{-1}\times 33.45mL\times 10^{-3}\times 55.85g\cdot mol^{-1}\\&=0.1681g\end{aligned}$$

当以 Fe 的形式表示分析结果时，质量分数为

$$w(Fe)=\frac{m(Fe^{2+})}{mS}\times 100\%=\frac{0.1681}{0.5000}=33.63\%$$

当以 Fe_2O_3 的形式表示分析结果时，由于对同一试样存在如下的计量关系：

$$n(Fe^{2+})=2n(Fe_2O_3)$$

所以质量分数为

$$\begin{aligned}w(Fe_2O_3)&=\frac{1}{2}\times\frac{m(Fe^{2+})M(Fe_2O_3)}{M(Fe)\times mS}\times 100\%\\&=\frac{1}{2}\times\frac{0.1681\times 159.7}{55.85\times 0.5000}\times 100\%\\&=48.08\%\end{aligned}$$

模块三 分析误差与数据处理

一、定量分析中的误差

定量分析的任务是测定试样中组分的含量。要求测定的结果必须达到一定的准确度，方

能满足生产和科学研究的需要。不准确的分析结果将会导致生产的损失、资源的浪费以及科学上的错误结论。

在分析测试过程中，由于主、客观条件的限制，使得测定结果不能与真实含量完全一致。即使是技术很熟练的人，用同一分析方法和同一精密的仪器，对同一试样进行多次分析，其结果也不会完全一样，而是在一定范围内波动。这就说明分析过程中客观上存在难以避免的误差。因此，人们在进行定量分析时，不仅要得到被测组分的含量，而且必须对分析结果进行评价，判断分析结果的可靠程度，检查产生误差的原因，以便采取相应的措施减小误差，使分析结果尽量接近客观真实值。

1. 误差的表征——准确度与精密度

分析结果的准确度指分析结果与被测组分的真实值相接近的程度。它们之间的差值越小，则分析结果的准确度越高。

为了获得可靠的分析结果，在实际分析中，人们总是在相同条件下对试样平行测定几份，然后以平均值作为分析结果。如果平行测定的几个数据比较接近，说明分析方法的精密度高。所谓精密度就是几次平行测定结果相互接近的程度。

如何从精密度和准确度两方面来评价分析结果呢？甲、乙、丙、丁等人测定同一硅酸盐试样中 SiO_2 的质量分数的结果如图 1-3 所示。图中 25. 15% 处的虚线表示真实值，“·”为个别测定值，“|”表示平均值。由此，可评价四人的分析结果如下：甲所得结果准确度与精密度均好，结果可靠；乙的精密度较好，结果可靠；乙的精密度虽高，但准确度较低；丙的精密度与准确度均很差；丁的平均值虽然也很接近于真实值，但几个数据彼此相差甚远，而仅是由于正负误差相互抵消才使结果接近真实值。如果只取 2 次或 3 次数值来平均，结果就会与真实值相差很大，因此这个结果是凑巧得来的，也是不可靠的。

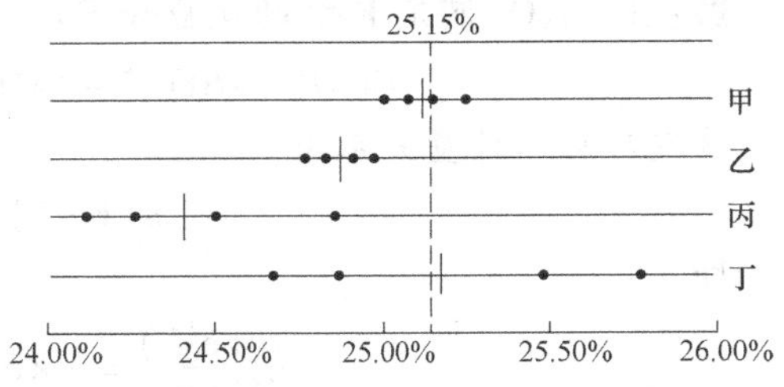

图 1-3　不同人员对同一试样的分析结果

小知识

准确度与精密度：实验值与真实值越接近，则准确度越高。各实验值彼此越接近，则精密度越高。

综上所述，可以得到如下结论：

1）精密度是保证准确度的先决条件。精密度差，所测结果不可靠，就失去了衡量准确度的前提。在分析工作中，首先要重视测量数据的精密度。

2）高的精密度不一定能保证高的准确度，但可以找出精密而不准确的原因，而后加以校正，就可以使测定结果既精密又准确。

2. 误差的表示——误差和偏差

（1）误差　准确度的高低用误差来衡量。误差表示测定结果与真实值的差异。差值越小，误差就越小，即准确度越高。误差一般用绝对误差和相对误差来表示。绝对误差（E_a）是表示测定值 x_i 与真实值 μ 之差，即

$$E_a = x_i - \mu \tag{1-4}$$

相对误差（E_r）是指绝对误差在真实值中所占的百分率：

$$E_r = \frac{E}{\mu} \times 100\% \tag{1-5}$$

小知识

可疑值：如果将一组测定值从小到大排列起来，往往可以发现，其中最小值或最大值有时会与临近的数据相差较大，其可靠性值得怀疑，通常将这些最小值或最大值视为可疑值。

【例 1.4】 测定硫酸铵中氨的含量为 20.84%，已知真实值为 20.82%，求其绝对误差和相对误差。

解：

$$E_a = 20.84\% - 20.82\% = 0.02\%$$

$$E_r = \frac{0.02\%}{20.82\%} \times 100\% = 0.1\%$$

绝对误差和相对误差都有正值和负值，分别表示分析结果偏高或偏低。由于相对误差能反映误差在真实值中所占的比例，故常用相对误差来表示或比较各种情况下测定结果的准确度。

（2）偏差　在实际分析工作中，并不知道真实值，一般是取多次平行测定值的算术平均值 $\bar{x}$ 来表示分析结果：

$$\bar{x} = \frac{x_1 + x_2 + \cdots + x_n}{n} = \frac{1}{n}\sum_{i=1}^{n} x_i \tag{1-6}$$

各次测定值与平均值的差称为偏差。偏差的大小可表示分析结果的精密度，偏差越小，说明测定值的精密度越高。偏差也分为绝对偏差和相对偏差。

绝对偏差：

$$d_i = x_i - \bar{x} \tag{1-7}$$

相对偏差：

$$d_{i_r} = \frac{d_i}{\bar{x}} \times 100\% \tag{1-8}$$

（3）公差　由前面的讨论可以知道，误差与偏差具有不同的含义。前者以真实值为标准，后者是以多次测定值的算术平均值为标准。严格地说，人们只能通过多次反复的测定，得到一个接近于真实值的平均结果，用这个平均值代替真实值来计算误差。显然，这样计算出来的误差还是偏差，因此在生产部门并不强调误差与偏差的区别，而用“公差”范围来表示允许误差的大小。

公差是生产部门对分析结果允许误差的一种限量，又称为允许误差。如果分析结果超出允许的公差范围称为“超差”。遇到这种情况，则该项分析应该重做。公差范围的确定一般是根据生产需要和实际情况而定，所谓根据实际情况是指试样组成的复杂情况和所用分析方法的准确程度。对于每一项具体的分析工作，各主管部门都规定了具体的公差范围，例如，国家标准（JC/T 850—1999）规定水泥用铁质原料分析的公差范围，见表 1-1。

表 1-1 水泥用铁质原料分析公差范围

化学成分	标样允许差(%)	试样实验室内允许差(%)	试样实验室间允许差(%)
烧失量	0.20	0.25	0.40
SiO_2	0.30	0.40	0.60
Fe_2O_3	0.35	0.50	0.70
Al_2O_3	0.20	0.25	0.40
CaO	0.20	0.25	0.40
MgO	0.20	0.25	0.40
SO_3	0.20	0.25	0.50
K_2O	0.07	0.10	0.14
Na_2O	0.05	0.08	0.10

该标准规定：当平行分析同类型标准试样所得的分析值与标准值不大于表 1-1 所列的允许差时，则试样分析值有效，否则无效。当所得的两个有效分析值之差，不大于表 1-1 所列允许差，可予以平均，计算为最终分析结果。如二者之差大于允许差时，则应进行追加分析和数据处理。试样的有效分析值的算术平均值为最终分析结果，并按 GB 8170—2008 数值修约规则修约到小数点后第二位。

3. 误差的分类

在图 1-3 中，为什么乙做的结果精密度很好而准确度差呢？为什么每人所做的四次平行测定结果都有或大或小的差别呢？这是由于在分析过程中存在着各种不同性质的误差。

误差按性质不同可分为两类：系统误差和随机误差。

（1）系统误差　这类误差是由某种固定的原因造成的，它具有单向性，即正负、大小都有一定的规律性。当重复进行测定时系统误差会重复出现。若能找出原因，并设法加以校正，系统误差就可以消除，因此也称为可测误差。乙所做的结果精密度高而准确度差，就是由于存在系统误差。

系统误差产生的主要原因如下：

1）方法误差——分析方法本身所造成的误差。例如滴定分析中，由指示剂确定的滴定终点与化学计量点不完全符合以及副反应的发生等，都将系统地造成测定结果偏高或偏低。

2）仪器误差——仪器本身不够准确或未经校准所引起的误差。如天平、砝码和容量器皿刻度不准等，在使用过程中就会使测定结果产生误差。

3）试剂误差——试剂不纯或蒸馏水中含有微量杂质所引起的误差。

4）操作误差——由于操作人员的主观原因造成的误差。例如，对终点颜色变化的判断，有人敏锐，有人迟钝；滴定管读数偏高或偏低等。

（2）随机误差　随机误差也称偶然误差。这类误差是由一些偶然和意外的原因造成的，如温度、压力等外界条件的突然变化，仪器性能的微小变化，操作稍有出入等原因所引起的。在同一条件下多次测定所出现的随机误差，其大小、正负不定，是非单向性的，因此不能用校正的方法来减少或避免此项误差。

4. 误差的减免

从误差的分类和各种误差产生的原因来看，只有熟练操作并尽可能地减少系统误差和随机误差，才能提高分析结果的准确度。减免误差的主要方法分述如下：

（1）对照试验　对照误差是用来检验系统误差的有效方法。进行对照试验时，常用已知准确含量的标准试样（或标准溶液），按同样方法分析测定以资对照，也可以用不同的分析方法，或者由不同单位的化验人员分析同一试样来互相对照。

在生产中，常常在分析试样的同时，用同样的方法做标样分析，以检查操作是否正确和仪器是否正常，若分析标样的结果符合“公差”规定，说明操作与仪器均符合要求，试样的分析结果是可靠的。

（2）空白试验　在不加试样的情况下，按照试样的分析步骤和条件而进行的测定叫做空白试验。得到的结果称为“空白值”。从试样的分析结果中扣除空白值，就可以得到更接近于真实含量的分析结果。由试剂、蒸馏水、实验器皿和环境带入的杂质所引起的系统误差，可以通过空白试验来校正。空白值过大时，必须采取提纯试剂或改用适当器皿等措施来降低误差。

（3）校准仪器　在日常分析工作中，因仪器出厂时已进行过校正，只要仪器保管妥善，一般可不必进行校准。在准确性要求较高的分析中，对所用的仪器如滴定管、移液管、容量瓶、天平砝码等，必须进行校准，求出校正值，并在计算结果时采用，以消除由仪器带来的误差。

（4）方法校正　某些分析方法的系统误差可用其他方法直接校正。例如，在重量分析中，使被测组分沉淀绝对完全是不可能的，必须采用其他方法对溶解损失进行校正。如在沉淀硅酸后，可再用比色法测定残留在滤液中的少量硅；在准确度要求高时，应将滤液中该组分的比色测定结果加到重量分析结果中去。

（5）进行多次平行测定　这是减小随机误差的有效方法，随机误差初看起来似乎没有规律性，但事实上偶然中包含着必然性。经过人们大量的实践发现，当测量次数较多时，随机误差的分布服从一般的统计规律。

1）大小相近的正误差和负误差出现的机会相等，即绝对值相近而符号相反的误差是以同等的机会出现的。

2）小误差出现的频率较高，而大误差出现的频率较低。

上述规律可用误差的正态分布曲线（图1-4）表示，图中横坐标代表误差的大小，以标准偏差 σ 为单位，纵坐标代表误差发生的频率。

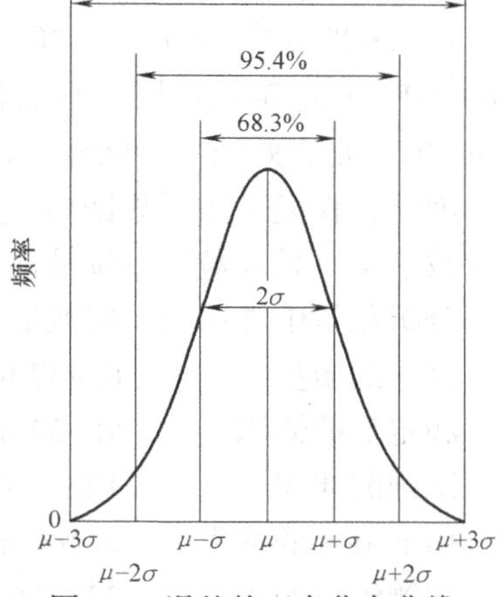

图1-4　误差的正态分布曲线

可见在消除系统误差的情况下，平行测定的次数越多，则测得值的算术平均值越接近真实值。显然，无限多次测定的平均值 μ，在校正了系统误差的情况下，即为真实值。

应该指出，由于操作者的过失，如器皿不洁净、溅失试液、读数或记录出错等造成的错误结果，是不能通过上述方法消除的，因此必须严格遵守操作规程，认真仔细地进行实验，如发现错误的测定结果，应予以剔除，不能用来计算平均值。

二、有效数字及其运算规则

1. 有效数字及位数

为了得到准确的分析结果，不仅要准确测量，而且还要正确地记录和计算，即记录的数字不仅表示数量的大小，而且要正确地反映测量的精确程度。例如，用通常的分析天平称得某物体的质量为0.3280g，这一数值中0.328是准确的，最后一位数字“0”是可疑的；可能有上下一个单位的误差，即其真实质量在(0.3280±0.0001)g范围内的某一数值。此时称量的绝对误差为±0.0001g；相对误差为

$$\frac{\pm 0.0001\text{g}}{0.3280\text{g}} \times 100\% = \pm 0.03\%$$

若将上述称量结果记录为0.328g，则该物体的实际质量将为（0.328±0.001）g范围内的某一数值，即绝对误差为±0.001g，而相对误差则为±0.3%。可见，记录时在小数点后末尾多写一位或少写一位“0”数字，从数学的角度看关系不大，但是记录所反映的测量精确程度无形中被夸大或缩小了10倍。所以在数据中代表一定量的每一个数字都是重要的。这种在分析工作中实际能测量得到的数字称为有效数字。其最末一位是估计的、可疑的，是“0”也得记上。

数字“0”在数据中具有双重意义。若作为普通数字使用，它就是有效数字；若它只起定位作用，就不是有效数字。例如：

1.0001g	五位有效数字
0.5000g，27.03%，6.023×10^{2}	四位有效数字
0.0320g，1.06×10^{-5}	三位有效数字
0.0074g，0.30%	两位有效数字
0.6g，0.007%	一位有效数字

在1.0001g中间的三个“0”，0.5000g中后边的三个“0”，都是有效数字；在0.0074g中的“0”只起定位作用，不是有效数字；在0.0320g中，前面的“0”起定位作用，最后一位“0”是有效数字。同样，这些数字的最后一位都是可疑数字。

因此，在记录测量数据和计算结果时，应根据所使用的测量仪器的准确度，使所保留的有效数字中，只有最后一位是估计的“可疑数字”。

分析化学中常用的一些数值，有效数字位数如下：

试样的质量	0.4370g（分析天平称量）	四位有效数字
滴定剂的体积	18.34mL（滴定管读取）	四位有效数字
试剂的体积	12mL（量筒量取）	两位有效数字
标准溶液的浓度	$0.1000\text{mol} \cdot \text{L}^{-1}$	四位有效数字
被测组分的含量	23.47%	四位有效数字
解离常数	$K_b = 1.8 \times 10^{-5}$	两位有效数字
配合物稳定常数	$K_{MY} = 1.00 \times 10^{8.6}$	三位有效数字
pH	4.30，11.02	两位有效数字

pH=11.02，为什么说有两位有效数字呢？

2. 数字修约规则

对分析数据进行处理时，必须根据各步的测量精度用有效数字的计算规则，合理保留有效数字的位数。我国的国家标准对数字修约有如下规定：

（1）“四舍六入五成双”的规则　当尾数≤4 时则舍；尾数≥6 时则入；尾数等于 5 而 5 后面的数为 0 时，若“5”前面为偶数时则舍，为奇数时则入；若“5”后面还有不是 0 的任何数字时，无论“5”前面是偶数还是奇数皆入。例如，将下列数字修约为四位有效数字：

0.52664→0.5266　　　　250.650→250.6

0.36266→0.3627　　　　18.0852→18.09

10.2350→10.24

（2）“一次修约”原则　所拟舍去的数字，若为两位以上时，不得连续进行多次修约。例如，需将 215.4546 修约成三位，应一次修约为 215。

若 215.4546→215.455→215.46→215.5→216 则是不正确的。

3. 有效数字的运算规则

（1）加减法　当几个数据相加或相减时，它们的和或差只能保留一位可疑数字，应以小数点后位数最少（即绝对误差最大）的数据为依据。例如 53.2、7.45 和 0.66382，三数相加，若各数据都按有效数字规定所记录，最后一位均为可疑数字，则 53.2 中的“2”已是可疑数字，因此三数相加后第一位小数已属可疑，它决定了总和绝对误差，因此上述数据之和，不应写作 61.31382，而应修约为 61.3。

（2）乘除法　几个数据相乘除时，积或商的有效数字位数的保留，应以其中相对误差最大的那个数据为准，即有效数字位数最少的那个数据为依据。

例如计算　$$\frac{0.0234 \times 7.105 \times 70.06}{164.2} = ?$$

因最后一位都是可疑数字，各数据的相对误差分别为

$$\frac{\pm 0.0001}{0.0234} \times 100\% = \pm 0.4\%$$

$$\frac{\pm 0.001}{7.105} \times 100\% = \pm 0.01\%$$

$$\frac{\pm 0.01}{70.06} \times 100\% = \pm 0.01\%$$

$$\frac{\pm 0.1}{164.2} \times 100\% = \pm 0.06\%$$

可见 0.0234 的相对误差最大（也是位数最少的数据），所以上列计算式的结果，只允许保留三位有效数字：

$$\frac{0.0234 \times 7.10 \times 70.1}{164} = 0.0737$$

在计算和取舍有效数字位数时，还要注意以下几点。

1）若某一数据中第一位有效数字大于或等于 8，则有效数字的位数可多算一位。如 8.15，可视为四位有效数字。

2）在分析化学计算中，经常会遇到一些倍数、分数，如 2、5、10 及 1/2、1/5、1/10

等，这里的数字可视为足够准确，不考虑其有效数字位数，计算结果的有效数字位数，应由其他测量数据来决定。

3）在计算过程中，为了提高计算结果的可靠性，可以暂时多保留一位有效数字位数，得到最后结果时，再根据数字修约的规则，弃去多余的数字。

4）在分析化学计算中，对于各种化学平衡常数，一般保留两位或三位有效数字。对于各种误差的计算，取一位有效数字即已足够，最多取两位。对于 pH 的计算，通常只取一位或两位有效数字即可，如 pH 为 3.4、7.5。

5）定量分析的结果，对于高含量组分（例如≥10%），要求分析结果为四位有效数字；对于微量组分（ <1%），一般只要求两位有效数字。通常以此为标准，报出分析结果。

使用计算器计算定量分析结果，特别要注意最后结果中有效数字的位数，应根据前述数字修约规则决定取舍，不可全部照抄计算器上显示的八位数字或十位数字。

三、分析结果的数据处理

在分析工作中，最后处理分析数据时，都要在校正系统误差和剔除由于明显原因而与其他测定结果相差甚远的那些错误测定结果后进行。

在例行分析中，一般对单个试样平行测定两次。两次测定结果差值如不超过双面公差（即 2 乘以公差），则取它们的平均值报出分析结果，如超过双面公差，则需重做。例如，水泥中 SiO_2 含量的测定，有关国家标准规定同一实验室内公差（允许误差）为 ±0.20%，如果实际测得的数据分别为 21.14% 及 21.58%，两次测定结果的差值为 0.44%，超过双面公差（2×0.20%），必须重新测定，如又进行一次的测定结果为 21.16%，则应以 21.14% 和 21.16% 两次测定的平均值 21.15% 报出。

在常量分析实验中，一般对单个试样（试液）平行测定 2～3 次，此时测定结果可作如下简单处理：计算出相对平均偏差，若其相对平均偏差≤0.1%，可认为符合要求，取其平均值报出测定结果，否则需重做。

对结果要求非常准确的分析，如标准试样成分的测定，考核新拟定的分析方法，对同一试样，往往由于实验室不同或操作者不同，做出的一系列测定数据会有差异，因此需要用统计的方法进行结果处理。首先把数据加以整理，剔除由于明显原因而与其他测定结果相差甚远的错误数据，对于一些精密度似乎不甚高的可疑数据，根据实验要求或按其他有关规则决定取舍，然后计算 n 次测定数据的平均值（$\bar{x}$）与标准偏差（S），有了 $\bar{x}$、S、n 这三个数据，即可表示出测定数据的集中趋势和分散情况，就可进一步对总体平均值可能存在的区间作出估计。

1. 数据集中趋势的表示方法

根据有限次测定数据来估计真值，通常采用算术平均值或中位数来表示数据分布的集中趋势。

（1）算术平均值 $\bar{x}$　对某试样进行 n 次平行测定，测定数据为 x_1，x_2，…，x_n，则

$$\bar{x}=\frac{x_1+x_2+\cdots+x_n}{n}=\frac{1}{n}\sum_{i=1}^{n}x_i \tag{1-9}$$

根据随机误差的分布特性，绝对值相等的正、负误差出现的概率相等，所以算术平均值 $\bar{x}$ 是真值的最佳估计值。当测定次数无限增多时，所得的平均值即为总体平均值 μ。

$$\mu = \lim \frac{1}{n} \sum_{i=1}^{n} x_i \tag{1-10}$$

（2）中位数　中位数是指一组平行测定值按由小到大的顺序排列时的中间值。当测定次数 n 为奇数时，位于序列正中间的那个数值，就是中位数；当测定次数 n 为偶数时，中位数为正中间相邻的两个测定值的平均值。

中位数不受离群值大小的影响，但用以表示集中趋势不如平均值好，通常只有当平行测定次数较少而又有离群较远的可疑值时，才用中位数来代表分析结果。

2. 数据分散程度的表示方法

随机误差的存在影响测量的精密度，通常采用平均偏差或标准偏差来表示数据的分散程度。

（1）平均偏差 $\bar{d}$　计算平均偏差 $\bar{d}$ 时，先计算各次测定结果对于平均值的偏差：

$$d_i = x_i - \bar{x} \quad (i=1,\ 2,\ \cdots,\ n)$$

然后求其绝对值之和的平均值：

$$\bar{d} = \frac{1}{n} \sum_{i=1}^{n} |d_i| = \frac{1}{n} \sum_{i=1}^{n} |x_i - \bar{x}| \tag{1-11}$$

则相对平均偏差为

$$\frac{\bar{d}}{\bar{x}} \times 100\% \tag{1-12}$$

（2）标准偏差　标准偏差又称均方根偏差。当测定次数趋于无穷大时，总体标准偏差 σ 的表达式为

$$\sigma = \sqrt{\frac{\sum_{i=1}^{n} (x_i - \mu)^2}{n}} \tag{1-13}$$

式中，μ 为总体平均值，在校正系统误差的情况下 μ 即为真值。

在一般的分析工作中，有限测定次数时的标准偏差 s 的表达式为

$$s = \sqrt{\frac{\sum_{i=1}^{n} (x_i - \bar{x})^2}{n-1}} \tag{1-14}$$

相对标准偏差也称变异系数（CV），其计算式为

$$CV = \frac{s}{\bar{x}} \times 100\% \tag{1-15}$$

用标准偏差表示精密度比用算术平均偏差更合理，因为将单次测定值的偏差平方之后，较大的偏差能显著地反映出来，故能更好地反映数据的分散程度。

例如，有甲、乙两组数据，其各次测定的偏差分别为

甲组：+0.11，$-0.\underset{*}{7}3$，+0.24，$+0.\underset{*}{5}1$，−0.14，0.00，+0.30，−0.21

$$n_1 = 8 \qquad \bar{d} = 0.28 \qquad S_1 = 0.38$$

乙组：+0.18，+0.26，−0.25，−0.37，+0.32，−0.28，+0.31，−0.27

$$n_2 = 8 \qquad \bar{d}_1 = 0.28 \qquad S_2 = 0.29$$

甲、乙两组数据的平均偏差相同，但可以明显地看出甲组数据较为分散，因其中有两个

较大的偏差（标有＊号者），因此用平均偏差反映不出这两组数据的好坏。但是，如果用标准偏差来表示时，甲组数据的标准偏差明显偏大，因而精密度较低。

单 元 小 结

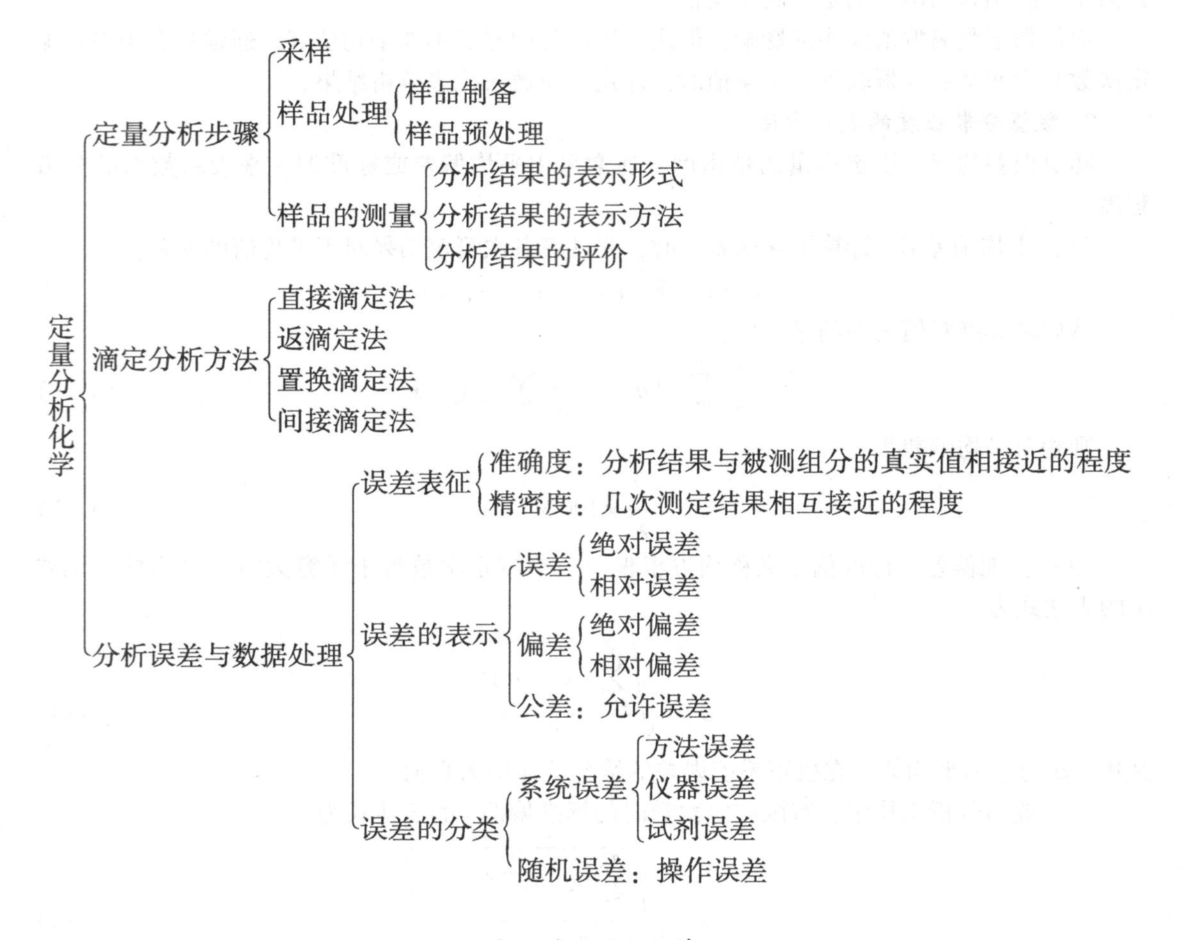

综 合 训 练

1. 什么是标准溶液？标准溶液的配制有哪些方法？

2. 什么是基准物质？作为基准物质应具备哪些条件？

3. 求下列溶液的物质的量浓度。

（1）0.200L NaOH 溶液中含有 6g NaOH，求 $c(NaOH)$。

（2）1000mL 溶液中含有 3.398g $AgNO_3$，求 $c(AgNO_3)$。

（3）4.740g $KMnO_4$ 配制成 750mL 溶液，求 $c\left(\frac{1}{5}KMnO_4\right)$。

（4）4.560g $CuSO_4 \cdot 5H_2O$ 配制成 500mL 溶液，求 $c(CuSO_4)$。

（5）0.6304g $H_2C_2O_4 \cdot 2H_2O$ 配制成 50mL 溶液，求 $c\left(\frac{1}{2}H_2C_2O_4\right)$。

4. 欲配制 $Na_2C_2O_4$ 溶液用于标定 0.04mol·L^{-1}的 $KMnO_4$ 溶液，如要使标定时两种溶液消耗的体积相等，问需配制 $Na_2C_2O_4$ 溶液的浓度为多少？

5. 计算下列结果：

（1）$11324 + 4.093 + 0.0467$

（2）$45.6782 \times 0.0023 \times 4500$

（3）$\dfrac{0.2000 \times (32.56 - 1.34) \times 321.12}{3.000 \times 1000}$

（4）pH = 0.05，求 $c(H^+)$。

6. 下列数据各包括几位有效数字？

（1）6.051 （2）0.0238 （3）0.00300 （4）10.030 （5）8.7×10^{-2} （6）pH = 7.0；（7）114.0 （8）20.02% （9）0.50% （10）0.00075

第二单元　化学滴定分析方法

【学习目标】　了解化学分析方法；掌握酸碱滴定法、络合滴定法、氧化还原滴定法及重量分析法等最基本的滴定分析方法及具体应用。

模块一　酸碱滴定法

酸碱滴定法是以酸碱中和反应为基础的滴定分析法，该法一般都是用强酸或强碱作标准溶液来测定被测物质。一般的酸、碱以及能与酸、碱直接起反应的物质，几乎都可以用酸碱滴定法来测定。所以，酸碱滴定法在实际工作中的应用非常广泛，是一种最基本的滴定分析方法。

为了正确运用酸碱滴定法进行分析测定，必须了解滴定过程中溶液 pH 的变化规律，特别是化学计量点附近 pH 的变化，才有可能选择合适的指示剂，正确地指示滴定终点。表示滴定过程中溶液 pH 随标准溶液用量变化而改变的曲线称为滴定曲线。

一、酸碱指示剂

由于酸碱反应一般没有外观变化，常用的方法是在被测溶液中加入适当的指示剂，根据指示剂的颜色变化来确定滴定终点。酸碱滴定法中所应用的指示剂叫做酸碱指示剂。

1. 变色原理

酸碱指示剂一般是有机弱酸、有机弱碱或两性物质。下面以有机弱酸型酸碱指示剂为例来说明酸碱指示剂的变色原理。

有机弱酸型酸碱指示剂可以用符号 HIn 来表示，它在水中存在如下电离平稳：

$$HIn \rightleftharpoons H^+ + In^-$$

（酸式色）　　（碱式色）

其中未电离的分子和电离后生成的离子具有不同的颜色，分别叫做酸式色和碱式色，当溶液的 pH 发生变化时，上述平衡发生移动，从而使指示剂的颜色发生改变。

例如：酚酞是一种有机弱酸（$K_a = 6\times10^{-10}$），在溶液中的电离平衡可用下式表示：

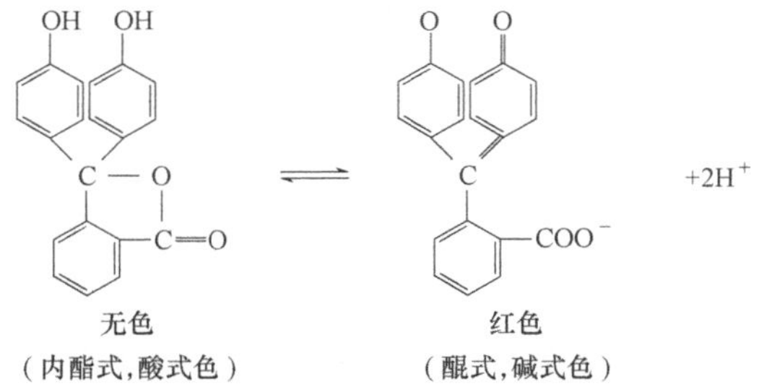

OH　OH　　　　　　O　O

C—O　　⇌　　C　　　　$+2H^+$

C═O　　　　　　COO^-

无色（内酯式，酸式色）　　　红色（醌式，碱式色）

在酸性溶液中，平衡向左移动，主要以未离解的分子形式存在，呈无色。在碱性溶液中，平衡向右移动，主要以醌基结构的阴离子存在，呈红色。可见，指示剂结构的改变是颜色变化的依据，溶液 pH 的改变是颜色变化的条件。

2. 变色范围

对有机弱酸型酸碱指示剂 HIn，其电离常数 K_{HIn} 可简写为

$$K_{HIn}=\frac{c_{H^+}\cdot c_{In^-}}{c_{HIn}}$$

移项得

$$c_{H^+}=K_{HIn}\times\frac{c_{HIn}}{c_{In^-}}$$

即

$$pH=pK_{HIn}-\lg\frac{c_{HIn}}{c_{In^-}}$$

在一定温度下，K_{HIn} 是一个常数，所以，指示剂酸式色与碱式色的浓度之比（c_{HIn}/c_{In^-}）取决于溶液中 c_{H^+} 的变化。当 $pH=pK_{HIn}$ 时，$c_{HIn}=c_{In^-}$，溶液呈酸式色和碱式色的混合色，所以，$pH=pK_{HIn}$ 称为酸碱指示剂的理论变色点。例如，酚酞指示剂的理论变色点是 pH =9.1。

实验观察表明：当 $c_{HIn}/c_{In^-}\geqslant 10$，即 $pH\leqslant pK_{HIn}-1$ 时，人眼只能看到酸式色；当 $c_{HIn}/c_{In^-}\leqslant\frac{1}{10}$，即 $pH\geqslant pK_{HIn}+1$ 时，人眼只能看到碱式色。因此，当 pH 由 $pK_{HIn}-1$ 变到 $pK_{HIn}+1$ 时，人眼就能明显地看到溶液由酸式色变为碱式色。所以，$pH=pK_{HIn}\pm 1$ 被称为酸碱指示剂的理论变色范围。

但是，由于人眼对不同颜色的敏感程度不同，指示剂的变色范围不一定刚好是 $pK_{HIn}\pm 1$，通常是在 $pK_{HIn}\pm 1$ 附近。例如，酚酞的 $pK_{HIn}=9.1$，理论变色范围应该是8.1～10.1，但实际变色范围是8.0～9.8，这是因为人眼对红色比较敏感。常用的酸碱指示剂见表2-1。

表2-1　常用的酸碱指示剂

指　示　剂	变色范围（pH）	pK_{HIn}	酸式色	碱式色	配制方法	用量（滴/10mL）
百里酚蓝（第一次变色）	1.2～2.8	1.6	红	黄	0.1%的20%酒精溶液	1～2
甲基橙	3.1～4.4	3.4	红	黄	0.1%或0.05%水溶液	1
溴甲酚绿	3.8～5.4	4.9	黄	蓝	0.1%水溶液	1～2
甲基红	4.4～6.2	5.0	红	黄	0.1%的60%酒精溶液或其钠盐水溶液	1
溴百里酚蓝	6.0～7.6	7.3	黄	蓝	0.1%的20%酒精溶液或其钠盐水溶液	1～2
中性红	6.8～8.0	7.4	红	黄橙	0.1%的60%酒精溶液	1～2
百里酚蓝（第二次变色）	8.0～9.6	8.9	黄	蓝	0.1%的60%酒精溶液	1～2
酚酞	8.0～9.8	9.1	无色	红	0.1%的90%酒精溶液	1
百里酚酞	9.4～10.6	10	无色	蓝	0.1%的90%酒精溶液	1～2

3. 混合指示剂

指示剂的变色范围越窄越好，这样有利于提高测定结果的准确度。但单一指示剂的变色范围都比较宽，变色不够敏锐，且变色过程还有过渡颜色。混合指示剂克服了单一指示剂的缺点，具有变色范围窄、变色敏锐等优点。其配制方法有两类：

一类是在指示剂中加入一种不随 pH 变化而改变颜色的染料。例如，在甲基橙中加入靛蓝二磺酸钠（蓝色染料），靛蓝在溶液中不因 pH 改变而变色，在 pH = 4.1 时，甲基橙显示酸式色（红色），它与蓝色混合后，使溶液呈浅灰色（接近无色）；在 pH≤3.1 时，甲基橙的酸式色（红色）与蓝色混合后，使溶液呈紫色；在 pH≥4.4 时，甲基橙的碱式色（黄色）与蓝色混合后，使溶液呈绿色。因此，到达滴定终点时，溶液由紫变灰或由绿变灰，颜色变化十分明显。

另一类是由两种或两种以上的指示剂混合而成。例如，溴甲酚绿和甲基红的混合指示剂，其变色点 pH = 5.1，正好在两种指示剂的变色范围内，都显中间色，溴甲酚绿的绿色与甲基红的橙红色混合，溶液呈灰色。在 pH < 5.1 时，其酸式色为酒红色；在 pH > 5.1 时，其碱式色为绿色；颜色变化极为明显。

二、酸碱滴定的基本原理

在酸碱滴定的过程中，随着标准溶液的加入，被测溶液的 pH 不断发生变化。如果用标准酸溶液滴定碱，被测溶液的 pH 逐渐降低；相反，如果用碱来滴定酸，被测溶液的 pH 逐渐升高。如果把酸碱滴定中，被测溶液的 pH 变化规律用图像来表示，就可以得到一条曲线，这条曲线就称为酸碱滴定曲线。酸碱滴定曲线在酸碱滴定中非常有用，它可以帮助我们选择酸碱指示剂。

小知识

酸碱质子理论：酸是质子的给予体，碱是质子的接受体。

1. 一元酸碱的滴定

（1）强酸与强碱的滴定

1）强酸与强碱的滴定曲线和滴定突跃。在强酸与强碱的滴定过程中，溶液 pH 的变化规律可以用酸度计来测定，也可以通过理论计算求出。下面以 $0.1000\text{mol}\cdot\text{L}^{-1}$ 的 NaOH 标准溶液滴定 20.00mL $0.1000\text{mol}\cdot\text{L}^{-1}$ 的 HCl 溶液为例，为了便于讨论，我们把滴定过程分为四个阶段：

计量前：因为 HCl 是强酸，在溶液中完全电离，所以 $c_{\text{H}^+} = 0.1000\text{mol}\cdot\text{L}^{-1}$，pH = 1.00。

计量点前：从滴定开始到计量点前的任一时刻，溶液中的 c_{H^+} 取决于溶液中剩余 HCl 的浓度。设用 c_1、V_1 分别表示 HCl 的浓度和体积，c_2、V_2 分别表示 NaOH 溶液的浓度和加入的 NaOH 溶液的体积，则

$$c_{\text{H}^+} = \frac{c_1V_1 - c_2V_2}{V_1 + V_2} = \frac{20.00 - V_2}{20.00 + V_2} \times 0.1000$$

当加入 18.00mL NaOH 溶液（即 90% 的 HCl 被中和）时，

$$c_{\text{H}^+} = \frac{20.00 - 18.00}{20.00 + 18.00} \times 0.1000 = 5.26 \times 10^{-3}(\text{mol}\cdot\text{L}^{-1}),\ \text{pH} = 2.28$$

当加入 19.98mL NaOH 溶液（即 99.9% 的 HCl 被中和）时，

$$c_{H^+}=\frac{20.00-19.98}{20.00+19.98}\times0.1000=5.00\times10^{-5}(\text{mol}\cdot\text{L}^{-1})，\ pH=4.30$$

计量点时：NaOH 与 HCl 已完全中和，生成的 NaCl 不水解，溶液呈中性，pH = 7.00。

计量点后：NaOH 过量，所以溶液的 pH 取决于过量的 NaOH 溶液的浓度。

$$c_{OH^-}=\frac{c_2V_2-c_1V_1}{V_1+V_2}=\frac{V_2-20.00}{20.00+V_2}\times0.1000$$

当加入 20.02mL NaOH 溶液（即 NaOH 过量 0.1%）时，

$$c_{OH^-}=\frac{20.02-20.00}{20.00+20.02}\times0.1000=5.00\times10^{-5}(\text{mol}\cdot\text{L}^{-1})$$

$$pOH=4.30$$

$$pH=14.00-4.30=9.70$$

当加入 22.00mL NaOH 溶液（即 NaOH 过量 10%）时，

$$c_{OH^-}=\frac{22.00-20.00}{20.00+22.00}\times0.1000=4.76\times10^{-3}(\text{mol}\cdot\text{L}^{-1})$$

$$pOH=2.32$$

$$pH=14.00-2.32=11.68$$

如果以加入 NaOH 标准溶液的体积为横坐标，以溶液的 pH 为纵坐标作图就可以得到一条曲线，这就是强碱滴定强酸的滴定曲线，如图 2-1 所示。

从上述计算和图 2-1 中可以看出：从滴定开始到加入 19.98mL 时，溶液的 pH 从 1.00 增加到 4.30，只改变了 3.3 个 pH 单位，pH 的变化比较缓慢，曲线平坦。但在计量点附近，从加入 19.98mL 到 20.02mL NaOH，只加了 0.04mL（相当于 1 滴）NaOH，溶液的 pH 却从 4.30 增加到 9.70，pH 增加了 5.4 个单位，这一段滴定曲线几乎与纵轴平行。从这以后，过量的 NaOH 对溶液 pH 的影响越来越小，曲线又变得平坦。

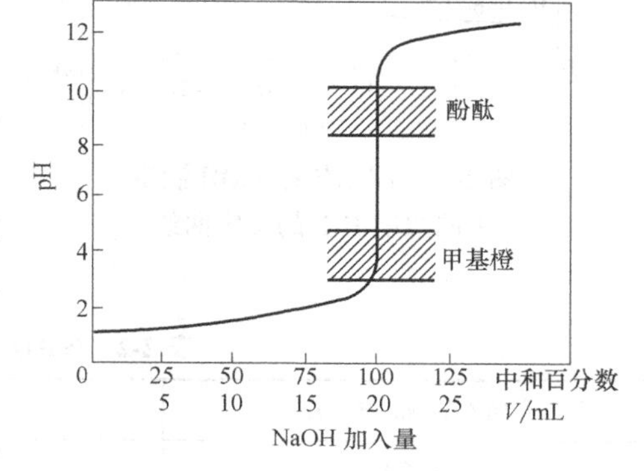

图 2-1　0.1000mol·L⁻¹的 NaOH 滴定 0.1000mol·L⁻¹的 HCl 的滴定曲线

想一想

酸碱滴定法中为什么会产生滴定误差？

这种在计量点附近加入一滴标准溶液而引起溶液 pH 的突变，称为滴定突跃。滴定突跃所在的 pH 范围，称为滴定突跃范围。

2）选择酸碱指示剂的原则。在酸碱滴定中，最理想的指示剂应该是恰好在计量点时变色，但这种指示剂实际上很难找到，而且也没有必要。因为在计量点附近，溶液的 pH 有一个突跃，只要指示剂在突跃范围内变色，其终点误差都不会大于 0.1%。所以，酸碱指示剂的选择原则是：凡是变色范围内全部或部分落在滴定的突跃范围内的指示剂都可以选用。

由于强酸与强碱的滴定，其突跃范围大，所以，甲基红和酚酞都是合适的指示剂。甲基橙的变色范围几乎在突跃范围外，用它作指示剂进行滴定时，必须加以控制，使误差不超过0.2%。

3）浓度对突跃范围的影响。酸碱滴定突跃范围的大小与滴定剂和被测物质的浓度有关，浓度越大，突跃范围就越大，如图2-2所示。例如，用0.1mol·L^{-1}的NaOH滴定0.1mol·L^{-1}的HCl，突跃范围是4.3~9.7；用0.01mol·L^{-1}的NaOH滴定0.01mol·L^{-1}的HCl，突跃范围是5.3~8.7。可见，当酸碱浓度降到原来的1/10，突跃范围就减少2个pH单位。浓度太小，突跃不明显，不容易找到合适的指示剂。浓度越大，突跃范围就越大，可供选择的指示剂多；但浓度太大，样品和试剂的消耗量大，造成浪费，并且滴定误差也大。因此，在酸碱滴定中，标准溶液的浓度一般都选择0.01~1mol·L^{-1}。

（2）强碱滴定弱酸　以0.1000mol·L^{-1}的NaOH滴定20.00mL 0.1000mol·L^{-1}的HAc为例。滴定过程的pH变化见表2-2，并绘制成曲线，如图2-3所示。

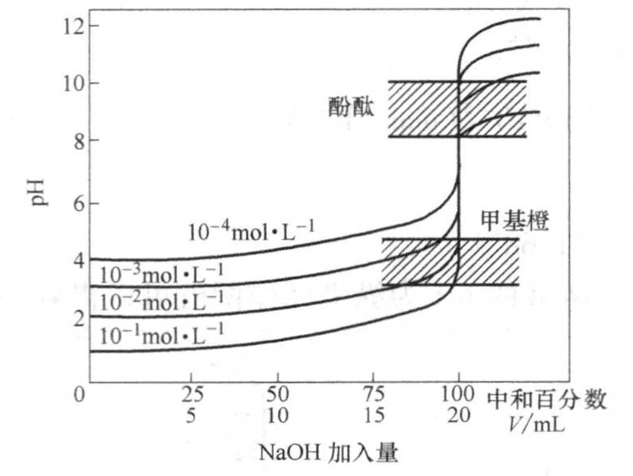

图2-2　不同浓度NaOH滴定不同浓度HCl的滴定曲线

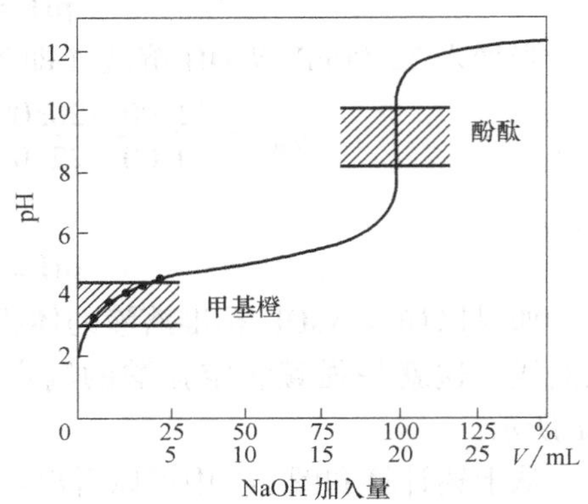

图2-3　0.1000mol·L^{-1}的NaOH滴定0.1000mol·L^{-1} HAc的滴定曲线

表2-2　NaOH滴定HAc时的pH变化

加入的NaOH/mL	剩余HAc/mL	pH
0.00	20.00	2.87
18.00	2.00	5.70
19.80	0.20	6.74
19.96	0.04	7.50
19.98	0.02	7.74
20.00	0.00	8.72
20.02		9.70
20.04		10.70
20.20		

从表2-2和图2-3可以看出，在滴定前，0.1000mol·L^{-1}HAc溶液的pH为2.87，比0.1000mol·L^{-1}HCl溶液的pH（1.00）大1.87个pH单位。开始滴定到计量点之前，由

于溶液为缓冲体系，缓冲容量由小到大，然后又变小，所以这段曲线的坡度由大变小再变大。

由于 Ac^- 的水解作用，使得计量点时溶液的 pH 在碱性范围内。计量点后溶液的 pH 变化同强碱滴定强酸相似。

小知识

缓冲溶液，它在一定程度上具有抵抗外加强酸或强碱对溶液 pH 产生的影响，使溶液的 pH 基本保持不变。

这一滴定曲线的突跃范围是 pH = 7.74 ~ 9.70，突跃范围比较小。因此，可供选择的指示剂较少。显然，酚酞是合适的指示剂。

此外，强碱滴定弱酸突跃范围的大小还与被滴定的弱酸的强弱程度有关，如图 2-4 所示。当浓度一定时，K_a 越大，突跃范围越大。一般地说，当溶液浓度为 0.10mol · L^{-1} 时，若 $K_a < 10^{-7}$，即 $c \cdot K_a < 10^{-8}$，便无明显的突跃，不能利用指示剂在水溶液中进行准确滴定。所以，通常把 $c \cdot K_a \geq 10^{-8}$，作为弱酸能被强碱准确滴定的判据。例如 HCN 的 $K_a = 4.9 \times 10^{-10}$，即使其浓度为 1.0mol · L^{-1}，也不能按通常的办法准确滴定。

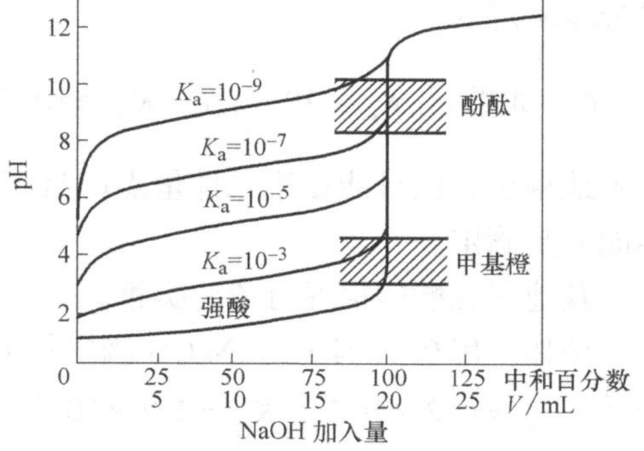

图 2-4 0.1000mol · L^{-1}NaOH 滴定 0.1000mol · L^{-1}各种强度酸的滴定曲线

(3) 强酸滴定弱碱 以 0.1000mol · L^{-1} HCl 滴定 20.00mL 0.1000mol · L^{-1} $NH_3 \cdot H_2O$ 为例。滴定曲线如图 2-5 所示。这类滴定曲线与强碱滴定弱酸相似，但 pH 的变化趋势相反，而且突跃发生在酸性范围内（pH = 6.3 ~ 4.3），突跃范围也比较小，所以只能选择甲基红、溴甲酚绿等在酸性范围内变色的指示剂。同样，强酸滴定弱碱的滴定突跃范围的大小也与弱碱的强弱程度有关，当浓度一定时，K_b 越小，突跃范围就越小。当 $c \cdot K_b < 10^{-8}$ 时，便无明显突跃；只有当 $c \cdot K_b \geq 10^{-8}$ 时，弱碱才能被强酸准确地滴定。

从以上各种类型的滴定曲线可以看出，用强碱滴定弱酸时，在酸性范围内没有突跃，用强酸滴定弱碱时，在碱性范围内没有突跃。所以，如果用弱酸滴定弱碱，或者用弱碱来滴定弱酸，则在计量点附近就没有突跃，不能用指示剂来指示终点。正因为如此，在酸碱滴定中，都用强酸或强碱作标准溶液，而不用弱酸或弱碱。

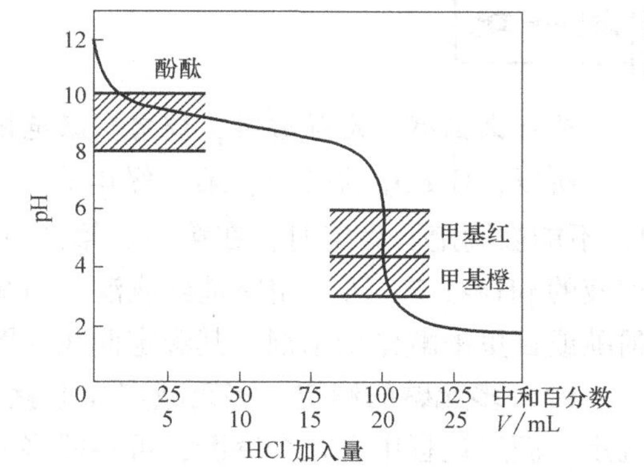

图 2-5 0.1000mol · L^{-1}HCl 滴定 0.1000mol · $L^{-1}$$NH_3 \cdot H_2O$ 的滴定曲线

2. 多元酸碱的滴定

(1) 多元酸的滴定 用强碱滴定多元酸，情况比较复杂。多元酸分步电离，它与强碱的中和反应也是分步进行的。但是，各级电离出的 H^+ 是否都可以准确滴定；是否二元酸的

滴定就有两个突跃，三元酸的滴定就有三个突跃，这与酸的浓度和各级电离常数的大小密切相关。以二元酸为例：

1）如果 $c \cdot K_{a_1} < 10^{-8}$，则该级电离的 H^+ 不能被强碱准确地滴定。

2）如果 $c \cdot K_{a_1} \geqslant 10^{-8}$，$c \cdot K_{a_2} < 10^{-8}$，$\frac{K_{a_1}}{K_{a_2}} > 10^4$，则第一级电离出的 H^+ 可以准确地滴定，但第二级电离出来的 H^+ 不能。因此，只能在第一计量点附近形成一个突跃。

3）如果 $c \cdot K_{a_1} \geqslant 10^{-8}$，$c \cdot K_{a_2} \geqslant 10^{-8}$，$\frac{K_{a_1}}{K_{a_2}} > 10^4$，则两级电离出的 H^+ 都可以被强碱准确地滴定，分别在第一、第二计量点附近形成两个突跃。也就是说，两级电离出来的 H^+ 可以分步滴定。

4）如果 $c \cdot K_{a_1} \geqslant 10^{-8}$，$c \cdot K_{a_2} \geqslant 10^{-8}$，$\frac{K_{a_1}}{K_{a_2}} < 10^4$，则两级电离出的 H^+ 也都可以被强碱准确地滴定，但只能在第二计量点附近形成一个突跃。即两级电离出来的 H^+ 一次被滴定，不能分步滴定。

其他多元酸的情况可依此类推。

例如，用 $0.1\text{mol} \cdot L^{-1}$ NaOH 滴定 $0.1\text{mol} \cdot L^{-1}$ H_3PO_4，由 H_3PO_4 的电离常数 $K_{a_1} = 7.5 \times 10^{-3}$，$K_{a_2} = 6.2 \times 10^{-8}$，$K_{a_3} = 2.2 \times 10^{-13}$，有

$$c \cdot K_{a_1} = 0.1 \times 7.5 \times 10^{-3} = 7.5 \times 10^{-4} > 10^{-8}$$

$$c \cdot K_{a_2} = (0.1/2) \times 6.2 \times 10^{-8} = 0.31 \times 10^{-8} \approx 10^{-8}$$

$$c \cdot K_{a_3} = (0.1/3) \times 2.2 \times 10^{-13} = 7.3 \times 10^{-15} < 10^{-8}$$

$$\frac{K_{a_1}}{K_{a_2}} = 1.2 \times 10^5 > 10^4, \quad \frac{K_{a_2}}{K_{a_3}} = 2.8 \times 10^6 > 10^4$$

想一想

为什么强碱滴定强酸时，滴定突跃范围大，而用强碱滴定弱酸时，滴定突跃范围小？

所以，H_3PO_4 的第一、第二级电离离解出来的 H^+ 可以被滴定，但第三级离解出来的 H^+ 不能被滴定。滴定时，在第一、第二计量点都有突跃，可分步滴定。在第一计量点时，溶液的 pH≈4.7，可选用甲基红或溴甲酚绿作指示剂；第二计量点溶液的 pH≈9.7，可选用酚酞或百里酚酞作指示剂。其滴定曲线如图 2-6 所示。

（2）多元碱的滴定　多元碱实际上就是电离理论中的多元弱酸盐。对于它能否被强酸滴定，滴定过程中有几个突跃，可参照多元酸的滴定进行判断。

例如，用 HCl 滴定 Na_2CO_3 时，反应分两步进行：

$$CO_3^{2-} + H^+ \rightleftharpoons HCO_3^-$$

$$HCO_3^- + H^+ \rightleftharpoons CO_2 + H_2O$$

滴定曲线如图 2-7 所示。曲线上有两个突跃，第一个突跃相当于第一步反应的完成，第一计量点时溶液的 pH≈8.31。由于突跃较小，虽可用酚酞作指示剂，但误差较大。第二个突跃相当于第二步反应的完成，第二计量点时溶液是 CO_2 的饱和溶液（$0.04\text{mol} \cdot L^{-1}$）。

$$c_{H^+}=\sqrt{K_{a_1}c}=\sqrt{4.3\times10^{-7}\times0.04}\text{mol}\cdot\text{L}^{-1}=1.3\times10^{-4}\text{mol}\cdot\text{L}^{-1}$$

pH =3.89，可用甲基橙作指示剂，但由于 CO_2 的存在，滴定终点不明显。如果在滴定至刚变橙色时，将溶液加热煮沸 1min 以赶走 CO_2，这时溶液变成黄色，冷却后再滴入极少量的 HCl 至溶液变为橙色，滴定终点较明显。

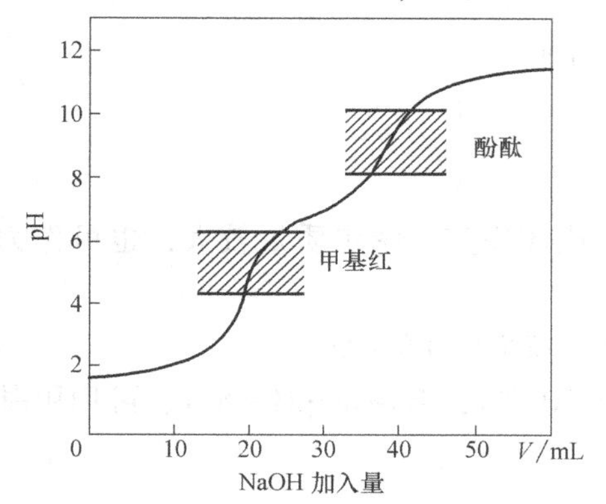

图 2-6　0.1mol·L^{-1}NaOH 滴定 0.1mol·L^{-1}H_3PO_4 的滴定曲线

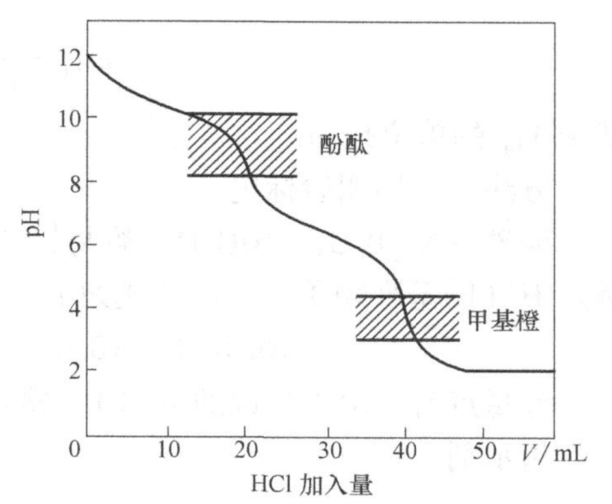

图 2-7　0.1mol·L^{-1}HCl 滴定 0.1mol·L^{-1} Na_2CO_3 的滴定曲线

三、酸碱滴定的应用示例

1. 酸碱标准溶液的配制与标定

（1）酸碱标准溶液的配制　在酸碱滴定中，用以配制标准溶液的酸有 HCl 和 H_2SO_4（HNO_3 有氧化性，一般不用）；碱有 NaOH、KOH 和 $Ba(OH)_2$，其中 NaOH 最常用。如果碱标准溶液无需碳酸盐时，则用 $Ba(OH)_2$。标准溶液的浓度一般在 0.01 ~1mol·L^{-1}，常用的浓度是 0.1mol·L^{-1}。由于浓 HCl 易挥发，浓 H_2SO_4 吸湿性强，NaOH 易吸收水及空气中的 CO_2，所以都不能用直接法配制。只能先配成近似浓度的溶液，然后通过比较滴定和标定来确定其准确浓度。

（2）酸碱标准溶液的比较滴定　酸碱标准溶液的比较滴定，就是用酸标准溶液滴定碱标准溶液，或是用碱标准溶液滴定酸标准溶液的操作过程。以 HCl 标准溶液滴定 NaOH 标准溶液为例，当反应达到计量点时，

$$c_{HCl}V_{HCl}=c_{NaOH}V_{NaOH}$$

移项得：

$$\frac{c_{HCl}}{c_{NaOH}}=\frac{V_{NaOH}}{V_{HCl}}$$

进行酸碱比较滴定的目的在于测定计量点时两者的体积比，即等于浓度之比，只要标定出其中任何一种溶液的浓度，由比较滴定的结果，就可以算出另一种溶液的浓度。

（3）酸碱标准溶液的标定

1）0.1mol·L^{-1} HCl 溶液的标定

方法一：用无水 Na_2CO_3 标定

无水 Na_2CO_3 在使用前应在烘箱中于 180℃下恒温干燥 2 ~3h，然后放在干燥器中冷却备用。标定时，先用差减法称取一定质量的 Na_2CO_3，加适量纯水溶解后，用 HCl 标准溶液滴

定。其反应式如下：

$$Na_2CO_3 + 2HCl = CO_2\uparrow + 2NaCl + H_2O$$

到达计量点时，溶液的 pH≈3.89，可用甲基橙（或甲基橙-靛蓝二磺酸钠混合指示剂）作指示剂。根据等物质的量规则：$n_{HCl} = n_{1/2Na_2CO_3}$有

$$c_{HCl} = \frac{m_{Na_2CO_3}}{M_{1/2Na_2CO_3} \cdot V_{HCl}} \times 1000$$

式中 V_{HCl}的单位是 mL。

方法二：用硼砂标定

硼砂（$Na_2B_4O_7 \cdot 10H_2O$）容易提纯，不易吸湿，比较稳定，摩尔质量较大，也可作为标定 HCl 的基准物质，其反应式如下：

$$Na_2B_4O_7 \cdot 10H_2O + 2HCl = 4H_3BO_3 + 2NaCl + 5H_2O$$

计量点时，由于生成的 H_3BO_3 是弱酸（$K_a = 7.3 \times 10^{-10}$），溶液的 pH≈5.1，可用甲基红作指示剂

$$c_{HCl} = \frac{m_{Na_2B_4O_7 \cdot 10H_2O}}{M_{1/2Na_2B_4O_7 \cdot 10H_2O} \cdot V_{HCl}} \times 1000$$

2）0.1mol·L^{-1} NaOH 的标定

常用的标定 NaOH 的基准物质有草酸（$H_2C_2O_4 \cdot 2H_2O$）和邻苯二甲酸氢钾（$KHC_8H_4O_4$）等。

草酸是一种二元弱酸（$K_{a_1} = 5.9 \times 10^{-2}$，$K_{a_2} = 6.4 \times 10^{-5}$），标定 NaOH 的反应式如下：

$$H_2C_2O_4 + 2NaOH = Na_2C_2O_4 + 2H_2O$$

计量点时，溶液的 pH≈8.4，可用酚酞作指示剂

$$c_{NaOH} = \frac{n_{H_2C_2O_4 \cdot 2H_2O}}{M_{1/2H_2C_2O_4 \cdot 2H_2O} \cdot V_{NaOH}} \times 1000$$

邻苯二甲酸氢钾与 NaOH 的反应如下：

$$C_6H_4(COOH)(COOK) + NaOH = C_6H_4(COONa)(COOK) + H_2O$$

有机化学式 2

计量点时，溶液的 pH≈9.1，可用酚酞作指示剂

$$c_{NaOH} = \frac{m_{KHC_8H_4O_4}}{M_{KHC_8H_4O_4} \cdot V_{NaOH}} \times 1000$$

2. 应用示例

（1）食醋中总酸度的测定　食醋的主要成分是乙酸（HAc），此外，还含有少量其他有机酸（如乳酸等）。用 NaOH 标准溶液滴定时，凡是 $K_a > 10^{-7}$的弱酸均可被滴定，因此，测出的是总酸量，全部以含量最多的 HAc 来表示。由于这是强碱滴定弱酸，突跃范围偏碱性，计量点 pH≈8.7，可用酚酞作指示剂。

食醋中 HAc 的含量约为 3%～5%，浓度较大，必须稀释后再进行滴定。由于 CO_2 可被 NaOH 滴定成 $NaHCO_3$，多消耗 NaOH，使测定结果偏高。因此，要获得准确的分析结果，必须用不含 CO_2 的蒸馏水稀释食醋原液，并用不含 Na_2CO_3 的 NaOH 标准溶液滴定。有的食

醋颜色较深，经稀释甚至用活性炭脱色后，颜色仍然比较明显，则无法判断终点，可采用电势滴定法。

（2）铵盐中含氮量的测定

1）甲醛法。甲醛与铵盐作用时，可生成等物质的量的酸，其反应式如下：

$$4NH_4^+ + 6HCHO = (CH_2)_6N_4 + 4H^+ + 6H_2O$$

上述反应生成的酸，可用 NaOH 标准溶液滴定。由于生成的六亚甲基四胺是一种弱碱（$K_b = 1.4 \times 10^{-9}$），计量点时溶液的 pH≈8.7，可选用酚酞作指示剂，到达终点时溶液由无色变成微红色。

甲醛中常含有少量因空气氧化而生成的甲酸，在使用前必须以酚酞作指示剂用 NaOH 中和，否则将产生正误差。铵盐试样中如果有游离酸存在，也要事先以甲基红作指示剂中和并扣除。甲醛法操作简便、快速，但一般只适用于单纯含 NH_4^+ 的样品（如 NH_4Cl 等）的测定。

2）蒸馏法。在含铵盐的试样中加入浓 NaOH，经蒸馏装置把生成的 NH_3 蒸馏出来。

$$NH_4^+ + OH^- \rightleftharpoons NH_3\uparrow + H_2O$$

再用已知过量的 HCl 标准溶液吸收所放出的 NH_3，然后用 NaOH 标准溶液回滴剩余的 HCl。也可以用硼酸溶液来吸收蒸馏出来的 NH_3，其反应式为

$$NH_3 + H_3BO_3 = NH_4H_2BO_3$$

生成的 $NH_4H_2BO_3$ 可用 HCl 标准溶液来滴定，其反应式为

$$NH_4H_2BO_3 + HCl = NH_4Cl + H_3BO_3$$

在计量点时，溶液中有 NH_4Cl 和 H_3BO_3，pH≈5，可选用甲基红或甲基红-溴甲酚绿混合指示剂指示终点。

用硼酸吸收 NH_3 的主要优点是：仅需一种标准溶液，而且硼酸的浓度不必非常准确（常用2%的溶液），只要用量足够过量即可。但要注意，用硼酸吸收时，温度不能超过40℃，否则 NH_3 易逸失，导致 NH_3 的吸收不完全，造成负误差。

蒸馏法不受样品中一般杂质的干扰，比较准确，但操作比较麻烦。

（3）混合碱的测定——双指示剂法　混合碱通常是指 NaOH 与 Na_2CO_3 或 Na_2CO_3 与 $NaHCO_3$ 的混合物。所谓双指示剂法，即先用酚酞指示第一计量点，再用甲基橙指示第二计量点。当用 HCl 标准溶液滴定到第一计量点时，NaOH 已全部中和生成了 NaCl 和 H_2O，而 Na_2CO_3 只被滴定成 $NaHCO_3$，设这一过程所耗 HCl 的总体积为 V_1。继续用 HCl 标准溶液滴定时，第一计量点所生成的 $NaHCO_3$ 与 HCl 反应，生成 CO_2 和 H_2O，设此过程所消耗 HCl 标准溶液的体积为 V_2。则 NaOH 所消耗的 HCl 体积为 $V_1 - V_2$，Na_2CO_3 消耗的 HCl 的总体积为 $2V_2$，如图 2-8 所示。

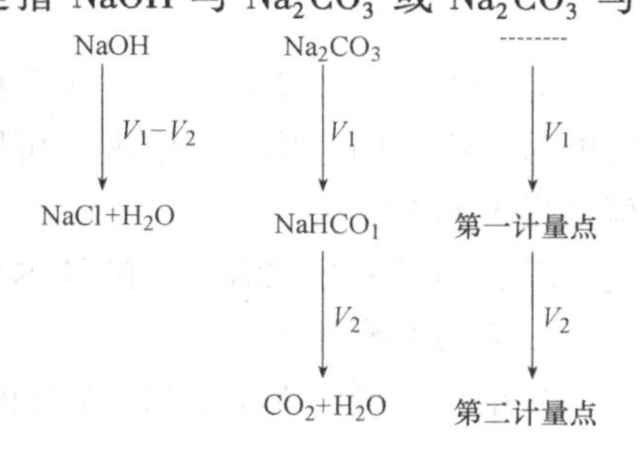

图 2-8　HCl 滴定 NaOH 和 Na_2CO_3 的示意图

NaOH 和 Na_2CO_3 的质量分数可按下列公式计算：

$$w(NaOH) = \frac{c_{HCl} \cdot \frac{V_1 - V_2}{1000} \cdot M_{NaOH}}{W_{样}} \times 100\%$$

$$w(Na_2CO_3)=\frac{c_{HCl}\cdot\frac{2V_2}{1000}\cdot M_{1/2Na_2CO_3}}{W_{样}}\times 100\%$$

Na_2CO_3 与 $NaHCO_3$ 混合物的测定与上述方法类似。用双指示剂法不仅可以测定混合碱各成分的含量，还可以根据 V_1 和 V_2 的大小，判断样品的组成，即

$V_1\neq0$，$V_2=0$　　NaOH

$V_1=0$，$V_2\neq0$　　$NaHCO_3$

$V_1=V_2\neq0$　　Na_2CO_3

$V_1>V_2>0$　　$NaOH+Na_2CO_3$

$V_2>V_1>0$　　$Na_2CO_3+NaHCO_3$

双指示剂法虽然操作简便，但误差较大。

模块二　配位滴定法

一、配位滴定法概述

配位滴定法是以配位反应为基础的滴定分析方法。它是用配位剂作为标准溶液直接或间接滴定被测物质。在滴定过程中通常需要选用适当的指示剂来指示滴定终点。

配位剂分无机和有机两类，但由于许多无机配位剂与金属离子形成的配合物稳定性不高，反应过程比较复杂或找不到适当的指示剂，所以一般不能用于配位滴定。20 世纪 40 年代以来，很多有机配位剂，特别是氨羧配位剂用于配位滴定后，配位滴定法得到了迅速的发展，已成为目前应用最广泛的滴定分析方法之一。

在这些氨羧配位剂中，乙二胺四乙酸最常用。乙二胺四乙酸简称为 EDTA，其结构式为

```
HÖOCCH2                        CH2COÖH
        \                     /
         N̈ — CH2 — CH2 — N̈
        /                     \
HÖOCCH2                        CH2COÖH
```

分子中含有 2 个氨基氮和 4 个羧基氧共 6 个配位原子，可以和很多金属离子形成十分稳定的螯合物。用它作标准溶液，可以滴定几十种金属离子，所以，现在所说的配位滴定一般就是指 EDTA 滴定。

二、EDTA 配位滴定法的基本原理

1. EDTA 的性质

从结构式可以看出，EDTA 是四元酸，通常用符号 H_4Y 表示。它在水中分四步电离：

$$H_4Y \rightleftharpoons H^+ + H_3Y^- \qquad K_{a_1}=1.00\times10^{-2}$$

$$H_3Y^- \rightleftharpoons H^+ + H_2Y^{2-} \qquad K_{a_2}=2.16\times10^{-3}$$

$$H_2Y^{2-} \rightleftharpoons H^+ + HY^{3-} \qquad K_{a_3}=6.92\times10^{-7}$$

$$HY^{3-} \rightleftharpoons H^+ + Y^{4-} \qquad K_{a_4}=5.50\times10^{-11}$$

从 EDTA 的四级电离常数来看，它的第一、第二级电离比较强，第三、第四级电离比较弱，故具有二元中强酸的性质。由于分步电离，EDTA 在溶液中以多种形式存在。很明显，

加碱可以促进它的电离，所以溶液的 pH 越高，其电离度就越大，当 $pH > 10.3$ 时，EDTA 几乎完全电离，以 Y^{4-} 的形式存在。

EDTA 微溶于水（室温下溶解度为 0.02g/100g），难溶于酸和一般有机溶剂，但易溶于氨水和 NaOH 溶液，并生成相应的盐。所以在实际生活中，一般用含有 2 分子结晶水的 EDTA 二钠盐（用符号 $Na_2H_2Y \cdot 2H_2O$ 表示），习惯上仍简称 EDTA。室温下它在水中的溶解度约为 11g/100g，浓度约为 $0.3mol \cdot L^{-1}$，是应用最广的配位滴定剂。

EDTA 具有很强的配位能力，它与金属离子的配位反应有以下特点：

（1）普遍性　EDTA 几乎能与所有的金属离子（碱金属离子除外）发生配位反应，生成稳定的螯合物。

（2）组成一定　在一般情况下，EDTA 与金属离子形成的配合物都是 1∶1 的螯合物。这给分析结果的计算带来很大方便。

$$M^{2+} + H_2Y^{2-} \rightleftharpoons MY^{2-} + 2H^+$$

$$M^{3+} + H_2Y^{2-} \rightleftharpoons MY^{-} + 2H^+$$

$$M^{4+} + H_2Y^{2-} \rightleftharpoons MY + 2H^+$$

（3）稳定性　EDTA 与金属离子所形成的配合物一般都具有五元环的结构，所以稳定常数大，稳定性高。

（4）可溶性　EDTA 与金属离子形成的配合物一般都可溶于水，使滴定能在水溶液中进行。此外，EDTA 与无色金属离子配位时，一般生成无色配合物，与有色金属离子则生成颜色更深的配合物。例如 Cu^{2+} 显浅蓝色，而 CuY^{2-} 显深蓝色；Ni^{2+} 显浅绿色，而 NiY^{2-} 显蓝绿色。

2. 酸度对 EDTA 配位滴定的影响

EDTA 在溶液中以多种形式存在，但只有 Y^{4-} 能与金属离子直接配位，其配位平衡可表示为：

$$M + Y \rightleftharpoons MY \text{（省去电荷）}$$

$$\Updownarrow +H^+$$

$$HY \rightleftharpoons H_2Y \rightleftharpoons \cdots$$

增加 H^+ 浓度，会使 EDTA 的电离平衡逆向移动，从而使 EDTA 的配位能力降低。这种由于 H^+ 的存在而使EDTA的配位能力降低的现象称为酸效应。因此，在配位滴定中溶液的 pH 不能太低，否则，配位反应就不完全。由于不同金属离子的 EDTA 配合物的稳定性不同，所以滴定时所允许的最低 pH（即金属离子能被准确滴定所允许的 pH）也不相同；K_f 越大，滴定时所允许的最低 pH 也就越小。将各种金属离子的 $\lg K_f$ 与其滴定时允许的最低 pH 作图，得到的曲线称为 EDTA 的酸效应曲线，如图 2-9 所示。应

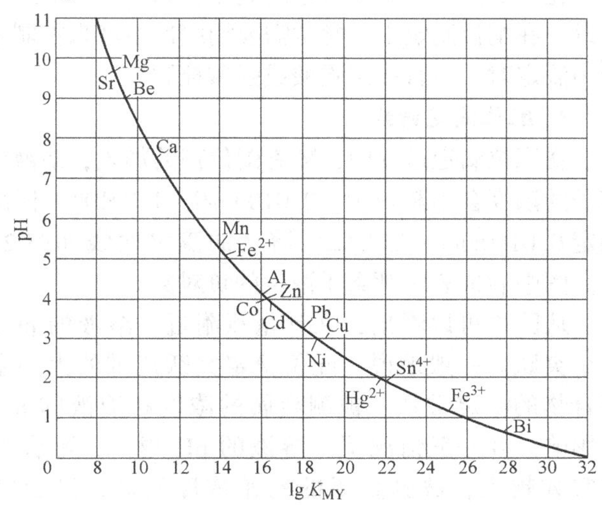

图 2-9　EDTA 的酸效应曲线

用这种酸效应曲线，可以比较方便地解决如下几个问题：

想一想

酸效应曲线是怎样绘制的？它在配位滴定中有什么用途？

1）确定单独滴定某一金属离子时，所允许的最低 pH。例如，EDTA 滴定 Fe^{3+} 时，pH 应大于 1；滴定 Zn^{2+} 时，pH 应大于 4。由此可见，EDTA 配合物的稳定性较高的金属离子，可以在较高酸度下进行滴定。

2）判断在某一 pH 下测定某种离子，什么离子有干扰。例如 pH = 4 ~ 6 滴定 Zn^{2+} 时，若存在 Fe^{2+}、Cu^{2+}、Mg^{2+} 等离子，Fe^{2+}、Cu^{2+} 有干扰，而 Mg^{2+} 无干扰。

小知识

绝大多数金属离子与 EDTA 螯合物的组成比都是 1∶1。

3）判断当有几种金属离子共存时，能否通过控制溶液酸度进行选择滴定或连续滴定。例如，当 Fe^{2+}、Zn^{2+} 和 Mg^{2+} 共存时，由于它们在酸效应曲线上相距较远，我们可以先在 pH = 1 ~ 2 时滴定 Fe^{3+}，然后在 pH = 5 ~ 6 时滴定 Zn^{2+}，最后再调节溶液 pH = 10 左右滴定 Mg^{2+}。

需要说明的是：酸效应曲线给出的是配位滴定所允许的最低 pH（最高酸度），在实践中，为了使配位反应更完全，通常采用的 pH 要比最低 pH 略高，但也不能过高。否则，金属离子可能水解，甚至生成氢氧化物沉淀。例如，用 EDTA 滴定 Mg^{2+} 时所允许的最低 pH = 9.7，实际采用 pH = 10，若 pH > 12 则生成 $Mg(OH)_2$ 沉淀而无法被滴定。

想一想

用 EDTA 滴定时，如何防止副反应发生？

另外，在配位滴定中，我们既要考虑滴定前溶液的酸度，又要考虑滴定过程中溶液酸度的变化。因为在 EDTA 与金属离子反应时，不断有 H^+ 离子释放出来，使溶液的酸度增加，所以，在配位滴定中，常常需要用缓冲溶液来控制溶液酸度。一般在 pH < 2 或 pH > 12 的溶液中滴定时，可直接用强酸或强碱控制。

3. 配位滴定曲线

在配位滴定过程中，随着配位剂的加入，溶液中金属离子的浓度会不断减少。0.0100mol · L^{-1} EDTA 标准溶液滴定 0.0100mol · L^{-1} Ca^{2+} 溶液的滴定曲线如图 2-10 所示。图中 pCa 表示钙离子浓度的负对数。

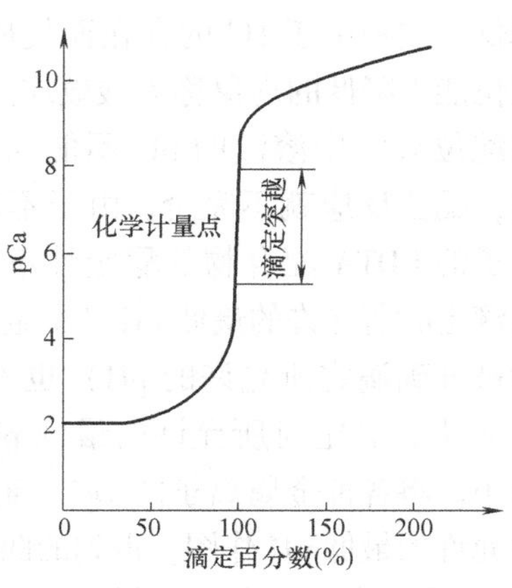

图 2-10 配位滴定曲线

从图中可以看出，在计量点附近，溶液的 pCa 值有一个突跃。一般地说，配位滴定突跃范围的大小主要受配合物的稳定常数、被测金属的浓度和溶液的 pH 等因素影响。在一般情况下，溶液的 pH 越高，配合物的稳定常数越大，被测金属的初始浓度越高，滴定突跃就越大。

三、金属指示剂

配位滴定和其他滴定分析方法一样，也需要用指示剂来指示终点。配位滴定中的指示剂可用来指示溶液中金属离子浓度的变化情况，所以称为金属离子指示剂，简称金属指示剂。

1. 金属指示剂的变色原理

金属指示剂本身是一种有机配位剂，它能与金属离子生成与指示剂本身的颜色明显不同的有色配合物。当加指示剂于被测金属离子的溶液中时，它即与部分金属离子配位，此时溶液呈现该配合物的颜色。若以 M 表示金属离子，In 表示指示剂的阴离子（略去电荷），其反应可表示如下：

$$M + In \longrightarrow MIn$$

（甲色）（乙色）

滴定开始后，随着 EDTA 的不断滴入，溶液中大部分处于游离状态的金属离子即与 EDTA配位，至计量点时，由于金属离子与指示剂的配合物（MIn）的稳定性比金属离子与 EDTA 的配合物（MY）的稳定性差，因此，EDTA 能从 MIn 配合物中夺取 M 而使 In 游离出来。即：

$$MIn + Y = MY + In$$

（乙色）　　　（甲色）

此时，溶液由乙色转变成甲色而指示终点到达。

2. 金属指示剂应具备的条件

金属离子的显色剂很多，但只有具备下列条件者才能用作配位滴定的金属指示剂。

1）在滴定的 pH 条件下，MIn 与 In 的颜色应有显著的不同，这样终点的颜色变化才明显。

2）MIn 的稳定性要适当（一般要求 $K_{f,MIn} > 10^4$），且其稳定性小于 MY（一般 $\lg K_{f,MY} - \lg K_{f,MIn} \geqslant 2$）。如果稳定性太低，它的电离度太大，造成终点提前，或颜色变化不明显，终点难以确定。相反，如果稳定性过高，在计量点时，EDTA 难以夺取 MIn 中的 M 而使 In 游离出来，终点得不到颜色的变化或颜色变化不明显。

3）MIn 应是水溶性的，指示剂的稳定性好，与金属离子的配位反应灵敏性高，并具有一定的选择性。

3. 金属指示剂在使用中存在的问题

（1）指示剂的封闭现象　某些离子能与指示剂形成非常稳定的配合物，以致在达到计量点后，滴入过量的 EDTA 也不能夺取 MIn 中的 M 而使 In 游离出来，所以看不到终点的颜色变化，这种现象称为指示剂的封闭现象。

例如，Al^{3+}、Fe^{3+}、Cu^{2+}、Ni^{2+}、Co^{2+}等离子对铬黑 T 指示剂和钙指示剂有封闭作用，可用 KCN 掩蔽 Cu^{2+}、Ni^{2+}、Co^{2+}和用三乙醇胺掩蔽 Al^{3+}、Fe^{3+}。如发生封闭作用的离子是被测离子，一般利用返滴定法来消除干扰。用 Al^{3+}对二甲酚橙有封闭作用，测定 Al^{3+}时可先加入过量的 EDTA 标准溶液，使 Al^{3+}与 EDTA 完全配位后，再调节溶液 pH = 5 ~ 6，用 Zn^{2+}标准溶液返滴定，即可克服 Al^{3+}对二甲酚橙的封闭作用。

（2）指示剂的僵化现象　有些金属离子与指示剂形成的配合物溶解度小或稳定性差，

使 EDTA 与 MIn 之间的交换反应慢，造成终点不明显或拖后，这种现象叫指示剂的僵化。可加入适当的有机溶剂促进不溶物的溶解，或将溶液适当加热以加快置换速度而消除僵化现象。

想一想

什么叫指示剂的僵化现象？

（3）指示剂的氧化变质现象　金属指示剂多数是具有共轭双键体系的有机物，容易被日光、空气、氧化剂等分解或氧化。有些指示剂在水中不稳定，日久会分解。所以，常将指示剂配成固体混合物或加入还原性物质，或临用时配制。

4. 常用的金属指示剂

（1）铬黑 T　铬黑 T 简称 BT 或 EBT，它属于二酚羟基偶氮类染料。在溶液中，随着 pH 不同而呈现出三种不同的颜色：当 $pH<6$ 时，显红色；当 $7<pH<11$ 时，显蓝色；当 $pH>12$ 时，显橙色。铬黑 T 能与许多二价金属离子如 Ca^{2+}、Mg^{2+}、Mn^{2+}、Zn^{2+}、Cd^{2+}、Pb^{2+} 等形成红色的配合物，因此，铬黑 T 只能在 $pH=7\sim11$ 的条件下使用，指示剂才能有明显的颜色变化（红色→蓝色）。在实际工作中常选择 $pH=9\sim10$ 的酸度下使用铬黑 T，其道理就在于此。

虽然固体的铬黑 T 比较稳定，但其水溶液或醇溶液均不稳定，仅能保存数天。在酸性溶液中铬黑 T 容易聚合成高分子；在碱性溶液中易被氧化褪色。因此，常把铬黑 T 与纯净的惰性盐如 NaCl 按 1∶100 的比例混合均匀、研细、密闭保存于干燥器中备用。

（2）钙指示剂　钙指示剂简称 NN 或钙红，它也属于偶氮类染料。钙指示剂的水溶液也随溶液 pH 的不同而呈现不同的颜色：当 $pH<7$ 时，显红色；当 $pH=8\sim13.5$ 时，显蓝色；当 $pH>13.5$ 时，显橙色。由于在 $pH=12\sim13$ 时，它与 Ca^{2+} 形成红色配合物，所以，在 $pH=12\sim13$ 的酸度下，常用作测定钙含量的指示剂，终点时溶液由红色变成蓝色，颜色变化很明显。

钙指示剂纯品为紫黑色粉末，很稳定，但其水溶液或乙醇溶液均不稳定，所以一般取固体试剂与 NaCl 按 1∶100 的比例混合均匀，研细，密闭保存于干燥器中备用。

小知识

不管溶液中存在多少种离子，它们最终都会达到平衡，其游离态浓度将取决于它们与 EDTA 作用能力的大小。

四、提高配位滴定选择性的方法

由于 EDTA 能与多数金属离子形成较稳定的配合物，故用 EDTA 进行配位滴定时受到其他离子干扰的机会就比较多。在多种金属离子共存时，如何避免其他离子对被测离子的干扰，以提高配位滴定的选择性便成为配位滴定中要解决的一个重要问题。常用的方法有以下几种：

1. 控制溶液的酸度

通过调节溶液的 pH，可以改变被测离子与 EDTA 所形成配合物的稳定性，从而消除干扰，利用酸效应曲线可方便地解决这些问题。例如，测定样品中 $ZnSO_4$ 的含量时，既可在

$pH=5\sim6$ 时以二甲酚橙作指示剂，又可在 $pH=10$ 时以铬黑T作指示剂；若样品中有 $MgSO_4$ 存在，则应在 $pH=5\sim6$ 时测定 Zn^{2+}，因为 $pH=10$ 时 Mg^{2+} 对 Zn^{2+} 的测定有干扰。

2. 加入掩蔽剂

当有几种金属离子共存时，加入一种能与干扰离子形成稳定配合物的试剂（称为掩蔽剂），往往可以较好地消除干扰。例如，测定水中 Ca^{2+}、Mg^{2+} 的含量时，消除 Fe^{3+} 和 Al^{3+} 的干扰可加入三乙醇胺，使 Fe^{3+} 和 Al^{3+} 形成稳定的配合物而被掩蔽，使之不发生干扰。

配位掩蔽法不仅应用于配位滴定，而且也广泛应用于其他滴定反应。常用的掩蔽剂有 NH_4F、KCN、三乙醇胺和酒石酸等。此外，还可以用氧化还原和沉淀掩蔽剂消除干扰。

3. 解蔽作用

在掩蔽的基础上，加入一种适当的试剂，把已掩蔽的离子重新释放出来，再对它进行测定，称为解蔽作用。例如，当 Zn^{2+} 和 Mg^{2+} 共存时，可先在 $pH=10$ 的缓冲溶液中加入KCN，使 Zn^{2+} 形成配离子 $[Zn(CN)_4]^{2-}$ 而掩蔽起来，用EDTA滴定 Mg^{2+} 后，再加入甲醛破坏 $[Zn(CN)_4]^{2-}$，然后用EDTA继续滴定释放出来的 Zn^{2+}。反应方程式如下：

$$[Zn(CN)_4]^{2-}+4HCHO+4H_2O=Zn^{2+}+4HOCH_2CN+4OH^-$$

五、配位滴定法的应用示例

1. 水中钙镁及总硬度的测定——直接滴定法

用EDTA进行水中钙镁及总硬度的测定，可先测定钙含量，再测定钙镁的总量，用钙镁总量减去钙的含量即得镁的含量；再由钙镁总量换算成相应的硬度单位即为水的总硬度。

小知识

水中的总硬度是指水中 Ca^{2+}、Mg^{2+} 的总量。

1）钙含量的测定　在水样中加入NaOH至 $pH\geq12$，此时水中的 Mg^{2+} 生成 $Mg(OH)_2$ 沉淀，不干扰 Ca^{2+} 的滴定。再加入少量钙指示剂，溶液中的部分 Ca^{2+} 与指示剂配位生成配合物，使溶液呈红色。当滴定开始后，不断滴入的EDTA首先与游离的 Ca^{2+} 配位，至计量点时，则夺取与钙指示剂结合的 Ca^{2+}，使指示剂游离出来，此时溶液由红色变为纯蓝色，从而指示终点的到达。

2）钙、镁总量的测定　在 $pH=10$ 时，在水样中加入铬黑T指示剂（如溶液中有使指示剂封闭的金属离子存在，可在加入指示剂前，加入KCN或三乙醇胺等以防止指示剂的封闭），然后用EDTA标准溶液滴定。由于铬黑T与EDTA都能与 Ca^{2+}、Mg^{2+} 生成配合物，其稳定次序为

$$CaY>MgY>MgIn>CaIn$$

由此可知，当加入铬黑T后，它首先与 Mg^{2+} 结合，生成红色的配合物（MgIn）。当滴入EDTA时，首先与之配位的是游离的 Ca^{2+}，其次是游离的 Mg^{2+}，最后夺取与铬黑T配位的 Mg^{2+}，使铬黑T的阴离子游离出来，此时溶液由红色变为蓝色，从而指示终点的到达。

当水样中的Mg^{2+}极少时，加入的铬黑T除了与Mg^{2+}配位外还与Ca^{2+}配位，但Ca^{2+}与铬黑T的显色灵敏度比Mg^{2+}低得多，所以当水中含Mg^{2+}极少时，用铬黑T作指示剂往往得不到确定的终点。要克服此缺点，可在EDTA的标准溶液中加入适量的Mg^{2+}（要在EDTA标定之前加入，这样并不影响EDTA与被测离子之间滴定的定量关系），或者在缓冲溶液中加入一定量的Mg-EDTA盐。

溶液中如有Fe^{3+}和Al^{3+}等干扰离子，可用三乙醇胺掩蔽。如存在Cu^{2+}、Bb^{3+}、Zn^{2+}等干扰离子，可用KCN、Na_2S等掩蔽。

水硬度的表示法有三种，但常用德国度（符号°H）来表示。这种方法是将水中所含的钙镁离子都折合为CaO来计算，然后以每升水含10mg CaO为1德国度。

水中钙离子含量和总硬度由下式计算：

$$钙含量(mol \cdot L^{-1}) = \frac{c_{EDTA}V_1M_{Ca}}{V_{水}} \times 1000$$

$$镁含量(mol \cdot L^{-1}) = \frac{c_{EDTA}(V-V_1)M_{Mg}}{V_{水}} \times 1000$$

$$总硬度(°H) = \frac{c_{EDTA}VM_{CaO}}{V_{水}} \times 1000$$

式中 c_{EDTA}——EDTA标准溶液的物质的量浓度；

V、V_1——滴定同体积水样中的钙镁总量和钙含量时消耗EDTA标准溶液的体积，单位为mL；

$V_{水}$——水样的体积，单位为mL。

2. 硫酸盐的测定——间接滴定法

SO_4^{2-}是非金属离子，不能和EDTA直接配位，因此不能用直接滴定法。但可采用加入过量的已知准确浓度的$BaCl_2$溶液，使SO_4^{2-}与Ba^{2+}生成$BaSO_4$沉淀，再用EDTA标准溶液滴定剩余的Ba^{2+}，从而间接测定试样中SO_4^{2-}的含量。

模块三 氧化还原滴定法

一、氧化还原滴定法概述

1. 氧化还原滴定法的特点

氧化还原滴定法是以氧化还原反应为基础的滴定分析方法。利用氧化还原滴定法可以直接或间接测定许多具有氧化性或还原性的物质，某些非变价元素（如Ca^{2+}、Sr^{2+}、Ba^{2+}等）也可以用氧化还原滴定法间接测定。因此，它的应用非常广泛。

氧化还原反应是电子转移的反应，比较复杂，电子转移往往分步进行，反应速率比较慢，也可能因不同的反应条件而产生副反应或生成不同的产物。因此，在氧化还原滴定中，必须创造和控制适当的反应条件，加快反应速率，防止副反应发生，以利于分析反应的定量进行。

在氧化还原滴定中，要使分析反应定量地进行完全，常常用强氧化剂和强还原剂作为标准溶液。根据所用标准溶液的不同，氧化还原滴定法可分为高锰酸钾法、重铬酸钾法、碘量法、铈量法、溴酸钾法等。本节介绍最常用的前三种方法。

2. 氧化还原滴定曲线

前面讨论的酸碱滴定曲线是以溶液的 pH 变化为特征的曲线，在化学计量点附近溶液的 pH 发生突跃。而在氧化还原滴定中，随着滴定剂的加入，溶液的电极电势 E 不断发生变化，在化学计量点附近溶液的电极电势 E 也将会产生突跃。氧化还原滴定曲线就是以 E 为纵坐标，加入滴定剂的量为横坐标作出的曲线。E 的大小可以通过实验方法测得，也可用 Nernst 方程式进行计算。如图 2-11 所示，为 0.1000mol·L^{-1} $Ce(SO_4)_2$ 标准溶液滴定 20.00mL 0.1000mol·L^{-1} $FeSO_4$ 溶液的滴定曲线。从曲线可以看出，计量点前后有一个相当大的突跃范围，这对选择氧化还原指示剂很有用处。滴定突跃范围的大小，与两电对的标准电极电势 E 有关，两电对的标准电极电势差值 ΔE^θ 越大，滴定突跃范围越大。一般当$\Delta E^\theta \geq 0.40$V时，才有明显的突跃，可选择指示剂指示终点，否则不易进行氧化还原滴定分析。

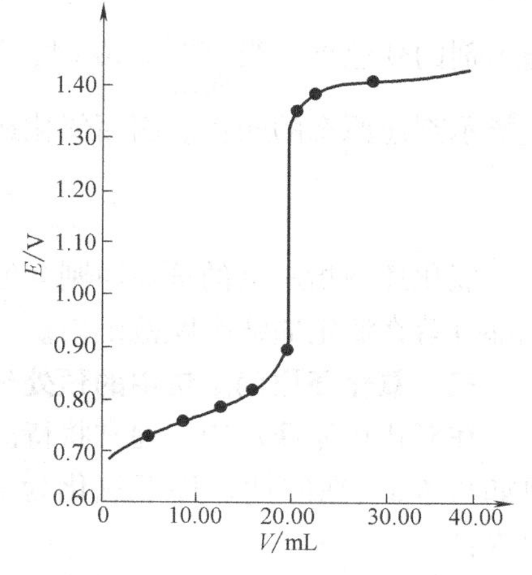

图 2-11　$Ce(SO_4)_2$ 标准溶液滴定 $FeSO_4$ 溶液的滴定曲线

想一想

任何氧化还原反应都能用于滴定吗?

二、氧化还原滴定法指示剂

在氧化还原滴定中，可以用电动势法确定滴定终点，但更常用指示剂来指示终点。氧化还原滴定中所使用的指示剂有以下三种：

1. 自身指示剂

有些滴定剂本身有很深的颜色，而滴定产物无色或颜色很浅，则滴定时就无需另加指示剂。例如 MnO_4^- 就具有很深的紫红色，用它来滴定 Fe^{2+} 或 $C_2O_4^{2-}$ 溶液时，反应的产物 Mn^{2+}、Fe^{3+}、CO_2 颜色都很浅甚至无色，滴定到计量点后，稍过量的 MnO_4^- 就能使溶液呈现浅粉红色。这种以滴定剂本身的颜色变化就能指示滴定终点的物质称为自身指示剂。

2. 特殊指示剂

有些物质本身并不具有氧化还原性，但它能与滴定剂、被测物或反应产物产生很深的特殊颜色，因而可指示滴定终点。例如淀粉与碘生成深蓝色的配合物，此反应极为灵敏。因此碘量法中常用淀粉作指示剂，可根据蓝色的出现或褪去来判断终点的到达。

3. 氧化还原指示剂

这类指示剂本身是氧化剂或还原剂，其氧化态与还原态具有不同的颜色。在滴定过程中，因被氧化或被还原而发生颜色变化从而指示终点。若以 InOx 和 InRed 分别表示指示剂的氧化态和还原态，滴定中指示剂的电极反应可表示为

$$\text{InOx} + ne^- \rightleftharpoons \text{InRed}$$

（氧化态颜色）（还原态颜色）

由 Nernst 方程得：$E_{\text{In}} = E^\theta_{\text{In}} + \dfrac{0.0592}{n}\lg\dfrac{c_{\text{InOx}}}{c_{\text{InRed}}}$

与酸碱指示剂相似，氧化还原指示剂颜色的改变也存在着一定的变色范围。当 $c_{InOx}=c_{InRed}$时，溶液呈中间色，$E_{In}=E_{In}^{\theta}$，此时溶液的电极电势等于指示剂的标准电极电势，称为指示剂的变色点。当$\frac{c_{InOx}}{c_{InRed}}\geqslant 10$ 时，溶液呈现指示剂氧化态的颜色；当$\frac{c_{InOx}}{c_{InRed}}\leqslant\frac{1}{10}$时，溶液呈现指示剂还原态的颜色。因而氧化还原指示剂的变色范围是：

$$E_{In}=E_{In}^{\theta}\pm\frac{0.0592}{n}$$

氧化还原指示剂的选择原则与酸碱指示剂的选择类似，即使指示剂变色的电势范围全部或部分落在滴定曲线突跃范围内。

三、氧化还原滴定法中的预处理

在氧化还原滴定中，通常将待测组分氧化为高价态，或还原为低价态后，再进行滴定。例如将 Mn^{2+} 在酸性条件下氧化为 MnO_4^-，然后用 Fe^{2+} 直接滴定，这种预处理应符合下列要求：

（1）反应进行完全，速度快。

（2）过量氧化剂或还原剂易于除去。

（3）反应具有一定的选择性。

四、几种常见的氧化还原滴定法

根据使用滴定剂的名称，可分成几种氧化还原滴定法。常用的氧化剂有 $KMnO_4$、$K_2Cr_2O_7$、I_2、$KBrO_3$、$Ce(SO_4)_2$ 等。

1. 高锰酸钾法

高锰酸钾是一种强氧化剂，在强酸性溶液中，存在如下反应：

$$MnO_4^-+8H^++5e^-\rightleftharpoons Mn^{2+}+4H_2O \qquad E^{\theta}_{MnO_4^-/Mn^{2+}}=1.51V$$

在微酸性、中性或弱碱性溶液中，存在下列反应：

$$MnO_4^-+2H_2O+3e^-\rightleftharpoons MnO_2+4OH^- \qquad E^{\theta}_{MnO_4^-/MnO_2}=0.59V$$

在强碱性溶液中，很多有机物与 MnO_4^- 反应，即

$$MnO_4^-+e^-\rightleftharpoons MnO_4^{2-} \qquad E^{\theta}_{MnO_4^-/MnO_4^{2-}}=0.564V$$

由于 $KMnO_4$ 在强酸性溶液中的氧化能力强，且生成的 Mn^{2+} 接近无色，便于终点的观察，所以高锰酸钾滴定多在强酸性溶液中进行，所用的强酸是 H_2SO_4，酸度不足时容易生成 MnO_2 沉淀。若用 HCl，Cl^- 有干扰，而 HNO_3 溶液具有强氧化性，乙酸又太弱，都不适合高锰酸钾滴定。

高锰酸钾法的优点是：氧化能力强，不需另加指示剂，应用范围广。高锰酸钾法可直接测定许多还原性物质如 Fe^{2+}、$C_2O_4^{2-}$、H_2O_2、NO_2^-、Sn(Ⅱ)等，也可以用间接法测定非变价离子如 Ca^{2+}、Sr^{2+}、Ba^{2+} 等，用返滴定法测定 PbO_2、MnO_2 等。但高锰酸钾法的选择性较差，不能用直接法配制高锰酸钾标准溶液，且标准溶液不够稳定。

$KMnO_4$ 溶液的配制和标定：

市售的高锰酸钾常含有少量杂质和少量 MnO_2，而且蒸馏水中也常含有微量还原性物质，它们可与 MnO_4^- 反应而析出 $MnO(OH)_2$ 沉淀，因此不能采用直接法配制准确浓度的标准溶液。所以，通常先配成近似浓度的溶液，然后进行标定。

标定 $KMnO_4$ 溶液的基准物质，可选用 $Na_2C_2O_4$、$H_2C_2O_4 \cdot 2H_2O$ 和纯铁丝等。其中草酸钠不含结晶水，容易提纯，是最常用的基准物质，在 H_2SO_4 溶液中，反应为

$$2MnO_4^- + 5C_2O_4^{2-} + 16H^+ \longrightarrow 2Mn^{2+} + 10CO_2\uparrow + 8H_2O$$

高锰酸钾法应用实例：

（1）H_2O_2 的测定　在少量 Mn^{2+} 存在的条件下，H_2O_2 能还原 MnO_4^-，其反应为

$$5H_2O_2 + 2MnO_4^- + 6H^+ \longrightarrow 5O_2\uparrow + 2Mn^{2+} + 8H_2O$$

碱金属及碱土金属的过氧化物，可采用同样的方法进行测定。

（2）化学需氧量 COD 的测定　地表水、饮用水和生活污水 COD 的测定，可用 $KMnO_4$ 测定，又称高锰酸钾指数测定。

（3）有机物的测定　在强碱性溶液中，$KMnO_4$ 与有机物反应后，被还原为绿色的 MnO_4^{2-}。利用这一反应，可用 $KMnO_4$ 法测定某些有机化合物。例如，$KMnO_4$ 与甲醇的反应为

$$CH_3OH + 6MnO_4^- + 8OH^- \rightleftharpoons CO_3^{2-} + 6MnO_4^{2-} + 6H_2O$$

2. 重铬酸钾法

重铬酸钾法是指在酸性条件下与还原剂作用，$Cr_2O_7^{2-}$ 被还原为 Cr^{3+}，即

$$Cr_2O_7^{2-} + 14H^+ + 6e^- \rightleftharpoons 2Cr^{3+} + 7H_2O \qquad E^{\theta}_{Cr_2O_7^{2-}/Cr^{3+}} = 1.33V$$

重铬酸钾法也有直接法和间接法之分，采用氧化还原指示剂，如二苯胺磺酸钠等。应该指出，$K_2Cr_2O_7$ 有毒，使用时应该注意废液的处理，以免污染环境。

从标准电极电势来看，$K_2Cr_2O_7$ 的氧化能力不如 $KMnO_4$ 强，应用范围也不如 $KMnO_4$ 广泛。但与 $KMnO_4$ 法相比，具有以下优点：①$K_2Cr_2O_7$ 容易提纯，可直接配制标准溶液；②$K_2Cr_2O_7$ 标准溶液非常稳定，可以长期保存；③室温下 $K_2Cr_2O_7$ 不与 Cl^- 作用，故可在 HCl 溶液中滴定 Fe^{2+}。但当 HCl 浓度太大或将溶液煮沸时，$K_2Cr_2O_7$ 也能部分地被 Cl^- 还原。

在重铬酸钾法中，虽然橙色的 $Cr_2O_7^{2-}$ 被还原后转化为绿色的 Cr^{3+}，但由于 $Cr_2O_7^{2-}$ 的颜色不是很深，所以不能根据自身的颜色变化来确定终点，需另加氧化还原指示剂，一般采用二苯胺磺酸钠作指示剂。重铬酸钾法常用于铁和土壤有机质的测定。

重铬酸钾法应用实例：

（1）铁的测定　重铬酸钾法测定铁有下列反应

$$Cr_2O_7^{2-} + 6Fe^{2+} + 14H^+ \longrightarrow 2Cr^{3+} + 6Fe^{3+} + 7H_2O$$

试样一般用 HCl 加热分解，在热的浓 HCl 溶液中，用 SnO_2 将 Fe^{3+} 还原为 Fe^{2+}。过量的 $SnCl_2$ 用 $HgCl_2$ 氧化，此时溶液中析出 Hg_2Cl_2 丝状的白色沉淀。在 $1\sim2mol \cdot L^{-1}$ $H_2SO_4 \sim H_3PO_4$ 混合酸介质中，以二苯胺磺酸钠作指示剂，用 $K_2Cr_2O_7$ 标准溶液滴定 Fe^{2+}。

H_3PO_4 的作用是与 Fe^{3+} 生成 $Fe(H_3PO_4)_2^-$ 无色络合物，降低 Fe^{3+}/Fe^{2+} 电对电位。滴定突跃范围大，$Cr_2O_7^{2-}$ 与 Fe^{2+} 的反应也更完全。

（2）COD 的测定　在酸性介质中以重铬酸钾为氧化剂，测定化学需氧量的方法记作 COD_{Cr}，这是水中测定的常用指标。在水样中加入 $HgSO_4$ 消除 Cl^- 的干扰，加入过量的 $K_2Cr_2O_7$ 标准溶液，在强酸性介质中，以 Ag_2SO_4 为催化剂，回流加热，氧化作用完全后，以 1，10—二氮菲—亚铁为指示剂，用 Fe^{2+} 标准溶液滴定过量的 $K_2Cr_2O_7$，可用于污水中的

化学需氧量的测定。它的缺点是对芳香烃不能完全氧化，有 Hg^{2+}、Cr^{3+} 有害物质对水造成污染。

3. 碘量法

碘量法是利用 I_2 的氧化性来进行滴定的方法。其反应为

$$I_2 + 2e^- = 2I^-$$

I_2 的溶解度小，实际应用时将 I_2 溶解在 KI 的溶液里，以 I_3^- 的形式存在。即

$$I_2 + I^- = I_3^-$$

I_3^- 滴定是基本反应，即

$$I_3^- + 2e^- = 3I^- \qquad E^{\theta}_{I_2/I^-} = 0.53V$$

I_2 是较弱的氧化剂，能与较强的还原剂作用，而 I^- 是中等强度的还原剂，能与许多氧化剂作用。碘量法可用直接的和间接的两种方法进行。

小知识

淀粉是碘量法的专属指示剂，根据蓝色的出现或消失来指示滴定终点。

铜铁中的硫转化为 SO_2，可用 I_2 直接滴定，淀粉作指示剂。

$$I_2 + SO_2 + 2H_2O = 2I^- + SO_4^{2-} + 4H^+$$

直接碘量法还可以测定 As_2O_3、Sn(Ⅲ)等还原性物质。间接碘量法是将 I^- 加入到氧化剂 $K_2Cr_2O_7$、$KMnO_4$、H_2O_2 等物质中，可发生定量氧化反应析出 I_2，例如：

$$2MnO_4^- + 10I^- + 16H^+ = 2Mn^{2+} + 5I_2 + 8H_2O$$

析出 I_2 用 $Na_2S_2O_3$ 溶液滴定，即

$$I_2 + 2S_2O_3^{2-} = 2I^- + S_4O_6^{2-}$$

I_2 和 $Na_2S_2O_3$ 的反应须在中性或弱酸性溶液中进行。在强碱性溶液中 I_2 会发生歧化反应，即

$$3I_2 + 6OH^- = IO_3^- + 5I^- + 3H_2O$$

I^- 在酸性溶液中可被空气中的氧所氧化，即

$$4I^- + 4H^+ + O_2 = 2I_2 + 2H_2O$$

滴定时，防止 I_2 挥发，有时使用碘瓶，不要剧烈搅动，以减少 I_2 的挥发。

碘量法应用实例

(1) S^{2-} 或 H_2S 的测定　在酸性溶液中，I_2 能氧化 H_2S，即

$$H_2S + I_2 = S\downarrow + 2H^+ + 2I^-$$

这是用直接碘量法测定硫化物，用淀粉作指示剂。

(2) 铜的测定　用 HNO_3 分解铜合金中铜试样，低价氧需用浓 H_2SO_4 蒸发将它们除去。也可用 H_2O_2 和 HCl 分解试样，调节 pH = 3.2 ~ 4.0，加入过量 KI 析出 I_2，再络合生成 I_3^-。即

$$2Cu^{2+} + 4I^- = 2CuI\downarrow + I_2$$

$$I_2 + I^- = I_3^-$$

生成的 I_2 用 $Na_2S_2O_3$ 标准溶液滴定，以淀粉为指示剂。由于 CuI 吸附 I_2，结果偏低，因

此加入 KSCN，使其转为 CuSCN，此时 I_2 又重新析出。即

$$CuI + SCN^- \longrightarrow CuSCN + I^-$$

由于 Fe^{3+} 氧化 I^-，所以加入 NH_4HF_2，可使 Fe^{3+} 生成稳定的 FeF_6^{3-} 络合离子，从而防止 Fe^{3+} 氧化 I^-。测定时，最好用纯铜标定 $Na_2S_2O_3$ 溶液，以抵消方法的系统误差。

模块四　沉淀滴定法

一、沉淀滴定法概述

沉淀滴定法是以沉淀反应为基础的一种滴定分析方法。产生沉淀的反应虽然很多，但大多数沉淀反应不能满足定量分析的要求，而不能用于沉淀滴定。因此，用于沉淀滴定法的沉淀反应必须符合下列几个条件。

1）沉淀物的溶解度必须很小，生成的沉淀具有恒定的组成。

2）沉淀反应速率大，可定量完成。

3）用适当的指示剂确定终点。

影响沉淀溶解度的因素有哪些？

目前，应用于沉淀滴定法最广的是生成难溶性银盐的反应：

$$Ag^+ + X \longrightarrow AgX\downarrow \text{（X 代表 } Cl^-\text{、}Br^-\text{、}I^-\text{、}CN^-\text{、}SCN^-\text{等）}$$

这种以生成难溶性银盐为基础的沉淀滴定法称为银量法。根据所选指示剂的不同，银量法可分为莫尔法、佛尔哈德法、法扬司法、碘-淀粉指示剂法等。

二、银量法终点的确定

1. 莫尔法（Mohr）

（1）基本原理　莫尔法是以铬酸钾作指示剂的银量法。在中性或弱碱性溶液中，以铬酸钾作指示剂，用 $AgNO_3$ 标准溶液直接滴定 Cl^- 时，由于 AgCl 的溶解度小于 Ag_2CrO_4 的溶解度，故首先析出 AgCl 白色沉淀，当 Cl^- 被 Ag^+ 定量沉淀完全后，稍过量的 Ag^+ 与 CrO_4^{2-} 形成砖红色沉淀，从而指示滴定终点。滴定反应如下：

计量点前：$Ag^+ Cl^- \rightleftharpoons AgCl\downarrow$（白）　　$K_{sp,AgCl} = 1.8\times10^{-10}$

计量点时：$2Ag^+ + CrO_4^{2-} \rightleftharpoons Ag_2CrO_4\downarrow$（砖红）　$K_{sp,Ag_2CrO_4} = 1.1\times10^{-12}$

（2）滴定条件

1）指示剂的用量。莫尔法是以 Ag_2CrO_4 砖红色沉淀的出现来判断滴定终点的，如果 K_2CrO_4 的浓度过大，终点将提早出现；浓度过小，滴定终点将拖后，均影响滴定的准确度。实验证明，K_2CrO_4 的浓度以 $0.005mol\cdot L^{-1}$ 为宜。

2）溶液的 pH。莫尔法只适用于中性或弱碱性（$pH = 6.5 \sim 10.5$）条件下进行，因为在酸性溶液中 Ag_2CrO_4 会溶解。

$$Ag_2CrO_4 + H^+ \rightleftharpoons 2Ag^+ + HCrO_4^-$$

$$2HCrO_4^- \rightleftharpoons Cr_2O_7^{2-} + H_2O$$

而在强碱性的溶液中，Ag^+ 会生成 Ag_2O 沉淀：

$$Ag^+ + OH^- \rightleftharpoons AgOH\downarrow \qquad 2AgOH = Ag_2O\downarrow + H_2O$$

如果待测液的碱性太强可加入 HNO_3 中和，酸性太强可加入硼砂或碳酸氢钠中和。

（3）应用范围　莫尔法只适用于测定 Cl^- 和 Br^-。测定时溶液中不能含有 Pb^{2+}、Ba^{2+}、Hg^{2+} 等阳离子和 PO_4^{3-}、AsO_4^{3-} 等阴离子，否则将干扰测定。由于 AgCl 和 AgBr 分别对 Cl^-、Br^- 有显著的吸附作用，因此在滴定过程中要充分振荡溶液，才不致影响测定的准确性。需要注意的是，不能用含 Cl^- 的溶液去滴定 Ag^+，因为加入 K_2CrO_4 指示剂后析出 Ag_2CrO_4 沉淀，在滴定过程中 Ag_2CrO_4 转化为 AgCl 较慢，滴定误差较大。

小知识

"陈化"处理，即在沉淀作用完毕后，将生成的沉淀在母液中放置一段时间，使小颗粒转变为较大颗粒的晶体，使不纯净的沉淀转变为较为纯净的沉淀。

2. 佛尔哈德法（Volhard）

（1）基本原理　佛尔哈德法是用铁铵矾 $(NH_4)Fe(SO_4)_2$ 作指示剂，以 NH_4SCN 或 KSCN 标准溶液滴定含有 Ag^+ 的试液，反应如下：

$$Ag^+ + SCN^- \rightleftharpoons AgSCN\downarrow \text{（白）} \qquad K_{sp,AgSCN} = 1.0\times10^{-12}$$

$$Fe^{3+} + SCN^- \rightleftharpoons [Fe(SCN)]^{2+} \text{（红）} \qquad K_f = 1.38\times10^2$$

在滴定过程中，首先析出白色的 AgSCN 沉淀，到达计量点时，再滴入稍过量的 SCN^-，立即与溶液中的 Fe^{3+} 作用，生成红色的配离子 $[Fe(SCN)]^{2+}$，指示滴定终点的到达。此法测定 Cl^-、Br^-、I^- 和 SCN^- 时，先在被测溶液中加入过量的 $AgNO_3$ 标准溶液，然后加入铁铵矾指示剂，以 NH_4SCN 标准溶液滴定剩余的 Ag^+。

在测定 I^- 时，必须先加入过量的 Ag^+，使 I^- 沉淀完全，然后再加入指示剂，否则 Fe^{3+} 与 I^- 发生氧化还原反应，影响测定结果。

$$2Fe^{3+} + 2I^- \rightleftharpoons 2Fe^{2+} + I_2$$

在测定 Cl^- 时，加入 $AgNO_3$ 标准溶液后，应将 AgCl 沉淀滤出，然后再滴定滤液，或者加入硝基苯掩蔽，否则得不到准确结果。因为 AgCl 的溶解度比 AgSCN 大，将会出现下列反应：

$$AgCl(s) + SCN^- \rightleftharpoons AgSCN\downarrow + Cl^-$$

使 AgCl 沉淀转化为 AgSCN 沉淀，将引起很大的滴定误差。

（2）滴定条件

1）指示剂的用量。实验证明能观察到红色，$[Fe(SCN)]^{2+}$ 的最小浓度为 $6.0\times10^{-6}mol\cdot L^{-1}$，根据溶度积公式计算，此时 Fe^{3+} 的浓度为 $0.03mol\cdot L^{-1}$。实际上，Fe^{3+} 的浓度太大，溶液呈较深的黄色，影响终点的观察，通常 Fe^{3+} 的浓度为 $0.015mol\cdot L^{-1}$。

2）溶液的酸度。溶液要求为酸性，H^+ 浓度应控制在 $0.1\sim1mol\cdot L^{-1}$ 之间。否则 Fe^{3+} 会发生水解，影响测定。

（3）应用范围　佛尔哈德法在酸性溶液中滴定，避免了许多离子的干扰，所以它的适用范围较广泛。不仅可以用来测定 Ag^+、Cl^-、Br^-、I^-、SCN^-；还可以用来测定 PO_4^{3-} 和 AsO_4^{3-}，在农业上也常用此法测定有机氧农药如六六六和滴滴涕等。凡是能与 SCN^- 作用的还原剂也应除去。

3. 法扬司法（Fajans）

法扬司法是以吸附指示剂指示终点的银量法。吸附指示剂是一类有机染料，它的阴离子被胶体粒子吸附后引起的颜色变化可以指示滴定终点。以 $AgNO_3$ 标准溶液滴定 I^-，荧光黄作指示剂为例，说明吸附指示剂的作用原理。荧光黄是一种有机弱酸，通常用 HFIn 表示。它在溶液中解离的阴离子 FIn^- 呈黄绿色：

$$HFIn \rightleftharpoons H^+ + FIn^- \text{（黄绿色）}$$

计量点前，溶液中 Cl^- 过量，AgCl 沉淀胶粒吸附 Cl^-，使胶粒带负电荷，因此不能吸附荧光黄阴离子。计量点后，溶液中 Ag^+ 过量，AgCl 沉淀胶粒吸附 Ag^+，使胶粒带正电荷，这时荧光黄阴离子被吸附，可能形成荧光黄银化合物，使沉淀表面呈粉红色，从而指示滴定终点。

计量点前 $AgCl \cdot Cl^- + FIn^-$（黄绿色）

计量点后 $AgCl \cdot Ag^+ + FIn^- \xlongequal{\text{吸附}} AgCl \cdot Ag \cdot FIn$（粉红色）

如果用 NaCl 滴定 Ag^+，则指示剂的颜色变化正好相反。吸附指示剂由于颜色的变化发生在沉淀表面，为使终点时颜色变化较明显，应尽量使沉淀的比表面大一些，因此常加入一些保护胶体（如糊精），以阻止卤化银凝聚，使其保持胶体状态。此外，溶液的酸度要适当，以保证指示剂呈阴离子状态存在。

4. 碘-淀粉指示剂法

淀粉遇碘变蓝，并且碘离子浓度越高，其显色灵敏度也越高。利用此显色原理，用 $AgNO_3$ 标准溶液测定 KI 的含量时，滴定前加入碘-淀粉指示剂，此时溶液呈蓝色，随后用 $AgNO_3$ 溶液滴定，当溶液中的游离 I^- 被滴定以后，滴入的少量 $AgNO_3$ 便与蓝色配合物中的 I^- 作用生成 AgI 沉淀，蓝色随之褪去，从而指示滴定终点。反应式如下：

滴定前 $I^- + I_2\text{-淀粉} = I_3^-\text{-淀粉}$

（无色） （蓝色）

滴定中 $Ag^+ + I^- = AgI\downarrow$

终点时 $Ag^+ + I_3^-\text{-淀粉} = AgI\downarrow + I_2\text{-淀粉}$

（蓝色） （无色）

滴定一般在中性或弱酸性（pH = 2 ~ 7）介质中进行。强碱性介质中，Ag^+ 会发生水解，I_2 则发生歧化反应；溶液的 pH < 2 时，淀粉易水解成糊精，遇 I_2 显红色，变色灵敏度降低。

三、银量法的应用

1. 标准溶液的配制和标定

（1）$AgNO_3$ 标准溶液的配制和标定 将优级纯或分析纯的 $AgNO_3$ 在 110℃ 下烘干 1 ~ 2h，可直接配制。一般纯度的 $AgNO_3$ 采用间接法配制，用 NaCl 基准标定。由于 NaCl 易吸潮，使用前应在 500℃ 左右的温度下干燥。应使用与测定样品时的同样方法标定溶液，以消除系统误差。$AgNO_3$ 见光易分解，固体和配制后的标准溶液都应贮存在棕色瓶内。

（2）NH_4SCN 标准溶液的配制和标定 NH_4SCN 试剂往往含有杂质，并且容易吸潮，只能用间接法配制，再用 $AgNO_3$ 标准溶液进行滴定。

2. 应用实例

（1）莫尔法测定可溶性氧化物中氯的质量分数 准确称取可溶性氯化物 W_g，将其溶解后，定容成250mL的溶液。准确移取25.00mL该溶液于锥形瓶中，再加入5%的K_2CrO_4指示剂1mL，以$AgNO_3$标准溶液滴定至刚显砖红色，强烈振荡后也不褪色即为终点。可溶性氧化物中氯的质量分数可按下式计算：

$$w(\mathrm{Cl})=\frac{c_{\mathrm{AgNO_3}}\times V_{\mathrm{AgNO_3}}\times 10^{-3}\times M_{\mathrm{Cl}}}{W}\times\frac{250}{25}\times 100\%$$

（2）佛尔哈德法测定银合金中银的质量分数　将W_g银合金溶于HNO_3中制成溶液，并煮沸除去氧化物后，加入$(NH_4)Fe(SO_4)_2$指示剂1mL，以NH_4SCN标准溶液滴定至终点。银合金中银的质量分数可按下式计算：

$$w(\mathrm{Ag})=\frac{c_{\mathrm{NH_4SCN}}\times V_{\mathrm{NH_4SCN}}\times 10^{-3}\times M_{\mathrm{Ag}}}{W}\times 100\%$$

单元小结

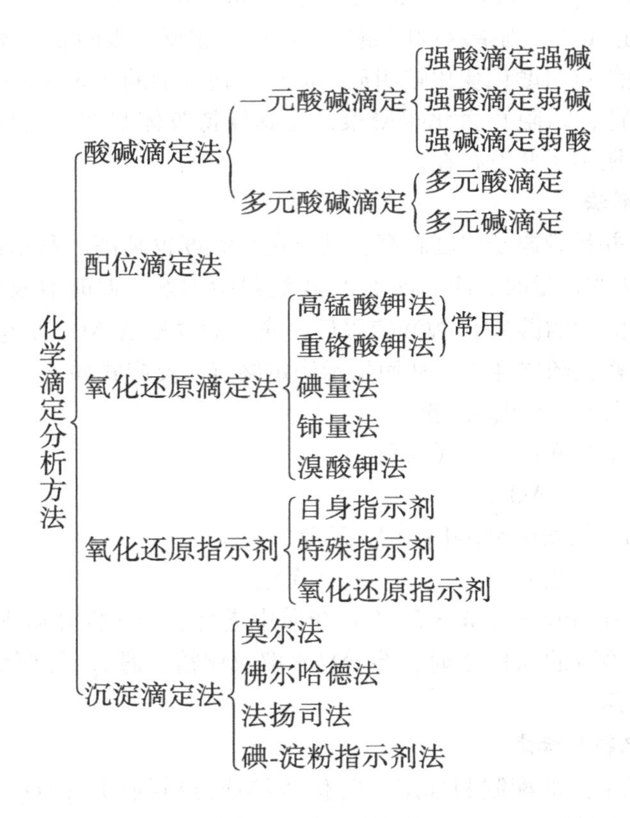

综合训练

1. 计算下列溶液的H^+或OH^-的浓度及pH。

（1）$0.010\mathrm{mol\cdot L^{-1}}$ HCl；

（2）$0.010\mathrm{mol\cdot L^{-1}}$ $NH_3\cdot H_2O$。

2. 下列滴定能否进行？如能进行，计算化学计量点的pH，并指出选用何种指示剂。

（1）$0.1\mathrm{mol\cdot L^{-1}}$ HCl滴定$0.1\mathrm{mol\cdot L^{-1}}$ NaAc；

（2）0. 1mol · L^{-1} HCl 滴定 0. 1mol · L^{-1} NaCN；

（3）0. 1mol · L^{-1} NaOH 滴定 0. 1mol · L^{-1} HCOOH。

3. 下列多元弱酸能否用 NaOH 直接滴定？如能滴定，有几个突跃？

（1）H_3AsO_4　　（2）草酸

4. 为什么配位滴定要求控制在一定的 pH 条件下进行？

5. 在 0. 1mol · L^{-1} $[Ag(NH_3)_2]^+$ 的溶液中含有浓度为 1. 0mol · L^{-1} 的氨水，试计算 Ag^+ 的浓度。

6. 用离子——电子法配平下列反应式。

（1）$P_4 + HNO_3 \rightarrow H_3PO_4 + NO$

（2）$Cr(OH)_3 + ClO^- \rightarrow CrO_4^{2-} + Cl^-$（碱性介质）

（3）$H_2O_2 + PbS \rightarrow PbSO_4 + H_2O$（酸性介质）

7. 铜丝插入 $CuSO_4$ 溶液，银丝插入 $AgNO_3$ 溶液，组成原电池。

（1）写出原电池符号；

（2）写出电极反应和电池反应；

（3）计算电池的标准电动势。加氨水于 $AgNO_3$ 溶液中，电池的电动势如何变化？

8. 回答下列现象：

（1）能否用铁制容器盛放 $CuSO_4$ 溶液？

（2）配制 $SnCl_2$ 溶液时，为了防止 Sn^{2+} 被空气中的氧所氧化，通常在溶液中加入少许 Sn 粒，为什么？

（3）金属铁能还原 Cu^{2+}，而 $FeCl_3$ 溶液又能使金属铜溶解，为什么？

9. 常温下 Ag_2CO_3 在水中的溶解度为 3.49×10^{-2} g · L^{-1}，求：

（1）Ag_2CO_3 的溶度积；

（2）在 0. 1mol · L^{-1} K_2CO_3 溶液中的溶解度（g · L^{-1}）。

10. 根据 $Mg(OH)_2$ 的溶度积，计算：

（1）$Mg(OH)_2$ 在水中的溶解度（mol · L^{-1}）；

（2）$Mg(OH)_2$ 饱和溶液中 Mg^{2+} 的浓度及溶液的 pH 分别是多少？

（3）$Mg(OH)_2$ 在 0. 01mol · L^{-1} $MgCl_2$ 溶液中的溶解度（mol · L^{-1}）。

第三单元　试样的采集与制备

【学习目标】　了解取样理论在制样中的应用的有关知识；掌握固态物料、液态物料及气态物料的采样方法；掌握常用固体试样的制备方法等。

模块一　采制样的重要性及取样理论

一、采制样的重要性

工业分析的具体对象是大宗物料（千克级、吨级甚至万吨级），而实际用于分析测定的物料却又只能是其中很小的一部分（克甚至毫克量）。显然，这很小的一部分物料必须能代表大宗物料，即和大宗物料有极为相近的平均组成。否则，即使分析工作十分精密、准确，其分析结果因不能代表原始的大宗物料而没有意义，甚至可能把生产引入歧途，造成严重的生产事故。这很小一部分用于分析测试的物料称为分析试样。在规定的采样点采集的规定量物料称为“子样”（或小样、分样）。合并所有的子样得到“原始平均试样”或称为“送检样”。应采取一个原始平均试样的物料总量，称为“分析化验单位”（或称基本批量）。由送检样制备成分析试样的过程，称为样品制备（或称样品加工）。

显然，样品的采集与制备是工业分析工作的一部分，是分析结果准确可靠的前提与基础。经前人研究得知，分析结果总的标准偏差 S_0 是与取样（含制样）的标准偏差 S_s 和分析操作（含分析方法本身）的标准偏差 S_a 有关，并且符合下述关系式：

$$S_0^2 = S_s^2 + S_a^2 \tag{3-1}$$

显然，样本变异的方差分量与测量变异的方差分量具有同等重要性。然而，过去许多分析工作者主要着力于降低分析测量的不确定度，而忽视了样本的质量问题。W. J. Youden 曾指出，一旦分析的不确定度降低到样本不确定度的1/3或更低时，再进一步降低分析的不确定度就没有意义了。对于样品中待测组分呈不均匀分布的固体试样，这一点尤其突出。另外，样品中待测组分含量愈低，所采用的分析测定方法的灵敏度愈高，样本变异对分析结果的影响愈大。

二、取样误差

取样误差的研究，很早就引起了人们的注意，他们从不同对象和不同角度进行了各种研究。

早在1928年，B. Baule 等就对固体样品的取样误差提出式（3-2）进行估计：

$$S_s = \left| \frac{\rho_2 q}{100p\sqrt{m}} \sqrt{a^3 w(100\rho_1 - w\rho)} \right| \times 100\% \tag{3-2}$$

式中　S_s——取样的标准偏差；

w——混合物中矿石的质量分数；

ρ_1——矿石的密度；
q——矿石中金属的质量分数；
ρ_2——矿渣的密度；
m——样品的质量；
ρ——混合物的密度；
a——颗粒的边长或直径。

从式（3-2）可见，矿石的特性、样品的粒度与质量及待测组分的质量分数对取样误差有着明显的影响。

N. H. 普拉克辛根据误差理论，在把各项偏差代入平均偏差的基本公式之后，得出取样误差的计算公式为：

$$y = \frac{0.6745}{\sqrt{n-1}} \sqrt{x(1-x)} \tag{3-3}$$

式中　y——取样体积误差；
n——样品的颗粒数；
x——物料中所测组分的体积分数的近似值。

从式（3-3）可以看出，取样误差与样品的颗粒数及组分的含量密切相关。

W. E. Harrs 等在 1974 年发表文章指出，在由 A 和 B 所组成的二元总体的情况下，当纯组分颗粒 A 的质量分数很小时，若要相对取样标准偏差小至可以忽略，则样品的颗粒数就要非常多。Beneditti-Pichler 进一步证明，在一个颗粒数为 n，待测组分为 A 的试样中，取样误差 Δn 与组分质量分数的取样误差 ΔP_{av} 有以下关系：

$$\Delta P_{av} = \frac{\Delta n \rho_A \rho_B}{n\rho^2}(w_A - w_B) \tag{3-4}$$

式中　ρ_A、ρ_B——分别为 A 和 B 的密度；
w_A、w_B——分别为 A 和 B 组分的质量分数；
ρ——平均密度。

从式（3-4）可知，样品中颗粒数 n 愈小，颗粒 A 和 B 中被测组分的质量分数之差愈大，取样误差也愈大。

三、取样量

在充分保证样品具有代表性的前提下，取样量愈小，取制样的工作量也愈少。但取样量太少则不能保证其代表性。能代表研究对象整体的样品最小量，称为样品的最低可靠质量。在满足取样误差要求的前提下，确定最小取样就显得十分重要。

对于某一特定的测定对象，样品的特性和其中待测组分的含量是客观存在的，只是样品的粒度和取样量的多少可由采制者控制。因此，根据试样粒度的大小确定采集试样的最小质量，以及确定制样程序和最后粒度，就成为取样理论的基本问题之一。

早在 1908 年理查德（ Richards R. ）就提出了根据试样质量确定试样颗粒极限度的“理查表”。之后，前苏联学者 P. O. 切乔特根据理查表中的数据，于 1932 年提出适合最小样品质量与颗粒大小关系的理查-切乔特公式：

$$Q = Kd^2 \tag{3-5}$$

式中　Q——最小样品质量（或称为样品最低可靠质量），单位为 kg；

d——最大颗粒直径，单位为 mm；

K——与试样密度等有关的矿石特性系数。

捷蒙德和哈尔费尔达里在进行一系列研究之后，提出了较理查-切乔特公式较为完善的计算公式：

$$Q = Kd^{a} \tag{3-6}$$

式中 Q、K、d——含义与理查-切乔特公式相同；

a——随矿石类型和粒度而变化的系数，并且 $a<3$。

但是，他们认为用数学方法难以解决试样质量问题，而必须用实验方法来确定。为了简化计算，长期以来，国内外工业分析工作者仍广泛采用理查-切乔特公式。

理查-切乔特公式的应用，K 值的确定一般都是用实验的方法。常用求取 K 值的方法有两种：一是连续缩分法，另一种是预定不同 K 值法。

连续缩分法：设有需要确定 K 值的铀矿石 480kg，破碎至 $d \leqslant 10$mm，混匀。然后将此样品连续缩分 8 次，得到质量不同的 8 组，即每组质量分别为 240kg、120kg、60kg、30kg、15kg、7.5kg、3.75kg、1.875kg。将每组样品等分成 5～8 份，分别粉碎至分析方法所需的粒度，用相同的或等精度的分析方法，测定每组各份样品中某一元素或某几种元素的含量，并计算每组分析结果的平均相对偏差。根据各组相对偏差的比较，即可确定该样品破碎至某一粒度时，缩分后能代表全样的样品最小质量，如图 3-1a 所示，并进一步计算出 K 值。

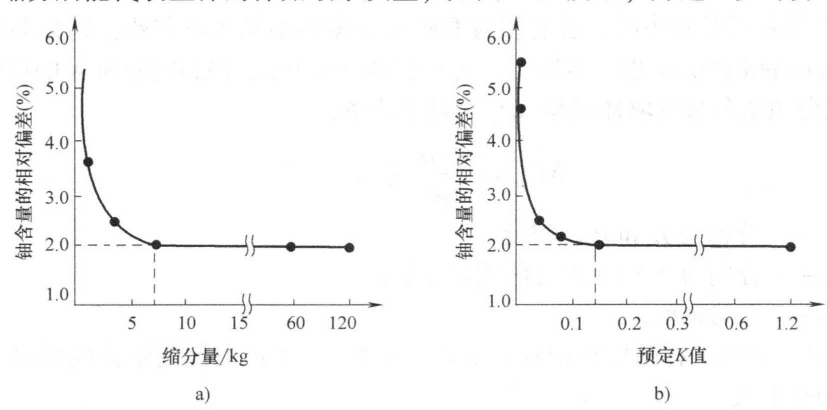

图 3-1 用两种方法求缩分系数

a）连续缩分法求 K 值 b）预定 K 值法选 K 值

预定不同 K 值法：将所采具有代表性的样品破碎至一定粒度，分成若干份（4～8），然后分别用不同 K 值进行缩分，制成分析试样，进行分析，将分析结果进行对比，以确定 K 值。如上例 480kg 铀矿石，破碎到 $d \leqslant 10$mm。然后预定 1.2、0.6、0.3、0.15、0.075、0.0325、0.0163 这些 K 值。将这些 K 值代入切乔特公式，从 $d \leqslant 10$mm 的原样中分取七组试样，再将每组试样分成 5～8 份，分别粉碎后进行分析，计算每组分析结果的相对偏差，并作图确定样品的合适 K 值，如图 3-16 所示。

图 3-1a 表明，该铀矿石破碎至 $d \leqslant 10$mm 后缩分，样品的最小质量为 7.5kg，$K = 7.5/10^2 = 0.075$。图 3-1b 表明，对于同一矿石，合适的 K 值为 0.15。从而可知，对于这一类型样品，在制样时，所取的缩分系数应为 0.075～0.15。

求样品缩分系数时须注意两个问题：一是所用分析方法应是高精度的方法；二是除分析主要元素之外，还应选择样品中若干重组分和轻组分进行分析，并综合考虑其分析结果，最后确定 K 值。因此，样品缩分系数的确定是比较繁琐的工作。在实践中，基层实验室一般都不做求取 K 值的工作，根据样品的种类和性质，按上级主管部门规定的 K 值制样。有关部门经实验确定的各类岩石矿物的 K 值见表 3-1。

表 3-1　各类矿石的缩分系数的参考值

矿石种类	K 值	矿石种类	K 值
铁矿（接触交代沉积）	0.1～0.2	脉金（d<0.6mm）	0.4
铁矿（风化型）	0.2	脉金（d>0.6mm）	0.8～1.0
锰矿	0.1～0.2	镍矿（硫化物）	0.2～0.5
铜矿	0.1～0.2	镍矿（硅酸盐）	0.1～0.3
铬矿	0.2～0.3	铝矿	0.1～0.5
铅矿	0.2～0.3	锑矿、汞矿	0.1～0.2
铅矿、钨矿	0.2	铀矿	0.5～1.0
铝土矿	0.1～0.3	磷灰石	0.1～0.15
脉金（d<0.5mm）	0.2		

在近代分析化学中，Ingamells 对取样理论的发展也作出了贡献。他和斯威泽尔一起提出了应用“取样常数法”估计最小取样量，其计算公式为

$$W \cdot R^2 = K_s \tag{3-7}$$

式中　W——当置信度为 68% 时的样品质量；

R——样品间的相对标准偏差，以% 计；

K_s——ngamells 取样常数，是样品相对标准偏差等于 1% 时的取样量，并可通过初步测定值来估计 K_s 值。

四、取样单元

从统计学的观点出发，为了取得具有代表性的试样，最重要的是要考虑应选取多少个取样单元，而不是应取多少质量样品的问题。一般来说，取样单元数愈多，即取份样（子样）数多，取样误差就愈小。但取样单元数多了，给取样、制样以及测定都可能造成麻烦。因此适当确定取样单元数，也是取样理论研究的重要问题之一。

取样单元数的多少是如何确定的？

取样单元的多少，主要取决于物料的均匀性和对取样准确度的要求。物料愈不均匀或要求取样误差愈小，则取样单元数就愈多。对于这方面的研究，早在 20 世纪 30 年代 T. A. 克拉克就做过不少工作。他指出，取样的平均误差随取样时份数的增加而急剧下降，并提出了矿石物料取样时份样数（即取样单元数）的计算公式：

$$n = \left(\frac{r}{MR}\right)^2 \tag{3-8}$$

式中 n——取样单元数（份样数）；

r——份样的偶然误差；

R——总样的偶然误差；

M——系数值，它随取样的可靠程度而改变。

小知识

以 $1/2H_2SO_4$ 为基本单元时，与以 H_2SO_4 为基本单元相比，浓度增加了一倍。

取样单元是根据对分析结果的置信水平要求确定的，克拉克公式有些不甚明确。后来人们在进一步研究中提出了一些较为完善的公式估计：

$$n = \frac{t^2 S^2}{R^2 \overline{X}^2} \tag{3-9}$$

式中 t——给定置信水平的 Student 值；

S_s^2——采样方差 σ_s^2 的估计值；

R——分析结果的相对标准偏差；

$\overline{X}$——分析结果的平均值。

当试样与总体比较，试样构成总体的显著部分，这时需要考虑“不限总体”校正。这时，取样单元数依据不同情况应有不同的估计公式。

（1）当 $\overline{X} > \sigma_s^2$，即分析对象服从正态分布或二项分布时

$$n = \frac{t^2 s_s^2 N}{R^2 \overline{X}^2 N + t^2 S_s^2} \tag{3-10}$$

式中 N——总体可分割的样本数。

（2）当 $\overline{X} = \sigma_s^2$，分析对象服从 Poisson 分布时

$$n = \frac{t^2}{R^2 \overline{X}} \tag{3-11}$$

（3）当 $\overline{X} < \sigma_s^2$，即分析对象服从负二项分布时

$$n = \frac{t^2}{R_2}\left(\frac{1}{\overline{X}} + \frac{1}{K}\right) \tag{3-12}$$

式中 K——结块指数。

五、取样方式

从统计学上讲，为了获得具有代表性的样品，不仅要考虑取样单元，而且要考虑取样方式。研究取样方式的目的，是选取尽可能少的试样（样本），而使所获得的结果又能最大程度地反映被研究对象的全体（总体）的特征。

长期采用随机取样方式，到 20 世纪 70 年代初逐步发展到系统取样、分层取样和二步取样等规则取样方式。在实际过程中还常将随机取样与规则取样结合起来应用。

随机取样又称概率采样，其基本原理是物料总体中每份被取样的概率应相等。例如，将取样对象的全体划分成不同编号的部分，应用随机数进行取样，在某些情况下是行之有效而且简单方便的取样方法。

分层取样，即当物料总体中有明显的不同组成时，将物料分成几个层次，按层数大小成

比例地取样。分层时，层间物料组成可以有较明显的差别，但层内物料应是均匀的。

系统取样是将物料分成几个部分。例如，按时间间隔或物料量的间隔取样。

二步取样是将物料分成几个部分（例如，袋装或桶装的物料就可按袋或桶计），首先用随机取样方式从物料批中取出若干个一次取样单元，然后再分别从各单元中取出几份样。

因此，一个成功采集的试样（样本），在统计学上应满足下述要求：①样本均值应能提供总体均值的无偏估计，一般来说，随机取样是保证这种无偏性的基本方法；②样本分析结果应能提供总体方差的无偏估计，例如系统取样，应能提供分析对象有关参量随时间的变化等；③在给定的时间和人力消耗下，采样方法应给出尽可能精密的估计。将随机取样与规则取样巧妙地结合，能收到良好的效果。例如，把 8 筒粉末样品每瓶按上、中、下三部分各 100 层构成，每层样品分装到 400 个小瓶中，则可装成 960000 小瓶。若随机抽取 1% 的样本，则需要分析 9600 瓶。而考虑到 8 个筒之间的差异要比 1 个筒内的差异大；而 1 个筒内的差异是由于粉状物的密度、粒度不完全一致造成的，从 1 个筒的上、中、下部位取样，能充分反映筒内的不均匀性。对筒内的每一层来说是均匀的，任取一瓶均可代表本层，而在 100 层中随机抽 5%，这样既充分保证其代表性，还可减少取份样数：

$$5 \times 3 \times 8 = 120$$

即分析 120 瓶就可以了。

上述各种取样方式中，从分析结果的方差出发，取样份数或一次取样单元数的计算公式如下。

（1）单纯随机取样

$$n = \left(\frac{\sigma_b}{\sigma_s}\right)^2 \tag{3-13}$$

（2）分层取样

$$n = \left(\frac{\sigma_w}{\sigma_s}\right)^2 \tag{3-14}$$

（3）系统取样

$$n = \left(\frac{\sigma_w}{\sigma_s}\right)^2 \tag{3-15}$$

（4）二步取样

$$\bar{n} = \sqrt{\frac{K_1}{K_2}} \times \frac{\sigma_w}{\sigma_b} \tag{3-16}$$

$$m = \frac{M\sigma_b^2 + (M-1)\sigma_w\sqrt{\dfrac{K_2}{K_1}}}{(M-1)\sigma_s^2 + \sigma_b^2} \tag{3-17}$$

式中　n——从一批物料中采取的份样数；

m——在二步取样中第一步取出的一次取样单元数；

M——构成一批的取样单元总数；

$\bar{n}$——二步取样中从一次取样单元中取出的份样平均数，即 n/m；

σ_b——一次取样单元间的分散度，用标准偏差表示；

σ_w—— 一次取样单元内或层内份样间的分散度，用标准偏差表示；

σ_s——取样精度，用标准偏差表示；

K_1——采取一次取样单元一个样的费用；

K_2——采取一个份样的费用。

模块二 试样采集方法

一、固态物料的采样

工业生产战线上各个行业的生产，对于原材料分析、生产工艺过程控制分析、产品质量检定的采样等分析方法大多都有国家或行业标准。尚无国家或行业标准的，要根据采样理论和行业生产实际，制定企业标准。不同行业、不同工厂的不同对象的采样方法大同小异。这里以商品煤采样方法为例，综合介绍采取不均匀固态物料平均试样的一般原则和方法。

1. 物料堆中采样

从商品煤堆中采样时，子样数目按规定计算，见表3-2及表3-3。然后，根据煤堆的不同形状，将子样数目均匀地分布在顶、腰、底的部位上。底部应距地面0.5m。顶部采样时，先除去表层的0.1m，沿和煤堆表面垂直方向挖深度为0.3m的坑，在坑底部取样5kg。

表3-2 灰分小于20%的商品煤应取子样数

批量/kt	≤1	1~2	2~3	3~4	4~5	5~6	6~7	7~8	8~9	9~10
应采子样数目/个	40	55	75	80	90	100	105	110	120	130

表3-3 灰分大于20%的商品煤应取子样数

批量/kt	≤1	1~2	2~3	3~4	4~5	5~6	6~7	7~8	8~9	9~10
应采子样数目/个	80	110	140	160	180	200	210	230	240	250

工业生产中散装的固体原材料或产品，可按类似方法取样，其分析化验单位及子样数目可按有关规定确定。对于袋（或桶）为一件，多少件为一个分析化验单位，视不同产品而定。对于袋装化学肥料，通常为

50件以内，抽取5件；

51~100件，每增10件，加取1件；

101~500件，每增50件，加取2件；

501~1000件，每增100件，加取2件；

1001~5000件，每增100件，加取1件。

例如，若某批化学肥料为2000件，则应抽取的件数为

$$5+5\times1+8\times2+5\times2+10\times1=46(件)$$

从物料堆的各部位随机抽取规定量的件数。然后再用取样钻（见图3-2），由包装袋的一角斜插入袋内（或桶中），直达相对的另一角，旋转180°后，抽出，放出取样钻槽中物料，作为一个子样。

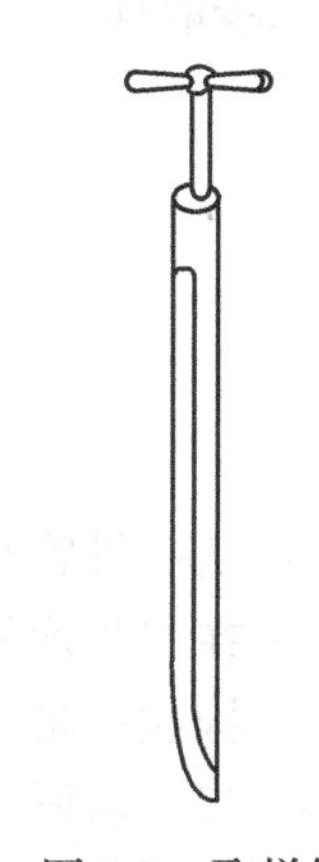

图3-2 取样钻

2. 物料流中采样

由运输带、链板运输机等物料流中采样时，大都是使用机械化的自动采样器，定时、定量连续采样。对于商品煤，采取子样的数目，应根据计划灰分，按规定确定，见表3-4。表3-4中是以1000t为一个分析化验单位，若分析化验单位不足1000t时，子样数目可以根据实际发运量按比例减少。但是不得少于表3-3中所示数目的1/3个，每个子样的质量不少于5kg。

表3-4　商品煤物料流子样数

煤　　种	原煤和筛选煤		其他洗煤	
	灰分≤20%	灰分>20%	灰分≤20%	灰分>20%
子样数目	30	60	15	20

如果煤量超过1000t，则实际应采子样的数目按式（3-18）进行计算：

$$m = n\sqrt{M/1000} \tag{3-18}$$

式中　m——实际应采子样数目，单位为个；

n——表3-4所示的子样数目，单位为个；

M——实际应发量或交货批量，单位为t。

从物料流中采样时，确定子样数目后，根据物料流量的大小及有效流过时间，均匀地分配采样时间，调整采样器工作条件，一次横截物料流的断面采取一个子样。也可以分两次或三次采取一个子样，但是必须按左右或左、中、右的顺序进行，采样的部位不得交错重复，在横截带运输机采样时，采样器必须紧贴带，不允许悬空铲取样品。

3. 运输工具中采样

由火车中采样时，每个分析化验单位应采取子样数目，按产品计划灰分和车皮容量确定。

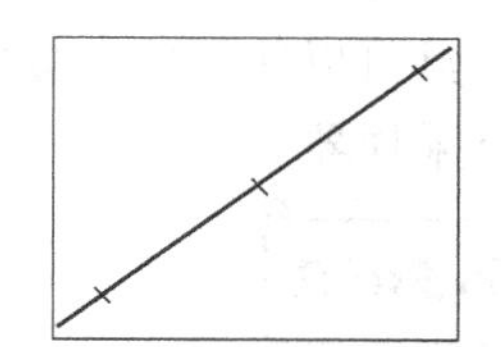

图3-3　三点采样部位

对于灰分小于或等于20%的商品煤，不论车皮容量大小，均按图3-3所示的沿斜线方向采取3个子样。对于灰分含量大于20%的商品煤，车皮容量≤30t，按如图3-3所示的方法采取3个子样；车皮容量为40t或≥50t，按如图3-4及图3-5所示的方法采取4或5个子样。

斜线的始末端点离车角为1m，其余各点应均分斜线，并且各车皮斜线方向一致。

商品煤装车后，应立即从煤的表面采样。如果用户需要核对时，可以挖坑至0.4m以下采样。

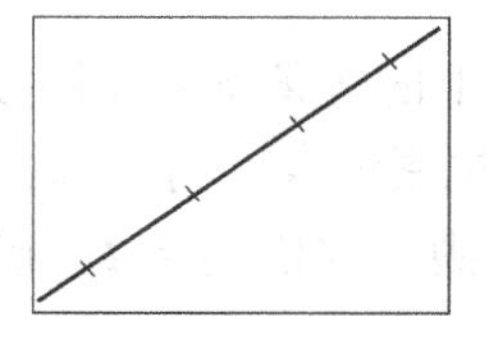

图3-4　四点采样部位

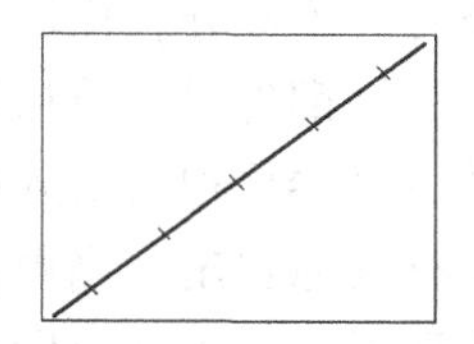

图3-5　五点采样部位

每个子样的最小质量，应根据煤的最大粒度，按规定确定，见表3-5。如果一次采出的样品质量不足规定的最小质量时，可以在原处再采取一次，与第一次合并为一个子样。

表 3-5 商品煤采样量与粒度关系对照

商品煤最大粒度/mm	0~25	25~50	50~100	>100
每个子样最小质量/kg	1	2	4	5

如果商品煤中粒度大于 150mm 的块状物（包括煤矸石、硫铁矿）超过 5% 时，除在该点按表 3-5 规定采取子样外，还应将该点内大于 150mm 的块采出，破碎后并用四分法缩分，取出不少于 5kg 的样品并入该点子样内。

从汽车、马车或矿车中采样的原则及方法和上述从火车中采样的原则及方法相同。但是，它们的容积较小，每个分析化验单位的商品煤可装的车数远远超过应采取的子样数目，所以不能由每辆车中采取子样。在这种情况下，一般是将所应采取的子样数目平均分配于一个分析化验单位的商品煤所装的车中，每隔若干车采取 1 个子样。例如，有商品煤 900t，计划灰分为 14%。如果汽车运载量为 4t，应装 225 车，按规定应采取子样数目为 25 个，所以应该是 225 ÷ 25 = 9，即每隔 8 辆车采取子样 1 个。

二、液态物料的采样

液态物料一般比固态物料均匀，因此，较易于采取平均试样。

1. 自大贮存容器中采样

自大贮存容器中采样，一般是在容器上部距液面 200mm 处采子样 1 个，在中部采子样 3 个，在下部采子样 1 个。采样工具可以使用装在金属架上的玻璃瓶，但最好使用特制的采样器。图 3-6 所示为液态石油产品采样器。

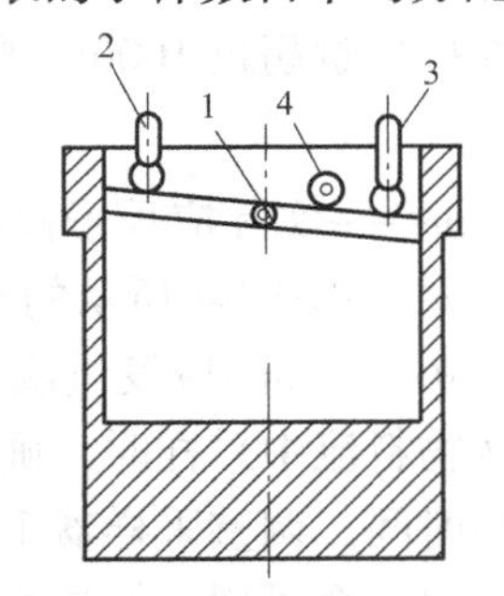

图 3-6 液态石油产品采样器
1—轴 2、3—挂钩 4—套环

小知识

液态物料的采样：对于静止的液体，在不同部位采取子样；对于流动的液体，则在不同时间采取子样。

液态石油产品采样器是一支高 156mm，内径 126mm，底厚 51mm，壁厚 8~10mm 的金属圆筒。有固定在轴 1 上和筒的内径完全吻合、并能沿轴翻转 90°的盖。盖上面有两个挂钩（图中 2 及 3），挂钩 3 上装有链条，用以升降采样器；挂钩 2 上也装有链条，用以控制盖的开闭，盖上还有一个套环，用以固定钢卷尺。

采样时，装好钢卷尺，放松挂钩 2 上的链条。借挂钩 3 上的链条将采样器缓缓沉入物料贮存器中，并由钢卷尺观测沉入的深度。然后放松链条 3，拉紧链条 2 打开盖，则样品进入采样器，同时有气泡冒出。当停止冒泡时，表明采样器已盛满。放松链条 2，借链条 3 提出采样器，由此采得一个子样，倾于样品瓶中。

对于有腐蚀性的物料，应使用不受物料腐蚀的采样工具。一般可以用玻璃瓶或陶瓷瓶。

从不太深的贮存器中采样时，可以使用直径约 20 mm 的长管，插至容器底部后，塞紧管的上口，抽出采样管，转移样品于样品瓶中。

2. 自小贮存容器中采样

自小贮存容器中采样的工具多用直径约 20 mm 的长玻璃管或虹吸管，按一般方法采取。应抽取子样的件数，一般规定为总件数的 2% ~5%，但是不得少于 2 件。

3. 自槽车中采样

自槽车中采样的份数及体积，根据槽车的大小及每批的车数确定。通常是每车采样一份，每份不少于 500mL。但是当车数较多时，也可以抽车采样。抽车采样规定，总车数多于 10 车时，抽车数不得少于 5 车。

4. 自输送管道中采样

对于输送管道中流动的液态物料，用装在输送管道上的采样阀采样，如图 3-7 所示。阀上有几个一端弯成直角的细管，以便于采取管道中不同部位的液流。根据分析的目的，按有关规程，每隔一定时间，打开阀门，最初流出的液体弃去，然后采样。采样量按规定或实际需要确定。

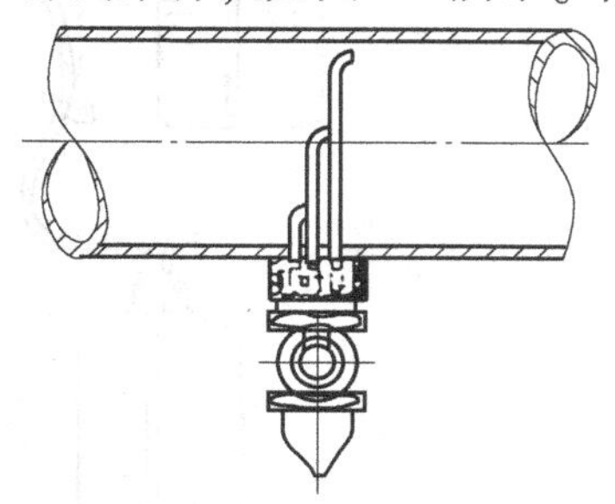

图 3-7　采样阀

三、气态物料的采样

气态物料的采样，根据不同情况和分析项目，用不同方式采取不同形式的样品。在一定的时间间隔内采取的气体样品，称为定期试样；在生产设备的一定部位采取的气体样品，称为定位试样；从不同对象或同一对象的不同时间内采取的混合气体样品，称为混合试样；用一定的采样装置在一定时间范围内采取的气体样品，或者一个生产循环中（或一个生产周期内）采取的可以代表一个过程（或循环）的气体样品，称为平均试样。

常用的气体采样装置一般由采样管、过滤管、冷却器及气样容器等四部分组成，如图 3-8 所示。采样管用玻璃、瓷或金属制成，可根据需要选用。过滤管内装有玻璃丝，用于除去气体中可能含有的机械杂质。对于被采气体温度高于 200℃时，须使用冷却器。气体容器视气体条件和分析要求而定，有时可以将采样管直接和气体分析仪器连接。

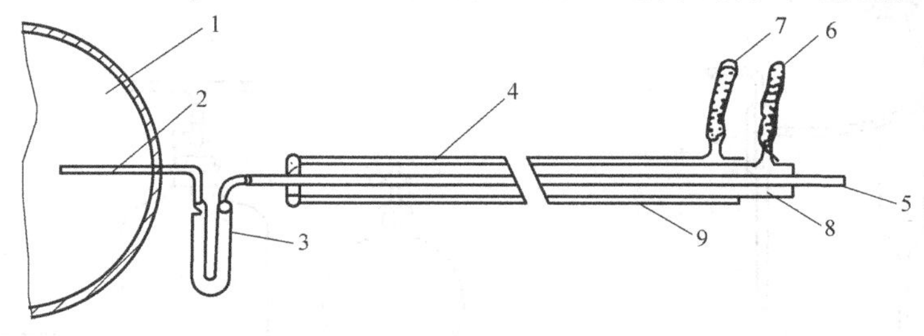

图 3-8　气体采样装置

1—气体管道　2—采样管　3—过滤器　4—冷却器　5—导气管
6—冷却水入口　7—冷却水出口　8、9—冷却管

自气体管道中采样时，可以将采样管插入管道的采样点部位至管道直径的 1/3 处，用橡皮管和气体容器连接。从气体容器中采取静止的气态物料时，可以将采样管安装在气体容器的一定部位上，用橡皮管和气体容器连接。

工业生产中的气体通常有常压（等于大气压）、正压及负压等三种状态。对于不同状态的气体，应该用不同方法采样。

1. 常压状态气体的采样

采取常压状态气体样品，通常使用封闭液采样法。如果采取气样的量较大，可以选用如图 3-9 所示的采样瓶。如果采取气样量较小时，可以选用如图 3-10 所示的气样管。

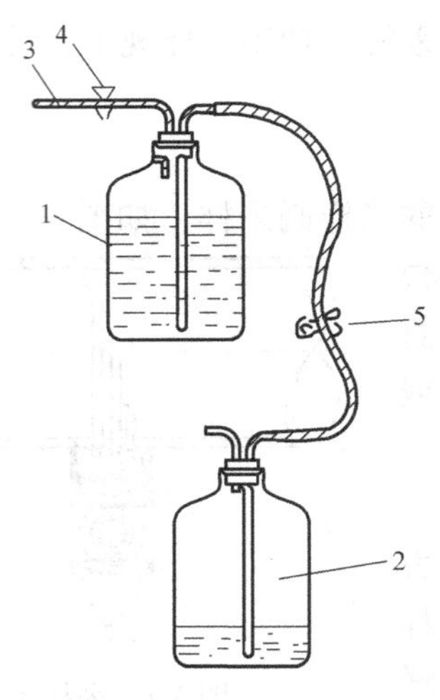

图 3-9 采样瓶

1—气样瓶 2—封闭液瓶 3—橡皮管 4—旋塞 5—弹簧夹

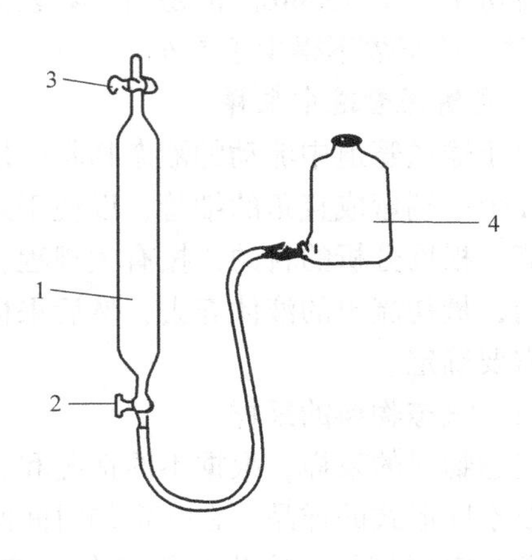

图 3-10 气样管

1—气样管 2、3—旋塞 4—封闭液瓶

2. 正压状态气体的采样

气体压力远远高于大气压力的为正压气体。正压气体的采样装置较简单，可以采用上述常用气体采样工具进行。气体容器也可以采用橡皮气囊。如果气压过大，则应注意调节采样管旋塞或在采样装置与气样容器之间加装缓冲瓶。

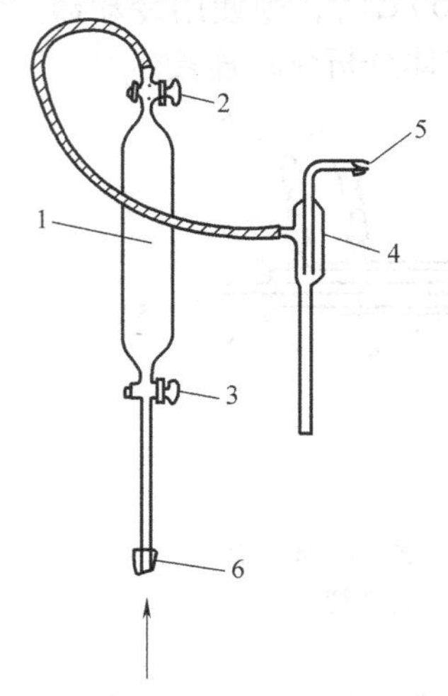

图 3-11 流水抽气法采样装置

1—气样管 2、3—旋塞

4—流水真空泵 5、6—橡皮管

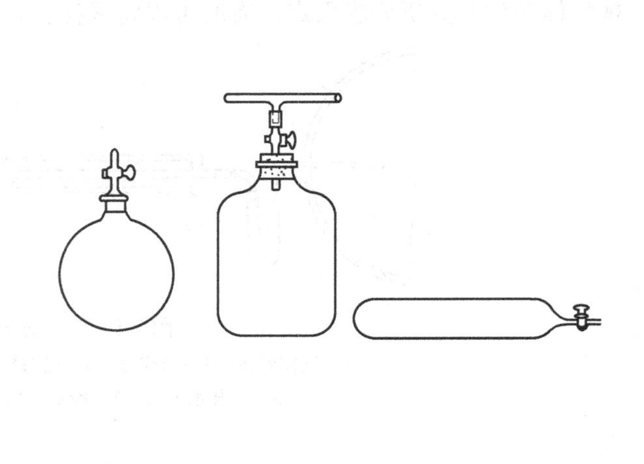

图 3-12 负压采样的抽空容器

3. 负压状态气体的采样

气体压力远远低于大气压力的为负压气体。当负压不太高时，可以用抽气泵减压法采样。抽气泵减压法所用抽气泵，可用图3-11所示的流水真空泵，也可以用机械真空泵。若气体负压过高，则气样容器应使用图3-12所示的抽空容器。抽空容器一般是0.5～3L容积的厚壁、优质玻璃瓶或管，瓶或管上有旋塞。采样前将其抽至内压降至8～13kPa以下。

模块三　试样的制备

按上述方法采取的样品，数量很大且不均匀。必须经过一定程序的加工处理，才能制得具有代表性的供分析用的试样。

制备试样的目的是根据不同样品、不同检测项目、不同测试方法的要求，将数量大、粒度较大的母样加工成粒度符合要求的检测试样。在加工过程中，要充分保证试样的真实性：第一，要保证送到检测人员手中的试样能真正代表原始的母样；第二，要保证测试人员得到的样品有高度的均匀性，从样品中称取十几毫克到数百毫克用于测试，所得的物化参数结果能代表检测样品及母样，即能代表被取样品的大宗物料的真实情况。因此，样品制备是一项严谨、细致又重要的工作。试样制备一般要经过烘干、破碎、筛分、混合、缩分、研磨等步骤。

1. 样品烘干

样品过于潮湿使研细、过筛发生困难（产生沾黏或堵塞现象），必须先将样品烘干。

样品在烘干的过程中，为什么要控制温度与时间？

少量样品可在干燥箱中干燥。一般物料可在温度为105～110℃下烘干2h。对易分解的样品，如煤粉、含结晶水的石膏等，应在温度为55～60℃下烘干2h。

大量样品可在空气中干燥。即把样品放在胶合板、塑料布或洁净的混凝土地面上，摊成一个薄层，并经常翻动，在室温下放置几天，使其逐渐风干。

2. 破碎

破碎分为两种。粗碎，用颚式破碎机将样品碎至$d<4mm$；中碎，用磨盘式破碎机或对辊式破碎机将样品碎至$d<0.8mm$。破碎时应注意以下几点：

小知识

所谓目数，是指在1平方英寸的面积内有多少个网孔数，即筛网的网孔数。

（1）在破碎样品前，每一件设备、用具都要用刷子刷净，然后用欲处理的样品洗刷1～2次后，弃去，方可进行正常工作。

（2）破碎过程中尽量减少小块试样和粉末的飞溅。

（3）样品中坚硬难破碎的部分不能随意丢弃，必须继续破碎使其全部过筛，否则会造成某种成分损失。

3. 筛分

在试样破碎的过程中，每次磨碎后均需过筛，未通过筛孔的粗粒再磨碎，直至样品全部通过指定的筛子为止。但要注意，不能强制过筛或丢弃，未通过筛孔的粗粒，需再次粉碎至能自然过筛为止。

4. 混匀

经破碎、过筛后的样品，其粒度分布和化学组成仍不均匀，须经混合处理。

（1）锥堆法（也叫铁铲法） 大量物料可用此法。将样品在干净、光滑的地板上堆成一个圆锥体，用平铲交互地从样品堆相对的两边贴底逐堆铲起，堆成另一个圆锥体。操作时要注意使每铲铲起的样品不应过多，并且要撒在新堆锥体的顶部。如此反复，来回翻倒数次，即可混合均匀。

（2）掀角法 少量物料可用掀角法（也可用混样器）混匀。此法用于少量细碎样品的混匀。将样品放在光滑的塑料布上，先提起塑料布的两个对角，使样品沿塑料布的对角线来回翻滚，再提起塑料布的另外两个对角进行翻滚，如此调换，翻滚多次，直至样品混合均匀。其实实验室在球磨机中磨细样品时也是混匀样品的过程。

5. 缩分

制样过程中缩分的目的是在不改变物料平均组成的情况下缩小试样量。这样可以大大减小制样的工作量，提高工作效率。没有必要将实验室样品全部加工成分析试样。随着样品的磨碎，样品的可靠质量减少，所以可不断进行缩分。缩分的方法有锥形四分法、正方形挖取法和分样器缩分法。

（1）锥形四分法 将混匀的样品堆成圆锥形，然后用铲子或木板将锥体顶部压平，使其成为圆锥台。在锥台上过圆心按十字形分为四等份，取其任意对角的两等份，再将剩余的两等份混匀，堆成圆锥体，如此反复进行，直到达到规定的样品量为止，如图 3-13 所示。

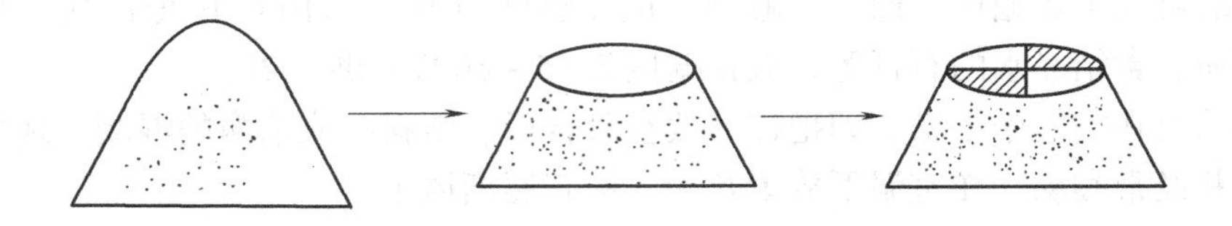

图 3-13 锥形四分法

（2）正方形挖取法 将混匀的样品平铺成正方形或长方形的均匀薄层，然后用直尺划分成若干个小正方形。用小铲将每一定间隔的小正方形中的样品挖出，弃去，将剩余部分混合均匀，重复上述过程。一般缩减少量样品时常用此法，如图 3-14 所示。

（3）分样器缩分法 分样器中最简单的是槽形分样器，槽形分样器中有数个左右交替的用隔板分开的小槽，小槽个数一般不少于 10 个，并且必须是偶数，如图 3-15 所示，在下面两侧分别放有承接样品的样槽。当样品倒入分样器后样品即从两侧流入两个样槽内，这样就把样品均匀地分成两等份，达到缩分样品的目的。

缩分样品的次数不是随意的，每次缩分时，样品的粒度与保留的样品量之间都应符合缩

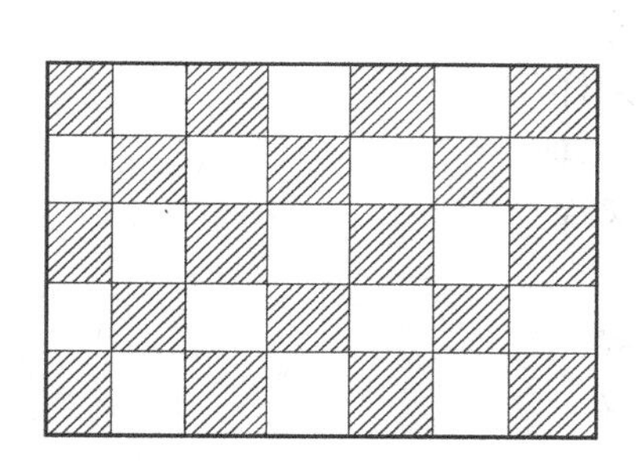

图 3-14　正方形挖取法

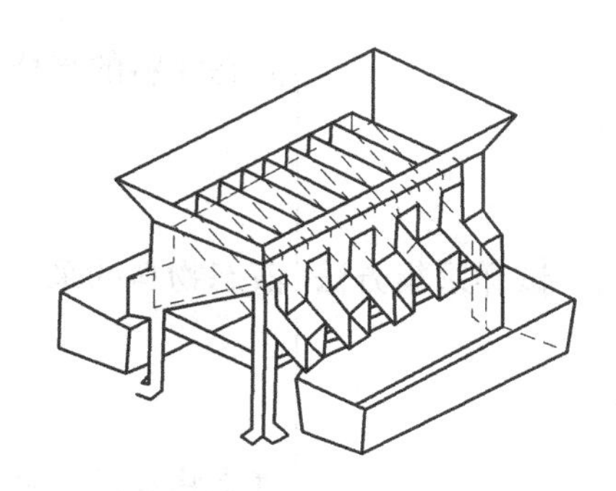

图 3-15　槽形分样器

分公式（$Q = Kd^2$）。

6. 研磨

经最后缩分得到的试样一般为 20～30g（根据需要可多些或少些），还需要在玛瑙研钵中充分研细，使试样最终全部通过 0.08mm 的方孔筛。将不超过研钵体积 1/3 的实验室样品放入研钵，将棒压在研钵壁上，沿研钵做圆周运动，速度不宜过快，防止物料甩出。当研磨易扬出粉尘的样品时，用一块光洁的厚纸，中间挖一直径与棒柄一样大小的孔，把棒套在孔中，将纸盖在研钵上，再在通风橱中进行研磨。研磨完毕，洗净研钵和棒，必要时用少量食盐或盐酸放在研钵中研磨擦洗，以除去钵底的黏杂物。最后用蒸馏水冲洗，自然干燥。细研钵可置于 110℃ 的干燥箱中烘干。使用玛瑙研钵，切勿敲击，以免研钵破碎。

研磨过筛的试样再用磁铁除去研磨过程中带入的铁屑（铁矿石试样除外）。

7. 样品保管

制备好的分析试样储存于带盖的磨口瓶中，详细填写标签，标明试样名称、取样地点、制备时间、检测项目等。在制样过程中需保留一份副样，由专人保管，主要是为在实验有误差时再进行试验，抽查和发生质量纠纷时进行仲裁，因此样品要妥善保管。水泥、熟料等易受潮的样品应用封口铁桶和带盖磨口瓶保存，保存期除出厂水泥保存三个月外，其他样品各厂可根据情况自行决定，一般应保存一周左右。

单 元 小 结

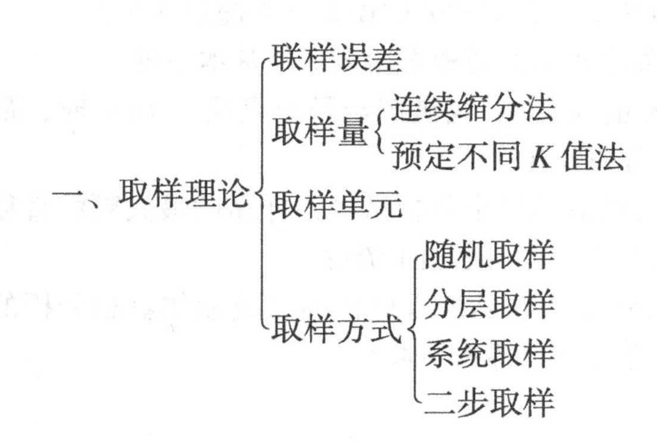

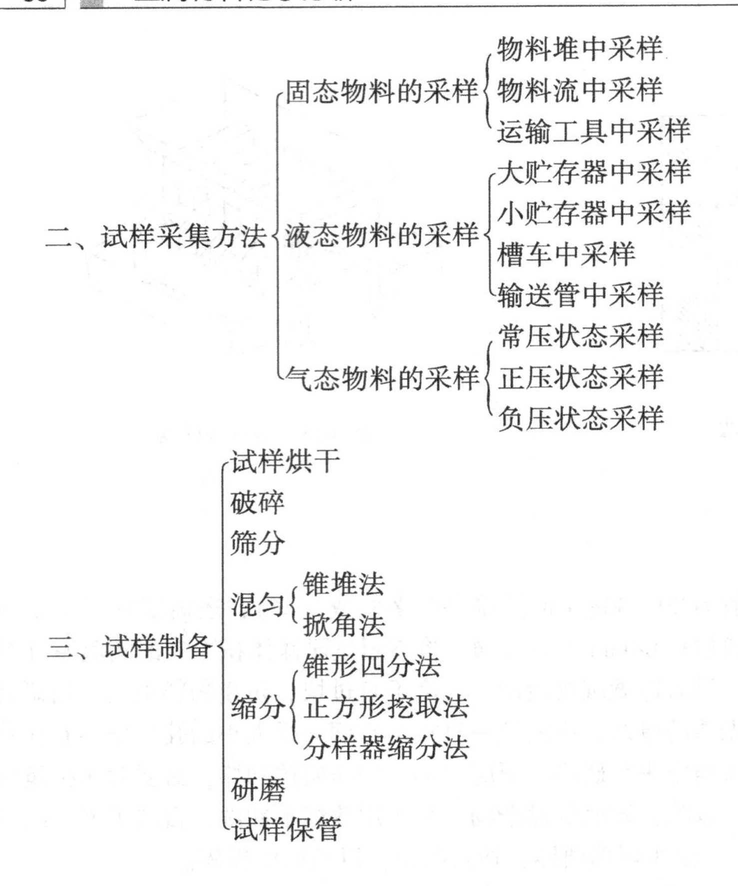

综 合 训 练

1. 名词解释

(1) 子样　(2) 送检样　(3) 分析试样　(4) 定期试样　(5) 定位试样　(6) 分析化验单位　(7) 样品最低可靠质量

2. 简述样品采集的重要性及固、液、气态物料采样的一般原则和方法。

3. 简述分析工作中制样的重要性及对制样工作的基本要求。

4. 样品最低可靠质量与样品粒度的关系是什么？写出理查-切乔特经验公式，并说明各符号的意义及计量单位。简述理查-切乔特公式的意义和用途。

5. 试样在加工过程中的累计损失不得超过多少？每次缩分的误差不得超过多少？

6. 简述求取理查-切乔特公式中矿石特征系数 K 值的两种常用方法的基本原理。

7. 原始样品质量为16kg，若该类样品之 K 值为0.5，当破碎至颗粒直径为4mm时，最低可靠质量是多少？样品可否缩分？若缩分，可缩分几次？

8. 某样品原始质量为20 kg，属中等均匀度的硅酸盐全分析试样，样品的最大颗粒直径为2mm，给定 K 值为0.3，试拟定样品的加工方案，并画出加工流程图。

9. 对于测定亚铁样品、石英砂样品、含自然金的样品、云母样品以及欲作物相分析的试样，在试样制备中对粒度、烘样情况、破碎方式有何特殊要求？

第四单元　固体试样的分解及分析方法的选择

【学习目标】 了解固体试样湿法分解法及干法分解法的原理；掌握固体试样湿法分解法及干法分解法的具体应用；掌握干扰物质的分离方法及分析方法的选择。

模块一　固体试样的分解方法

试样分解的方法有很多，归结起来可分为两大类：湿法分解法和干法分解法。

一、湿法分解法

湿法分解法是试样与溶剂相互作用，样品中待测组分转变为可供分析测定的离子或分子存在于溶液中，是一种直接分解法。湿法分解所使用的溶剂视样品及其测定项目的不同而不同，可以是水、有机溶剂、酸或碱及盐的水溶液、配位剂的水溶液等，其中应用最为广泛的是各种酸溶液（单种酸或混合酸与盐的混合溶液）。湿法分解法，依操作温度不同可分为常温分解法和加热分解法；依供能方式不同，可分为电炉（或电热板、电水浴）加热分解法、水蒸气加热分解法、超声波搅拌分解法、微波加热分解法等；依分解时压力不同，可分为常压分解法和增压分解（封闭溶样）法。

二、干法分解法

干法分解法是对那些不能完全被溶剂所分解的样品，将它们与熔剂混匀在高温下作用，使之转变为易被水或酸溶解的新的化合物。然后，以水或酸溶液浸取，使样品中的待测组分转变为可供分析测定的离子或分子进入溶液中。因此，干法分解法是一种间接分解法。干法分解法所用的熔剂是固体的酸、碱、盐及它们的混合物。根据熔解时熔剂所处状态和所得产物的性状不同，可分为熔融（全熔）和烧结（半熔）两类。全熔分解法是在高于熔剂熔点的温度下熔融分解，熔剂与样品之间的反应在液相或固-液之间进行，反应完全后形成均匀的熔融体；半熔分解反应是由于温度升高，两种结晶物质可能发生短暂的机械碰撞使质点晶格发生振荡（回摆现象）而引起的。实验表明，加热至熔剂熔点的57%左右时，由于晶格中的离子或分子获得的能量超过了其晶格能，在它们之间便可发生互相替换作用，即明显发生作用。反应完成之后仍然是不均匀的固态混合物。

湿法分解法和干法分解法各有优缺点。

湿法分解特别是酸分解法的优点主要是酸较易提纯，分解时不致引入除氢以外的阳离子；除磷酸外，过量的酸较易用加热方法除去；一般的酸分解法温度低，对容器腐蚀小；操作简便，便于大批生产。其缺点是湿法分解法的分解能力有限，对有些试样分解不完全；有些易挥发组分在加热分解试样时可能会挥发损失掉。

干法分解特别是全熔分解法的最大优点就是只要熔剂及处理方法选择适当，许多难分解的试样均可完全分解。但是，由于熔融温度高，操作不如湿法方便。同时，正是因为其分解能力强，器皿腐蚀及其对分析结果可能带来的影响，有时不能忽略。

工业分析的试样种类繁多，组成复杂，待测组分在不同样品中的含量变化极大。一个样品的分析或者一个项目的测定都可能有数种方法。在实践中，试样分解方法的选择要考虑多种因素，其一般原则如下：

（1）要求所选溶（熔）剂能将样品中的待测组分全部转变为适宜测定的形态。一方面不能存在损失或分解不完全的现象；另一方面也不能在试样分解中引入待测组分。有时根据送样者的要求，还要保持样品中待测组分的原有形态（或价态），或者样品中待测组分原有的不同形态全部转变为某一指定的形态。

（2）避免引入有碍分析的组分，即使引入亦应易于设法除去或消除其影响。

（3）应尽可能与后续的分离、富集及测定的方法结合起来，以便简化操作。

（4）成本低、对环境的污染少。

模块二 湿法分解法

湿法分解法所用的溶剂中以无机酸应用居多。无机酸中包括盐酸、硝酸、硫酸、氢氟酸、氢溴酸、氢碘酸、过氯酸、磷酸、氟硼酸、氟硅酸等。本节重点介绍盐酸、硝酸、硫酸、氢氟酸、磷酸和过氯酸分解法。至于其他无机酸、有机酸、中性盐类溶液分解法，由于它们的应用不甚广泛，这里不作详细介绍。

一、盐酸分解法

市售试剂级浓盐酸，含 HCl 的质量分数约为37%，相对密度约为1.185，HCl 的物质的量浓度约为12.0mol·L^{-1}。纯盐酸为无色液体，含 Fe^{3+} 时略带黄色。盐酸溶液的最高沸点（恒沸点）为108.6℃，这时 HCl 的质量分数为20.2%。

盐酸对试样的分解作用主要表现在下述五个方面：①它是一种强酸，H^+ 的作用是显著的；②Cl^- 具有还原作用，可以使锰矿等氧化性矿物易于分解；③Cl^- 是一个配位体，可与 Bi（Ⅲ）、Cd、Cu（Ⅰ）、Fe（Ⅲ）、Hg、Pb、Sn（Ⅱ）、Ti、Zn、U（Ⅵ）等形成配离子，因而 HCl 较易溶解含这些元素的矿物；④它和 H_2O_2、$KClO_3$、HNO_3 等氧化剂联用时产生氯气或氯化亚硝酰的强氧化作用，使它能分解许多铀的原生矿物和金属硫化物；⑤Cl^- 能与 Ge、As（Ⅲ）、Sn（Ⅵ）、Se（Ⅳ）、Te（Ⅳ）、Hg（Ⅱ）等形成易挥发的氯化物，可使含这些元素的矿物分解，并作为预先分离这些元素的步骤。

盐酸可分解铁、铝、铅、镁、锰、锡、稀土、钛、钍、铬、锌等许多金属及它们生成的合金，能分解碳酸盐、氧化物、磷酸盐和一些硫化物以及正硅酸盐矿物。盐酸加氧化剂（H_2O_2、$KClO_3$）具有强氧化性，可将铀矿、磁铁矿、磁黄铁矿、辉钼矿、方铅矿、辉砷镍矿物、黄铜矿、辰砂等许多难溶矿物以及金、铂、钯等难溶金属溶解。

用盐酸分解试样时宜用玻璃、塑料、陶瓷、石英等器皿，不宜使用金、铂、银等器皿。

二、硝酸分解法

市售浓硝酸含 HNO_3 的质量分数为65%～68%，相对密度为1.39～1.405，HNO_3 的物质的量浓度为14.36～15.16mol·L^{-1}，为无色透明溶液。质量分数超过69%的浓硝酸称为发烟硝酸，超过97.5%的称为发白烟硝酸。很浓的硝酸不稳定，见光和热易分解放出 O_2、

H_2O_2 和氮氧化物。

硝酸水溶液加热时，最高沸点为120.5℃，这时含 HNO_3 的质量分数为68%。

硝酸既是强酸，又是强氧化剂，它可以分解碳酸盐、磷酸盐、硫化物及许多氧化物，以及铁、铜、镍、钼等许多金属及其合金。

用硝酸分解样品时，由于硝酸的氧化性的强弱与硝酸的浓度有关，对于某些还原性样品的分解，随着硝酸浓度不同，分解产物也不同。如：

$$CuS + 10HNO_3(浓) \xrightarrow{\triangle} Cu(NO_3)_2 + 8NO_2\uparrow + 4H_2O + H_2SO_4$$

$$3CuS + 8HNO_3(稀) \xrightarrow{\triangle} 3Cu(NO_3)_2 + 2NO\uparrow + 4H_2O + 3S\downarrow$$

用硝酸分解样品，在蒸发过程中硅、钛、锆、铌、钽、钨、钼、锡、锑等大部分或全部析出沉淀，有的元素则生成难溶的碱式硝酸盐。另外，在用 HNO_3 分解硫化矿时，由于单质硫的析出也有碍于进一步分解或测定，因此常用硝酸和盐酸（或硫酸、氯酸钾、溴、H_2O_2、酒石酸、硼酸等）混合使用。

当 HNO_3 与 HCl 以1:3或3:1的体积比混合时，分别称为王水和逆王水。由于它们混合时反应生成氯化亚硝酰和氯气均为强氧化剂，加上 Cl^- 为部分金属离子的配位体，因此具有很强的分解能力。它们可以有效地分解各种单质贵金属及各种硫化物。

三、硫酸分解法

市售试剂级浓硫酸含 H_2SO_4 的质量分数约为98%，相对密度为1.84，H_2SO_4 的物质的量浓度为 $18.0mol \cdot L^{-1}$。硫酸溶液加热时生成含 H_2SO_4 的质量分数为98.3%的恒沸点(338℃)溶液。

硫酸是强酸，而且沸点高，具有强氧化性，硫酸根离子可以和铀、钍、稀土、钛、锆等许多金属离子形成中等稳定程度的配合物。因此它是许多矿物和矿石的有效溶剂。硫酸与其他溶剂（或硫酸盐）的混合物可以分解硫化物、氟化物、磷酸盐、含氟硅酸盐及大多数含铌、钽、钛、锆、钍、稀土、铀的化合物。

硫酸与碱金属（或铵）反应生成的硫酸盐，其分解能力增强是由于提高酸的沸点或者降低硫酸酐的分压的结果。

四、氢氟酸分解法

市售氢氟酸，含 H_2F_2 的质量分数约为48%，相对密度为1.15，H_2F_2 的物质的量浓度约为 $27mol \cdot L^{-1}$。氢氟酸溶液的恒沸点为120℃，这时含 H_2F_2 的质量分数约为37%。

H_2F_2 在水中的离解常数为 6.6×10^{-4}，比其他氢卤酸及硫酸、硝酸、高氯酸、磷酸的酸性弱。但 F^- 离子有两个显著特点：①F^- 可与 Al、Cr（Ⅲ）、Fe（Ⅲ）、Ga、In、Re、Sb、Sn、Th、Ti、U、Nb、Ta、Zr、Hf 等生成稳定的配合物；②F^- 可与硅作用生成易挥发的 SiF_4。因此，H_2F_2 对岩石矿物具有很强的分解能力，在常压下几乎可分解除尖晶石、斧石、锆石、电气石、绿柱石、石榴石以外的一切硅酸盐矿物，而这些不易分解的矿物，于聚四氟乙烯增压釜内加热至300℃后也可被完全分解。因此，H_2F_2 对岩石矿物的强分解能力主要是 F^- 的作用，而不是 H^+ 的作用。

SiF_4 易挥发。但是用 H_2F_2 分解样品时，SiF_4 的挥发程度与处理条件有密切的关系。

H_2F_2-H_2SiF_6-H_2O 三元体系的恒沸点为116℃，恒沸溶液的组成为 $H_2F_2$10%、H_2O54%、$H_2SiF_6$36%。在溶液加热时，蒸发至近干前 H_2F_2 的浓度一般都大于10%，而 H_2SiF_6 的浓度

低于36%，所以在一定体积范围内，硅不致损失。有人做过实验，0.1g岩石样品，只要溶液体积不小于1mL，硅就不会挥发损失。如果需要将硅完全除去，可以采取如下办法：①蒸发至干，则 H_2SiF_6 分解使硅呈 SiF_4 挥发除去；②加入 H_2SO_4 或 $HClO_4$ 等高沸点酸，加热至200℃，则 SiF_4 可完全挥发。

用氢氟酸分解样品时，生成难溶于水的沉淀主要是氟化钙、氟铝酸盐。样品中铀、钍、稀土、钪含量高时也将沉淀，或者由于生成 CaF_2 沉淀将它们载带下来。

实际工作中，当称出样不需测定硅，甚至硅的存在对其成分测定有干扰时，常用氢氟酸加硫酸（或高氯酸）混合液溶样，这样可增强分解能力，并除去硅。有人对28种主要造岩矿物用 $H_2F_2+HClO_4$（1:1）分解结果，有长石、云母等15种矿物，于95℃加热20min就可完全分解；石英、磁铁矿等6种矿物完全分解需要40min；绿柱石、黄铁矿等6种矿物需用增压技术分解；唯黄玉在增压条件下仍分解不完全。

氢氟酸分解试样，不宜用玻璃、银、镍器皿，只能用铂和塑料器皿。目前国内广泛采用聚四氟乙烯器皿。

五、磷酸分解法

商业磷酸有各种浓度：85%、89%、98%等。市售试剂级磷酸一般为85%的磷酸，其相对密度为1.71，H_3PO_4 的物质的量浓度为 $14.8mol \cdot L^{-1}$。

磷酸与其他酸不同，它无恒沸溶液，受热时逐步失水缩合形成焦磷酸、三聚磷酸和多聚磷酸。各种形式的磷酸在溶液中的平衡取决于温度和 P_2O_5 的浓度。加热至冒出 P_2O_5 烟时，溶液中以焦磷酸 $H_4P_2O_7$ 为主（约占48%），还有相当数量的三聚磷酸 $H_5P_3O_{10}$（约占30%）和正磷酸（约占28%）存在，整个溶液组成与焦磷酸（含 P_2O_5 的质量分数为79.76%）相近。脱水后的焦磷酸及焦磷酸盐，在加入 HNO_3 煮沸时即转化成 H_3PO_4 和磷酸盐。

H_3PO_4 的 $K_1=7.6\times10^{-3}$，$K_2=6.3\times10^{-5}$，它是中强酸，其酸效应仅强于 H_2F_2。但是，PO_4^{3-} 能与铝、铁（Ⅲ）、钛、铀（Ⅵ、Ⅳ）、锰（Ⅲ）、钒（Ⅲ、Ⅳ、Ⅴ）、钼、钨、铬（Ⅲ）等形成稳定的配离子。H_3PO_4 脱水后的缩合产物则较正磷酸具有较强的酸性和配位能力。因此，H_3PO_4 是分解矿石的有效溶剂。许多其他无机酸不能分解的矿物，如铬铁矿、钛铁矿、金红石、磷钇矿、磷铈镧矿、刚玉和铝土矿等，磷酸均能溶解。还有许多难溶硅酸盐矿物，像蓝晶石、红柱石、硅线石、十字石、榍石、电气石以及某些类型的石榴石等均能溶解。

尽管磷酸有很强的分解能力，但通常仅用于某些单项测定，而不用于系统分析。这是因为磷酸与许多金属离子在酸性溶液中会形成难溶性化合物，给分析带来不便。

虽然磷酸可以将矿物中的许多组分溶解出来但它往往不能使矿样彻底分解。这是因为它对许多硅酸盐矿物的作用甚微，也不能将硫化物、有机碳等物质氧化。所以，用 H_3PO_4 分解矿样时，常加入其他酸或辅助试剂，如加入硫酸，可提高分解的温度，抑制析出焦磷酸，从而提高分解能力，是许多氧化物矿的有效溶剂；与 H_2F_2 联用，可以彻底分解硅酸盐矿物；与 H_2O_2 联用是锰矿石的有效溶剂；与 HNO_3-HCl 联用可氧化和分解还原性矿物；磷酸中加入 Cr_2O_3，可以将碳氧化为 CO_2，用以测定沥青和石墨中的有机碳；浓磷酸加入 NH_4Br 可以使含硒试样中的硒以 $SeBr_4$ 的形式蒸发析出。

用磷酸分解试样时，温度不宜太高，时间不宜太长，否则会析出难溶性的焦磷酸盐或多磷酸盐；同时，对玻璃器皿的腐蚀比较严重。

六、高氯酸分解法

稀高氯酸无论在热或冷的条件下都没有氧化性能。当它的质量分数增加到60%～72%时，室温下无氧化作用，加热后便成为强氧化剂。100%的高氯酸是一种危险的氧化剂，放置时，最初慢慢分解，随后发生十分激烈的爆炸。72%以上的高氯酸加热后，分解反应如下：

$$4HClO_4 = 2Cl_2\uparrow + 7O_2\uparrow + 2H_2O$$

市售试剂级高氯酸有两种，一种浓度较低，含 $HClO_4$ 的质量分数为30%～31.61%，相对密度为1.206～1.220，$HClO_4$ 的物质的量浓度为3.60～3.84mol·L^{-1}；另一种为浓高氯酸，含 $HClO_4$ 的质量分数约为70%～72%，相对密度≥1.675，$HClO_4$ 的物质的量浓度为11.7～12mol·L^{-1}。$HClO_4$ 的最高沸点为203℃，在沸点时 $HClO_4$ 的含量为71.6%。

高氯酸是最强的酸，浓溶液氧化能力强。它可以氧化硫化物、有机碳，可以有效地分解硫化物、氟化物、氧化物、碳酸盐及许多铀、钍、稀土的磷酸盐等矿物，溶解后生成高氯酸盐。这些高氯酸盐除钾、铵、铯、铷盐外，其余盐在水中的溶解度较大。

热浓高氯酸与有机物或某些无机还原剂（如次亚磷酸、三价锑等）发生激烈反应，并爆炸。高氯酸蒸发与易燃气体混合形成猛烈爆炸的混合物。这些，在操作时均应注意。但是 $HClO_4$ 和 HNO_3 可用于湿法氧化有机物质，并不会导致爆炸。

模块三　干法分解法

干法分解法有熔融和烧结两大类，但它们所使用的熔剂大体相同，只是加热的温度和所得产物性状不同。按其所使用的熔剂的酸碱性可分为两类：酸性熔剂和碱性熔剂。酸性熔剂主要有氟化氢钾、焦硫酸钾（钠）、硫酸氢钾（钠）、强酸的铵盐等；碱性熔剂主要有碱金属碳酸盐、苛性碱、碱金属过氧化物和碱性盐等。

一、碱金属碳酸盐分解法

碳酸钠是分解硅酸盐、硫酸盐、磷酸盐、氧化物、氟化物等矿物的有效熔剂。熔融分解的温度一般为950～1000℃，时间为0.5～1h，对于锆石、铬铁矿、铝土矿等难分解矿物，需在1200℃下熔融约10min。试样经熔融分解转变成易溶于水或酸的新物质。

例如，正长石、重晶石、萤石的分解反应如下：

$$\underset{\text{(正长石)}}{K_2Al_2Si_6O_{16}} + 7Na_2CO_3 \xlongequal{\triangle} 6Na_2SiO_3 + K_2CO_3 + 2NaAlO_2 + 6CO_2\uparrow$$

$$\underset{\text{(重晶石)}}{BaSO_4} + Na_2CO_3 \xlongequal{\triangle} BaCO_3 + Na_2SO_4$$

$$\underset{\text{(萤石)}}{CaF_2} + Na_2CO_3 \xlongequal{\triangle} CaCO_3 + 2NaF$$

碳酸钾也具有相同的性质和作用。但由于它易潮解，而且钾沉淀吸附的倾向较钠盐大，从沉淀中将其洗出也要困难得多，因此，很少单独使用。然而当碳酸钠和碳酸钾混合使用时，可降低熔点，可用于测定硅酸盐中氟和氯的试样分解。另外，对于某些项目，若用碳酸钠分解对往后操作不利，如含铌、钽高的试样，由于铌、钽酸的钠盐的溶解度小易析出沉淀，则改用钾盐以避免沉淀析出。

碳酸钠和其他试剂混合作为熔剂，对不少特殊样品的分解有突出的优点，在实际工作中有不少应用。碳酸钠加过氧化钠、硝酸钾、氯酸钾、高锰酸钾等氧化剂，可以提高氧化能力。

例如：Na_2CO_3 和 Na_2O_2(1∶1)可在400℃烧结0.5～1h，则将试样分解完全。碳酸钠中加入硫、炭粉、酒石酸氢钾等还原剂，可以使熔融过程中造成还原气氛，对某些样品分解和测定有利。例如 Na_2CO_3 和 S(4∶3)被称为“硫碱试剂”，可用来分解含砷、锑、铋、锡、钨、钒的试样。碳酸钠加氧化锌（艾斯卡试剂）可用来分解硫化物矿，不仅可避免各种价态的硫的损失，而且试样分解也较完全。碳酸钠加氯化铵（J. I. Smith 法）可以烧结分解测定硅石矿物中的钾和钠。Na_2CO_3、ZnO-$KMnO_4$ 混合熔剂烧结分解，可用于硼、硒、氯和氟的测定。

二、苛性碱熔融分解法

NaOH、KOH 对样品熔融分解的作用与 Na_2CO_3 类似，只是苛性碱的碱性强，熔点低。

NaOH 为强碱，它可以使样品中的硅酸盐和铝、铬、钡、铌、钽等两性氧化物转变为易溶的钠盐。例如：

$$\underset{(\text{斜长石})}{CaAl_2Si_6O_{16}} + 14NaOH \xlongequal{\text{熔融}} 6Na_2SiO_3 + 2NaAlO_2 + CaO + 7H_2O$$

$$\underset{(\text{铬铁矿})}{FeCr_2O_4} + 2NaOH \xlongequal{\text{熔融}} 2NaCrO_2 + Fe(OH)_2$$

KOH 的性质与 NaOH 相似，易吸湿，使用不如 NaOH 普遍。但许多钾盐的溶解度较钠盐大，而氟硅酸盐却相反，因此，氟硅酸钾沉淀分离—酸碱滴定法测硅时得到应用。另外，分析铝土矿、铌（钽）酸盐矿物宜用 KOH，不用 NaOH。

苛性碱熔融分解试样时，只能在铁、镍、银、金、刚玉坩埚中进行，不能使用铂坩埚。

三、过氧化钠分解法

Na_2O_2 是强碱，又是强氧化剂，常用来分解一些 Na_2CO_3、KOH 所不能分解的试样，如锡石、钛铁矿、钨矿、辉钼矿、铬铁矿、绿柱石、独居石、硅石等。如：

$$2Na_2O_2 + \underset{(\text{锡石})}{2SnO_2} \xlongequal{\triangle} 2Na_2SnO_3 + O_2\uparrow$$

$$\underset{(\text{铬铁矿})}{2FeCr_2O_4} + 7Na_2O_2 \xlongequal{\triangle} 2NaFeO_2 + 4Na_2CrO_4 + 2Na_2O$$

Na_2O_2 对于稀有元素，如铀、钍、稀土、钨、钼、钒等的分析都是常用的熔剂。

Na_2O_2 氧化能力强，分解效能高，可被分解的矿物多。同时，熔融体用水或络合剂（如三乙醇胺、水杨酸钠、EDTA、乙二胺、H_2O_2 等）溶液提取时，可分离许多干扰离子。尽管如此，Na_2O_2 分解在全分析中很少应用。这是因为试剂不易提纯，一般含硅、铝、钙、铜、锡等杂质。若采用 Na_2O_2 和 Na_2CO_3（或 NaOH）的混合熔剂，既可保持 Na_2O_2 的长处，又可避免 Na_2O_2 对坩埚的侵蚀及 Na_2O_2 不纯而造成的影响。

用 Na_2O_2 分解含大量有机物、硫化物或砷化物的试样时，应先经灼烧再熔融，以防因反应激烈而引起飞溅，甚至突然燃烧。

四、硫酸氢钾（或焦硫酸钾）分解法

钠、钾的硫酸氢盐在分解温度下形成焦硫酸盐。

$$2KHSO_4 \xlongequal{\geqslant 210^\circ C} K_2S_2O_7 + H_2O$$

$$2NaHSO_4 \xlongequal{\geqslant 315^\circ C} Na_2S_2O_7 + H_2O$$

然后，焦硫酸盐对矿物起分解作用。钾、钠的焦硫酸盐在更高温度下进一步分解生成硫酸酐。

$$K_2S_2O_7 \xlongequal{\geq 370 \sim 420℃} K_2SO_4 + SO_3\uparrow$$

$$Na_2S_2O_7 \xlongequal{\geq 460℃} Na_2SO_4 + SO_3\uparrow$$

高温下分解生成的硫酸酐可穿越矿物晶格而对矿样产生很强的分解能力，使矿样中的金属元素转化成可溶性的硫酸盐。因此，用钾、钠的硫氢酸盐熔融分解与用焦硫酸盐分解的实质是相同的。

$KHSO_4$（$K_2S_2O_7$）可分解钛磁铁矿、铬铁矿、铌铁矿、铀矿、铝土矿、高铝砖以及铁、铝、钛的氧化物。但锡石、铍、锆、钍的氧化物及许多硅酸盐矿都不被分解或分解不完全。

使用硫酸氢钾熔融时，需先加热，使其中的水分除去，冷却后再加入试样，慢慢升温，以防飞溅。

模块四　干扰物质的分离方法

在试样分解制成的实验溶液中，不仅含有熔剂和被测组分，而且还含有其他组分。在大多数情况下，共存离子都有干扰，必须预先除去。通常除去干扰物质的方法有控制酸度、改变干扰离子的价态和使干扰离子生成稳定的配合物而掩蔽等。但在一些情况下，当上述方法不能达到定量分析的要求时，就必须采取分离的方法，以消除干扰，常用的分离方法有沉淀分离法、离子交换分离法、萃取分离法及色谱分离法等。这里重点介绍前三种分离方法。

一、沉淀分离法

沉淀分离法是利用沉淀反应进行分离的方法，即在试验溶液中加入适当的沉淀剂，使被测组分或干扰组分沉淀出来，从而达到分离的目的。

常用的沉淀分离是以氢氧化物、硫化物和有机沉淀物的形式而分离的。

1. 氢氧化物沉淀法

使被测组分或干扰组分生成氢氧化物沉淀，进行沉淀分离，是生产上常用的一种分离方法，根据溶度积原理，金属离子 M^{n+} 生成氢氧化物沉淀的条件是：

$$[M^{n+}][OH^-]^{n-} > K_{sp,M(OH)_n}$$

反应达到平衡时，溶液中残留的金属离子的浓度为

$$[M^{n+}] = \frac{K_{sp,M(OH)_n}}{[OH^-]^n}$$

从上式看出，溶液中 OH^- 浓度越高，则 M^{n+} 浓度越低，沉淀越完全。因此，我们可以控制溶液的酸度，即溶液中 OH^- 的浓度来达到沉淀的目的。

不同的氢氧化物其溶解度不同，因此沉淀时所需的 OH^- 浓度即 pH 也不同。例如溶液中有 $0.01mol \cdot L^{-1}$ 的 Fe^{3+}，使其析出 $Fe(OH)_3$ 沉淀，必须满足以下条件：

$$[Fe^{3+}][OH^-]^3 > K_{sp,Fe(OH)_3} = 4\times10^{-38}$$

$$[OH^-] > \sqrt[3]{\frac{4\times10^{-38}}{0.01}} = 1.6\times10^{-12}(mol \cdot L^{-1})$$

$$pOH < 11.8，则\ pH > 2.2$$

由此可见，要使 0.01mol/L 的 Fe^{3+} 沉淀，溶液的 pH 应大于 2.2。当沉淀完毕后溶液中

残留的$[Fe^{3+}] < 10^{-5} mol \cdot L^{-1}$时，就可以认为沉淀已达到完全程度。当$[Fe^{3+}] = 10^{-5} mol \cdot L^{-1}$时，溶液的 pH 应控制的范围由下式计算：

$$[OH^-] = \sqrt[3]{\frac{K_{sp,Fe(OH)_3}}{[Fe^{3+}]}} = \sqrt[3]{\frac{4 \times 10^{-38}}{10^{-5}}} = 1.6 \times 10^{-11} (mol \cdot L^{-1})$$

$$pOH = 10.8，则\ pH = 3.2$$

所以欲使 0.01 $mol \cdot L^{-1} Fe^{3+}$沉淀完全，最小 pH 应等于 3.2。一些金属氢氧化物沉淀和再溶解的 pH 见表 4-1。

表 4-1 氢氧化物沉淀的 pH

氢氧化物	开始沉淀		沉淀完全	沉淀开始溶解	沉淀完全溶解
	$1 mol \cdot L^{-1}$	$0.01 mol \cdot L^{-1}$	($\leqslant 10^{-5} mol \cdot L^{-1}$)	($10^{-5} mol \cdot L^{-1}$)	($10^{-2} mol \cdot L^{-1}$)
$Sn(OH)_4$	0	0.5	1	13	15
$TiO(OH)_2$	0	0.5	2.0		
$Sn(OH)_2$	0.9	2.1	4.7	10	13.5
$ZrO(OH)_2$	1.3	2.4	5.0	11.5	
HgO	1.3	2.4	5.0	11.5	
$Fe(OH)_3$	1.5	2.3	4.1	14	
$Al(OH)_3$	3.3	4.0	5.2	7.8	10.8
$Cr(OH)_3$	4.0	4.9	6.8	12	15
$Be(OH)_2$	5.2	6.2	8.8		
$Zn(OH)_2$	5.4	6.4	8.0	10.5	12
Ag_2O	6.2	3.2	11.2	12.7	
$Fe(OH)_2$	6.5	7.5	9.7	13.5	
$Co(OH)_2$	6.6	7.6	9.2	14.1	
$Ni(OH)_2$	6.7	7.7	9.5		
$Cd(OH)_2$	7.2	8.2	9.7		
$Mn(OH)_2$	7.8	8.8	10.4	14	
$Mg(OH)_2$	9.4	10.4	12.4		
$Pb(OH)_2$		7.2	8.7	10	13

从表 4-1 可以看出，只要控制溶液的 pH，就可以使一些离子形成氢氧化物沉淀而与另一些不形成沉淀的离子分离。

2. 硫化物沉淀法

利用硫化物或硫化氢为沉淀剂，可使数十种金属离子形成硫化物沉淀。在 H_2S 的溶液中存在下列平衡：

$$H_2S \rightarrow H^+ + HS^- \qquad K_1 = 5.7 \times 10^{-8}$$

$$HS^- \rightarrow H^+ + S^{2-} \qquad K_2 = 1.2 \times 10^{-15}$$

$$\frac{[H^+]^2[S^{2-}]}{[H_2S]} = K_1K_2 = 6.8 \times 10^{-23}$$

$$[S^{2-}]=6.8\times10^{-23}\times\frac{[H_2S]}{[H^+]^2}$$

室温下，在 H_2S 的饱和溶液中，$[H_2S]\approx0.1mol/L$，所以

$$[S^{2-}]=6.8\times10^{-24}\times\frac{1}{[H^+]^2}$$

即溶液中 $[S^{2-}]$ 与 $[H^+]^2$ 成反比，控制溶液的酸度，就可以控制 $[S^{2-}]$，使溶解度不同的硫化物分别沉淀出来。

将重金属与碱金属、碱土金属离子分离，采用硫化物的沉淀形式较好。在实际应用中，把硫化物分成在 $0.3mol\cdot L^{-1}$ 盐酸溶液中沉淀和在氨性溶液中沉淀两大组，这就是定性分析中的硫化氢系统。

氢氧化物沉淀法和硫化物沉淀法，其选择性都不高，沉淀易形成胶体，因而共沉淀现象严重，还会有后沉淀，故分离效果都不佳。

3. 有机试剂沉淀法

利用有机沉淀剂沉淀金属离子具有许多优点：有机沉淀剂具有较高的选择性；生成的沉淀溶解度较小，沉淀较完全；共沉淀现象少，沉淀比较纯净，便于过滤和洗涤；由于有机沉淀剂的相对分子质量比较大，所以生成的沉淀量较大，有利于提高测定的准确度。

有机沉淀剂已广泛应用于沉淀分离中。常用的有机沉淀剂如下：

(1) 8-羟基喹啉　白色针状结晶，微溶于水，一般用它的乙醇溶液或丙酮溶液。

在弱酸性或弱碱性溶液（pH = 3 ~ 9）中，8-羟基喹啉能与许多金属离子生成沉淀，其组成恒定，可直接烘干称量，也可灼烧成氧化物后称量。其缺点是选择性差，但可配合使用掩蔽剂以提高选择性。8-羟基喹啉常用于 Al^{3+} 的分离及测定。

(2) 丁二酮肟　白色粉末状结晶，微溶于水，通常用它的乙醇溶液或氢氧化钠溶液。

在弱酸性（pH > 5）或氨性溶液中，它与 Ni^{2+} 生成组成恒定的鲜红色的 $Ni(C_4H_7N_2O_2)_2$ 沉淀，烘干后可直接称量。此法具有很高的选择性，因此，丁二酮肟试剂既可用于 Ni^{2+} 的鉴定，又可用于重量分析法测定 Ni^{2+}。

(3) 四苯硼酸钠　白色粉末状结晶，易溶于水。它与 K^+ 反应生成四苯硼酸钾沉淀，反应如下：

$$K^+ + Na[B(C_6H_5)_4] = K[B(C_6H_5)_4]\downarrow + Na^+$$

该沉淀溶解度小，组成稳定，热稳定性好（最低分解温度为265℃），可在110 ~ 120℃烘干后称量，该法用于玻璃成分中钾的测定。

(4) 铜铁试剂　在酸性溶液中能与 Nb(Ⅴ)、Ta(Ⅴ)、Ti(Ⅳ)、Zr(Ⅳ)、Fe(Ⅲ)、Ga(Ⅲ)等生成沉淀，在弱酸性溶液中可与 Cu(Ⅱ)、Zn(Ⅱ) 等生成沉淀。该试剂稳定性较差，在酸性溶液中及在光和热的作用下易分解，且生成的沉淀组成不恒定，故在分析化学中的应用受到一定限制。

4. 共沉淀分离法

当溶液中被测组分浓度太小时，一般沉淀剂不能使它沉淀下来。此时可利用共沉淀作用，使痕量的被测组分随着溶液中析出的某种沉淀一起被载带下来，达到使被测组分富集并与其他组分分离的目的。

例如，欲测水中痕量的 Hg^{2+}（$0.02\mu g\cdot L^{-1}$），由于浓度太低，一般的沉淀剂不能使它

沉淀下来。如果在水中加入适量的 Cu^{2+}、S^{2-} 作沉淀剂，利用生成大量 CuS 沉淀使痕量 Hg^{2+} 也一起“共沉淀”下来。如将沉淀溶于尽可能少的酸中，就可以得到经过分离和富集后的 Hg^{2+} 溶液，以供测定使用。

上例中 CuS 称为共沉淀剂或载体。常用的共沉淀剂分为无机共沉淀剂和有机共沉淀剂。

（1）无机共沉淀剂　无机共沉淀剂的作用机理主要利用无机共沉淀剂对痕量元素的吸附或形成混晶把痕量元素载带下来。常用的无机共沉淀剂有 $Fe(OH)_3$、$Al(OH)_3$、$MnO(OH)_2$ 等胶体沉淀。用这些胶体沉淀载体的主要优点是：胶体沉淀总面积大，因此与溶液中的痕量元素接触机会多，增大了吸附作用，有利于痕量元素的沉淀。另外，胶体沉淀的聚集速度大，使吸附在沉淀表面的痕量元素来不及离开就包藏在沉淀中，这种机械包藏作用也有利于提高共沉淀效率。但无机共沉淀剂选择性不高，大多难以挥发，不易除去。

当载体元素与需要分离的痕量元素有大致相同的离子半径，又能形成大致相似的晶形沉淀时，痕量元素与载体形成混晶而共沉淀下来。例如海水中有亿分之一的 Cd^{2+}，可利用 $SrCO_3$ 作载体使之生成 $SrCO_3$ 和 $CdCO_3$ 混晶沉淀而富集了 Cd^{2+}。此法选择性好。

（2）有机共沉淀剂　有机共沉淀剂具有较高的选择性。所得沉淀中的有机沉淀剂（载体）可以简单地用灼烧的方法除去，得到“无载体”的共沉淀元素。有机共沉淀剂一般是非极性或极性很小的分子，其表面没有强的电场，因此表面吸附少，分离效果也较好。沉淀剂的相对分子质量较大，体积也较大，有利于痕量组分的富集。

常用的有机共沉淀剂有甲基紫、次甲基蓝、辛可宁、丹宁、动物胶等。例如用甲基紫作共沉淀剂可把 20L 溶液中的 1μg 的铟定量沉淀下来。

二、离子交换分离法

离子交换分离法是利用离子交换剂与溶液中的离子之间发生交换反应来进行分离的方法。

1. 离子交换树脂

离子交换树脂是一种有机的高分子聚合物，其结构特点是具有稳定的立体网状结构，不溶于酸、碱和一般溶剂。在网状结构的骨架上有许多可被交换的活性基团。根据活性基团的不同，离子交换树脂可分为阳离子交换树脂和阴离子交换树脂。

（1）阳离子交换树脂　阳离子交换树脂的特点是含有酸性基团，如磺酸基（$—SO_3H$）、羧基（—COOH）和酚基等。酸性基团上的 H^+ 可与溶液中的阳离子发生交换反应，所以叫做阳离子交换树脂，也称氢型阳离子交换树脂。因为磺酸是较强的酸，所以 $R—SO_3H$（R 代表树脂的网状结构的骨架部分）又叫做强酸性阳离子交换树脂；而含有弱酸性基团的如 R—COOH 和 R—OH，就叫做弱酸性离子交换树脂。

小知识

离子交换反应是化学反应，它是离子交换树脂本身的离子和溶液中的同号离子作等物质的量的交换。

含磺酸基的树脂在酸性、碱性和中性溶液中都可应用。交换反应速率快，与简单的、复杂的、无机的、有机的阳离子都可以交换，因而在分析化学上应用较多。其交换反应如下：

$$nR—SO_3H + M^{n+} \underset{再生}{\overset{交换}{\rightleftharpoons}} (R—SO_3)_nM + nH^+$$

这种交换反应是可逆的，已交换过的树脂用酸处理，反应将向反方向进行，使树脂又恢复原状，这一过程称为再生过程，也称为洗脱过程。

含羧基的树脂其优点是选择性好，可分离不同强度的碱，且易于洗脱。只要用少量酸就可以把 H^+ 以外的其他离子洗掉。含酚基的树脂在分析化学中应用很少。

（2）阴离子交换树脂　阴离子交换树脂与阳离子交换树脂的骨架部分相同，只是所含的活性集团为碱性基团。如伯胺基（$—NH_2$）、仲胺基[$—NH(CH_3)$]、叔胺基[$—N(CH_3)_2$]、季铵基[$—N(CH_3)_3$]等。碱性基团上的 OH^- 可与溶液中的阴离子发生交换。含伯胺基、仲胺基、叔胺基的树脂称为弱碱性阴离子交换树脂；而含季铵基的树脂则称为强碱性阴离子交换树脂。这四种树脂经水化后则生成 $R—NH_3^+ \cdot OH^-$、$R—NH_2(CH_3)^+ \cdot OH^-$、$R—N(CH_3)_2^+ \cdot OH^-$、$R—N(CH_3)_3^+ \cdot OH^-$ 等。与阳离子交换树脂相似，其中的 OH^- 可以被其他阴离子交换。反应为

$$nR—NH_2 + X^{n-} \xrightleftharpoons[\text{再生}]{\text{交换}} (R—NH_2)_nX + nOH^-$$

式中　X^{n-} 为其他阴离子。

各种阴离子交换树脂中，以强碱性阴离子交换树脂应用较广，其在酸性、中性和碱性溶液中都能应用。而弱碱性阴离子交换能力弱，在分析中应用较少。

无论阴离子交换树脂或阳离子交换树脂，经交换后都可以转变为盐型。如 $R—NH_3^+ \cdot OH^-$ 可转变为 $R—NH_3Cl$，称为 Cl 型阴离子交换树脂。$R—SO_3H$ 可转变为 $R—SO_3Na$，称为 Na 型阳离子交换树脂。

2. 离子交换分离过程

（1）树脂的处理　商品树脂常制成中性的盐类，即阳离子交换树脂为 Na 型，阴离子交换树脂为 Cl 型。使用时必须将其分别转换成 H 型和 OH 型。

处理树脂的过程也是净化的过程，例如强酸性阳离子交换树脂是 Na 型，首先应用水冲洗，除去附在树脂上面的小颗粒，并浸泡一天以上，使其充分溶胀，装入树脂柱中，然后再用 $4 \sim 6mol \cdot L^{-1}$ 的 HCl 淋洗，洗去树脂中的杂质，并将 Na 型转换成 H 型，最后用蒸馏水将树脂洗至中性，晾干（或抽滤）后储存于塑料瓶中备用。如果是阴离子交换树脂，就用 NaOH 处理，使 Cl 型转化为 OH 型。

（2）离子交换装置

1）静态交换。将树脂与实验溶液一起混合，搅拌后放置使其交换。这种方法不需专门的设备，操作简单，但交换出来的离子没有分开，容易产生逆反应，交换率低。目前在水泥生产中，还应用静态法测定水泥中 SO_3 的含量。

2）动态交换。将树脂装于交换柱中，让实验溶液从树脂中流过，交换出来的离子随时被排除，交换效率高。

3. 交换分离法的应用

在分析化学中，离子交换分离法主要用于除去干扰离子和富集痕量的欲测组分，还可以用来分离那些性质相似的金属元素，也可用来制备去离子水。

（1）制备去离子水　水中常含有一些溶解的盐类，为了除去这些盐类，可使自来水先通过 H 型阳离子交换树脂，以除去各种阳离子：

$$M^{n+} + nR—SO_3H \rightleftharpoons (R—SO_3)_nM + nH^+$$

然后再通过 OH 型强碱型阴离子交换树脂，以除去各种阴离子：

$$X^{n-} + nR—N(CH_3)^+ \cdot OH^- \rightleftharpoons [R—N(CH_3)_3]_nX + nOH^-$$

交换下来的 H^+ 和 OH^- 结合成水，这样就可以得到去离子水。

（2）测定 SO_3 的含量　以石膏中 SO_3 的测定为例。石膏的主要成分是 $CaSO_3 \cdot 2H_2O$，用 H 型阳离子交换树脂与硫酸钙中的 Ca^{2+} 进行交换，产生 H_2SO_4，再用 NaOH 标准溶液滴定 H_2SO_4 溶液，根据消耗 NaOH 的体积及 NaOH 的浓度计算 SO_3 的含量。

$$2R—SO_3H + CaSO_4 \rightleftharpoons (R—SO_3)_2Ca + H_2SO_4$$

$$2NaOH + H_2SO_4 = Na_2SO_4 + 2H_2O$$

（3）分离干扰离子　对一些较复杂的样品，用一般的化学分离法或其他方法难以分离时，可采用离子交换法，即可达到完全分离并且消除干扰的目的，例如测定含有磷、钾、银、钡、铝玻璃中的金属离子和 P_2O_5 的含量时，由于试料经高氯酸（$HClO_4$）分解后，生成的 PO_4^{3-} 能与 Ba^{2+}、Ag^+ 产生沉淀，使测定变得复杂，金属离子的存在使得 PO_4^{3-} 的测定更加困难。如果将试样分解后，将含有 $0.5mol \cdot L^{-1}$ $HClO_4$ 的溶液通过已处理好的阳离子交换柱，所有阳离子被交换而吸附在树脂上，阴离子则在流出液中，从而达到使金属离子 Ba^{2+}、Ag^+、K^+、Al^{3+} 与 PO_4^{3-} 分离的目的。之后在流出液中测定 P_2O_5 的含量，可免受金属离子干扰。同样测定金属离子的含量时，可用 HNO_3 作洗脱剂，洗脱树脂上的阳离子。根据不同金属离子对树脂亲和力的不同，可分别洗脱。其顺序是：

$$K^+ < Ag^+ < Ba^{2+} < Al^{3+}$$

K^+ 亲和能力最弱，首先被洗脱下来，然后是 Ag^+、Ba^{2+}。Al^{3+} 亲和能力最强，所以最后被洗脱下来，分别收集各次洗脱液，采用不同的方法加以测定。

（4）富集微量组分　当试样中不含大量的其他电解质时，用离子交换法富集微量组分是十分方便的。例如测定天然水中 K^+、Na^+、Ca^{2+}、Mg^{2+}、Cl^-、SO_4^{2-} 等微量组分时，为了富集这些组分，可取数升水样，使之先流过 H 型阳离子交换柱，则所有的阳离子被交换而吸附在树脂上；流出液再流经 OH 型阴离子交换树脂柱，则实验溶液中的阴离子被交换而吸附在树脂上，这样就把阴离子和阳离子分开了；然后用稀盐酸洗脱阳离子，用氨水稀溶液洗脱阴离子，在流出液中分别测定各组分。

三、萃取分离法

溶剂萃取分离法是利用与水不相溶的有机溶剂与实验溶液一起混合振荡，然后放置分层，此时有些组分进入有机溶液中，而另一些组分仍留在试验溶液中，从而达到分离的目的。

溶剂萃取分离法既可用于常量组分的分离，又适用于痕量组分的分离和富集。此方法操作简便快速，具有分离效果好的特点。

1. 萃取分离法的基本原理

（1）分配系数　在一定温度下，某溶质 A 以相似的化学组成（分子形成相同）分配在两种互不相溶的溶剂中，当分配达到平衡时，该溶质 A 在两相中的浓度比为一常数，称为分配系数，以 K_D 表示：

$$K_D = \frac{[A]_{有}}{[A]_{水}} \tag{4-1}$$

式中　$[A]_有$、$[A]_水$——分别表示溶质 A 在有机相和水相中的尝试浓度。

分配系数 K_D 越大，该物质绝大部分进入有机相中；分配系数 K_D 越小，该物质绝大部分留在水相中。式（4-1）称为分配定律，它是溶剂萃取的基本原理。

（2）分配比　在萃取过程中，如果溶质在水相和有机相中发生化学反应而以不同的形式或多种形式存在时，式（4-1）就不适用了。此时应以溶质在两相中的总浓度之比来表示分配情况，即为分配比，用 D 表示：

$$D=\frac{c_有}{c_水} \tag{4-2}$$

式中　$c_有$、$c_水$——分别表示溶质在有机相和水相中的浓度。

当溶质在两相中的存在形式相同时，则 $K_D=D$。萃取分离中，希望 D 越大越好。

（3）萃取百分率　在萃取分离中，常用萃取百分率（$E\%$）来表示萃取的完全程度，即被萃取物质 A 进入有机相的总量与物质 A 总量之比，即萃取百分率。

$$E\%=\frac{物质A在有机相中的总量}{物质A的总量}\times100\%$$

或

$$E\%=\frac{[A]_有 V_有}{[A]_有 V_有+[A]_水 V_水}\times100\%$$

式中　$V_有$、$V_水$ 分别代表有机溶剂与水的体积。将分子、分母同除以 $[V]_水$ $[V]_有$，则有

$$E\%=\frac{D}{D+V_水/V_有}\times100\% \tag{4-3}$$

从式（4-3）可见，萃取百分率由分配比 D 和体积比 $V_水/V_有$ 决定。分配比越大，体积比越小，则萃取百分率越高。

当溶质、溶剂决定后，D 是常数，因此实际工作中只能改变体积比来提高萃取效率。尤其是分配比不高的物质，一次萃取不能满足分离和测定的要求，此时可采取多次连续萃取的方法，提高萃取效率。

设体积为 $V_水$ 的水溶液中含有被萃取的物质 W_0，用 $V_有$ 溶剂萃取一次，水相中剩余被萃取物质为 W_1。则进入有机相中的量为（W_0-W_1），此时的分配比为

$$D=\frac{[A]_有}{[A]_水}=\frac{\dfrac{W_0-W_1}{V_有}}{\dfrac{W_1}{V_水}}$$

整理得

$$W_1=W_0\left(\frac{V_水}{DV_有+V_水}\right)$$

若萃取 n 次，则水相中剩余的被萃取物质为 W_n

$$W_n=W_0\left(\frac{V_水}{DV_有+V_水}\right) \tag{4-4}$$

【例 4.1】 有 100mL 含 $I_2$10mg 的水溶液，用 90mLCCl_4 分别按下列情况萃取：(1) 全量一次萃取；(2) 每次 30mL，分三次萃取。求两次萃取的百分率。($D=85$)

解：(1) 全量一次萃取

$$E\% = \frac{D}{D + V_{水}/V_{有}} \times 100\% = \frac{85}{85 + 100/90} \times 100\% = 98.7\%$$

(2) 每次 30mL，分三次萃取，水相中 I_2 的残留量 W_3 为

$$W_3 = W_0\left(\frac{V_{水}}{DV_{有} + V_{水}}\right) = 10\left(\frac{100}{85 \times 30 + 100}\right)^3 = 5.4 \times 10^{-4}(\text{mg})$$

$$E\% = \frac{W_0 - W_1}{W_0} \times 100\% = \frac{10 - 5.4 \times 10^{-4}}{10} \times 100\% = 99.995\%$$

上例说明，在萃取剂用量相同的情况下，采取少量多次的萃取方式比一次萃取效率要高得多。

2. 萃取类型

溶质的溶解过程符合“相似相溶”原则，即极性化合物易溶于溶剂中，非极性化合物易溶于非极性溶剂中。例如，I_2 是一种非极性物质，易溶于非极性溶剂 CCl_4，而难溶于极性的水中。

许多无机化合物在水中解离成离子，并与水分子结合成水合离子，从而使各种无机化合物易溶于水而难溶于有机溶剂。而萃取过程却要用非极性溶剂或弱极性溶剂，从水中萃取出已水合的离子来，显然是有困难的，若使这种阳离子能被弱极性的有机溶剂萃取，必须使其生成弱极性的化合物。

生成弱极性化合物的方式有以下两种。

(1) 生成螯合物　使金属离子与螯合剂（也称萃取配位剂）的阴离子结合而形成稳定的螯合物，这种螯合物能溶于有机溶剂而难溶于水，因而能被有机溶剂萃取。

例如　8-羟基喹啉镁就属于这种类型。

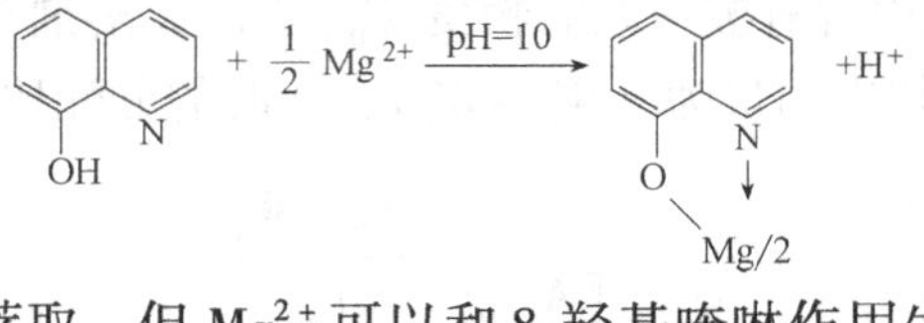

OH　N　+ $\frac{1}{2}$ Mg^{2+} $\xrightarrow{pH=10}$ O　N　Mg/2　$+H^+$

Mg^{2+} 不能直接被氯仿萃取，但 Mg^{2+} 可以和 8-羟基喹啉作用生成稳定的螯合物——8-羟基喹啉镁，此螯合物可被氯仿萃取。

常见的萃取配位剂还有双硫腙、铜铁试剂、乙酰丙酮，其结构式如下：

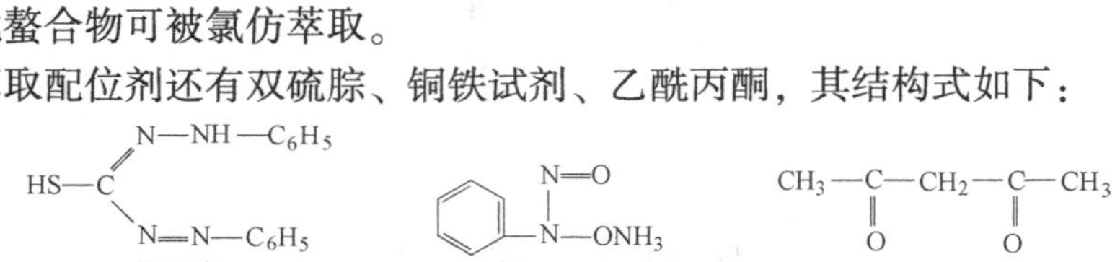

$HS—C(=N—NH—C_6H_5)—N=N—C_6H_5$

双硫腙

$C_6H_5—N(—N=O)—ONH_3$

铜铁试剂

$CH_3—C(=O)—CH_2—C(=O)—CH_3$

乙酰丙酮

(2) 生成离子缔合物　由金属配离子与其他异电性离子借静电引力的作用结合而成的不带电的化合物，称为离子缔合物。此缔合物（中性分子）可以溶于有机溶剂而被萃取。

例如在 8mol·L^{-1} 的 HCl 溶液中，用乙醚萃取 Fe^{3+}，Fe^{3+} 首先与 Cl^- 形成配合阴离子 $FeCl_4^-$，而溶剂乙醚可与溶液中的 H^+ 结合成阳离子：

$$(C_2H_5)_2O + H^+ \rightleftharpoons (C_2H_5)_2OH^+$$

上述阳离子与 $FeCl_4^-$ 配位阴离子靠静电引力缔合成中性分子盐：

$$VO_2^+ + H^+ = VO(OH)^{2+}$$

$$VO(OH)^{2+} + 2\,(\text{N—OH}, \text{N=O}) \longrightarrow [\ldots]_2 VO(OH) + 2H$$

盐可被乙醚萃取。在这类萃取体系中，溶剂分子加入到被萃取的分子中去，因此它既是溶剂又是萃取剂。

除乙醚外，能生成盐的含氧萃取剂还有正丁醇、甲基异丁基酮等。

3. 萃取分离的操作方法

在分析化学中，广泛应用的萃取方法为间歇式萃取法。此法是在一定体积的欲分离溶液中，加入适当的配位剂，振荡。当分配过程达到平衡后，放置片刻，待溶液分层后，轻轻转动分液漏斗的活塞，使水溶液层或有机溶剂层流入另一容器中，这样两相便得以分离。

如果被萃取离子的分配比很大，而杂质离子的分配比很小，则一次萃取就可达到定量分离的要求。否则应进行第二次萃取，把两次萃取所得溶液合并后进行测定。

在萃取时，除了被萃取物质进入有机相外，其他杂质离子也可能进入有机相，如果杂质的分配比很小，用洗涤的方法可将其除去。洗涤液的组成与实验溶液应基本相同，但不含试样。洗涤液一般相当于试剂空白溶液，洗涤方法与萃取操作相同。

模块五 分析方法的选择

每种元素都有多种测定方法，选择哪种方法应根据测定的具体要求、被测组分的含量及性质、共存元素的影响等方面加以考虑。一种理想的分析方法应该是准确、灵敏、快速、简便，这是选择分析方法的一般原则。现分别讨论如下。

一、根据测定的具体要求选择

由于分析工作涉及面广，测定对象种类繁多，测定的具体要求各不相同。如要求准确度的高低、分析速度的快慢、分析测定的项目不同等。

例如对水泥、玻璃、陶瓷等一些产品分析、仲裁分析等，则要求的准确度较高，应选用准确度很高的分析方法。若为生产过程中的控制分析，则对准确度的要求可以放宽，但分析的速度要快，因而要选用一些简便、快速的分析方法。如果分析项目是单项测定，可采用除去干扰元素的方法进行个别分析。当需要全分析时，则采用系统的分析方法较好。

二、根据被测组分的含量选择

根据不同试样其被测组分的含量不同，采取不同的分析方法。对试样中常量组分的测定，多采用滴定分析法，此法准确、简便、快速。重量分析法虽很准确，但操作烦琐费时。因此当滴定分析法和重量分析法都可以采用时，一般选用滴定分析法。对试样中微量组分的测定，一般选用灵敏度较高的仪器分析法，如比色分析法、原子吸收分光光度法或火焰光度法。

三、根据被测组分的性质选择

对被测组分性质的了解，有助于分析方法的选择。例如，大多数金属离子都能和 EDTA 定量配位，所以配位测定法成为测定金属离子的重要分析方法。有些被测组分具有氧化性或还原性，如 Fe^{2+} 具有还原性，故可用氧化还原滴定法测定。Fe^{3+}、Fe^{2+} 均能与显色剂发生显色反应，故又可用比色法测定。由于硅酸盐中的 K^{+}、Na^{+} 与 EDTA 形成的配合物不稳定，又不具有氧化还原性质，但可发生焰色反应，故一般采用火焰光度法及原子吸收分光光度法测定。

四、根据共存元素的影响情况选择

在选择分析方法时，必须考虑共存元素对测定的影响。尤其分析较复杂的物质时，共存元素往往干扰测定，因此应尽量选用选择性较高的方法。若无适宜的方法，就必须考虑如何避免及分离共存的干扰元素，然后进行测定。

在选择分析方法时，尽可能选择新的测试技术和方法。如采用原子吸收分光光度法测定水泥中的镁、锰、铁、钾、钠元素，方法更为简便、快速。在现代化的大型水泥企业中，采用 X 射线荧光光谱分析，能快速、准确地测定水泥生料中硅、铁、铝、钙四种元素的含量，对水泥生产的率值进行控制，保证配制的水泥生料具有较高的合格率，并已实现自动在线控制。如大型多道 X 射线荧光光谱仪，放射性同位素 X 射线荧光多元素分析仪，小型的钙、铁分析仪等，均属于这一范畴。

此外，应根据实验室的设备条件，因地制宜地进行考虑，也能较好地完成分析任务。

单 元 小 结

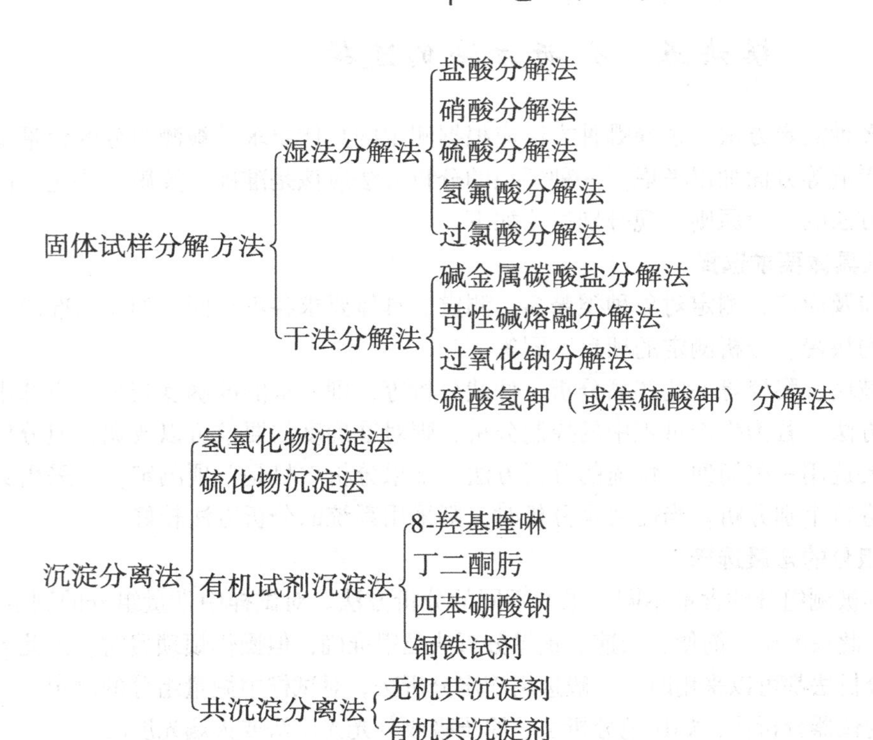

综合训练

1. 试样分解的目的和关键是什么？试样分解时选择溶（熔）剂的原则是什么？
2. 湿法分解法和干法分解法各有什么优缺点？
3. 熔融酸分解岩矿试样的基本原理和一般规律是什么？
4. 干法分解时，试样在熔融过程中与熔剂的主要反应是什么？
5. 解释下列名词

（1）分配系数　（2）分配比　（3）萃取百分率　（4）离子交换树脂

6. 制备试样时，对于难磨部分可以丢弃吗？为什么？
7. 选择分析方法应考虑哪些因素？
8. 一定温度下，I_2 在 CCl_4 和水中的分配比为80，如果含 $I_2$0.015g 的100mL 水溶液，用100mL 的 CCl_4 萃取一次，有多少克 I_2 进入有机相？

第五单元　常用仪器分析方法简介

【学习目标】 掌握可见分光光度法测微量组分的原理和方法；掌握电位分析法测溶液酸度的原理和方法。掌握 X 射线荧光分析法的原理和方法。

模块一　可见分光光度法概述

许多物质是有颜色的，而许多无色物质也可以通过化学反应生成有色化合物，此类化学反应可称为显色反应。用可见分光光度计（如 721、722 等）测定有色溶液对某一波长的光的吸收程度来确定物质含量的方法叫做可见分光光度法。

一、光的特性

光是一种电磁辐射，是一种能以极大的速度穿过空间，且不需任何传播媒介的能量。

光是一种电磁波，具有波动性和粒子性。作为一种波，它具有波长（λ）和频率（ν）；作为一种粒子，它具有能量（E）。它们之间的关系为

$$E = h\nu = h\frac{c}{\lambda} \tag{5-1}$$

式中　E——能量，单位为 eV（电子伏特）；

h——普朗克常数，6.626×10^{-34} J · s（焦耳 · 秒）；

ν——频率，单位为 Hz（赫兹）；

c——光速，真空中约为 3×10^{10} cm · s^{-1}；

λ——波长，单位为 nm（纳米）。

从式（5-1）可知，不同波长的光能量不同，波长愈长，频率愈低，能量愈小；波长愈短，频率愈高，能量愈大。若将各种电磁波（光）按其波长或频率大小顺序列成图表，则称该图表为电磁波谱。电磁波谱的有关参数见表 5-1。

表 5-1　电磁波谱的有关参数

波谱区名称	波长范围	波数/cm^{-1}	频率/Hz	光子能量/eV	跃迁能级类型
γ 射线	5×10^{-3} ~ 0.14nm	2×10^{10} ~ 7×10^{7}	6×10^{14} ~ 2×10^{12}	2.5×10^{6} ~ 8.3×10^{3}	核能级
X 射线	10^{-3} ~ 10nm	10^{0} ~ 10^{6}	10^{20} ~ 10^{16}	1.2×10^{6} ~ 1.2×10^{2}	内层电子能级
远紫外光	10 ~ 200nm	10^{6} ~ 5×10^{4}	10^{16} ~ 10^{15}	12 ~ 56	
近紫外光	200 ~ 400nm	5×10^{4} ~ 2.5×10^{4}	10^{15} ~ 10^{14}	6 ~ 3.1	
可见光	400 ~ 750nm	2.5×10^{4} ~ 1.3×10^{4}	7.5×10^{14} ~ 4.0×10^{14}	3.1 ~ 1.7	电子能级
近红外光	0.75 ~ 2.5μm	1.3×10^{4} ~ 4×10^{3}	4.0×10^{14} ~ 1.2×10^{14}	1.7 ~ 0.5	分子振动能级
红外	2.5 ~ 1000μm	4000 ~ 10	1.2×10^{14} ~ 10^{5}	0.5 ~ 4×10^{-4}	
微波	0.1 ~ 100cm	10 ~ 0.01	10^{11} ~ 10^{8}	4×10^{-4} ~ 4×10^{-7}	分子转动能级
射频	1 ~ 1000m	10^{-2} ~ 10^{-5}	10^{8} ~ 10^{5}	4×10^{-7} ~ 4×10^{-10}	核自旋能级

二、物质的颜色与物质对光的选择性吸收

小知识

橙色光和青蓝色光，绿色光和紫红色光，黄色光和蓝色光都是“互补色光”。

一束白光通过棱镜后色散为红、橙、黄、绿、青、蓝、紫等七色光，可证实白炽灯光等白光就是由这些波长不同的有色光混合而成的。这种含有多种波长的光称为复合光；而某一波长的光称为单色光。如果把适当颜色的两种光按一定比例混合，也可成为白光，这两种颜色的光称为互补色光。图 5-1 所示为互补色光示意图，图中处于直线关系的两种颜色的光即为互补色光。

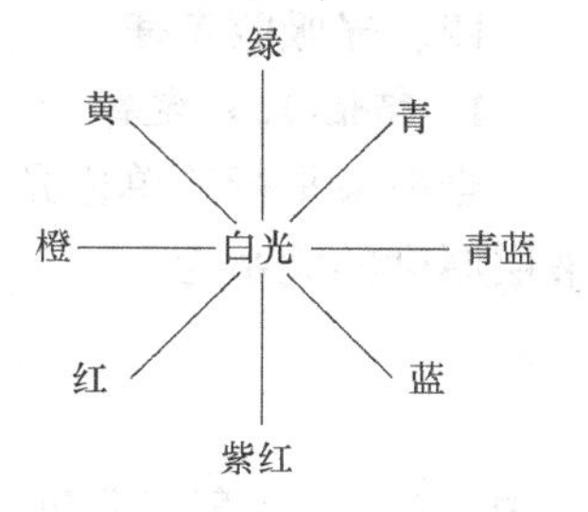

图 5-1　互补色光示意图

凡是能被肉眼感觉到的光称为可见光。可见光的光区为 400～780nm。

溶液的颜色是物质对光选择性吸收的结果。当一束白光通过某透明溶液时，若该溶液对可见光区各波长的光都不吸收，即入射光全部透过溶液，这时看到的溶液透明无色；如果溶液有颜色，则说明溶液吸收了一部分光，而透过另一部分光。如 $CuSO_4$ 溶液呈蓝色，则是吸收了白光中的黄色光，而透过其他的光，所以我们看到溶液呈蓝色。即若某溶液选择性地吸收了可见光区某波长的光，则该溶液呈现出被吸收光的互补色光的颜色。

人的眼睛对不同波长的光的感觉是不一样的。

三、吸收光谱曲线

我们知道溶液的颜色是物质对光选择性吸收的结果，而溶液对各种不同波长的光的吸收情况，通常用吸收光谱曲线（又叫光吸收曲线）来描述。

吸收光谱曲线是通过实验获得的，具体方法是：将不同波长的光依次通过某一固定浓度和厚度的有色溶液，分别测出它对各种波长的光的吸收程度（用吸光度 A 表示）。以波长 λ 为横坐标，以吸光度 A 为纵坐标绘制曲线，此曲线即称为该物质的吸收光谱曲线，它描述了物质对不同波长的光的吸收程度。

以邻二氮菲-铁溶液的吸收光谱曲线为例，如图 5-2、5-3 所示，可知：

（1）邻二氮菲-铁溶液对不同波长的光的吸收程度是不同的，对波长为 510nm 的光吸收最多，在吸收光谱曲线上有一高峰（称为吸收峰）。光吸收程度最大处的波长称为最大吸收波长（常以 λ_{max} 表示）。在进行吸光度测定时，通常都是选取在 λ_{max} 处来测量，因为这时测定的灵敏度最大。

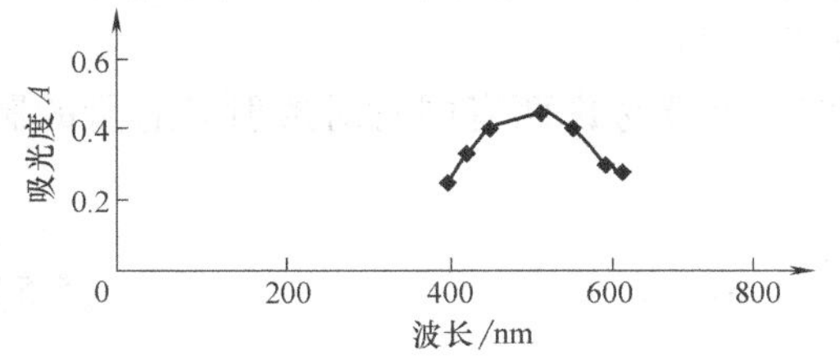

图 5-2　0.7μg·mL^{-1}邻二氮菲-铁溶液的吸收光谱曲线

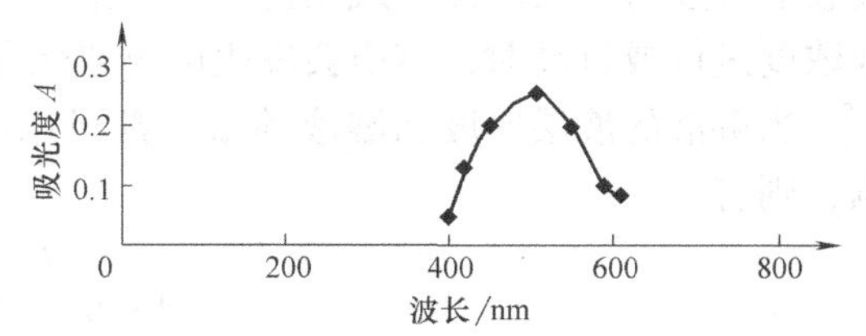

图 5-3　0.11μg·mL^{-1}邻二氮菲-铁溶液的吸收光谱曲线

（2）不同浓度的邻二氮菲-铁溶液，其吸收光谱曲线的形状相似，不同的是吸收峰的高度随浓度的增加而增高，但最大吸收波长不变。

（3）不同物质的吸收光谱曲线，其形状和最大吸收波长都各不相同。因此，可利用吸收光谱曲线来作为物质定性分析的依据。

四、光吸收定律

1. 郎伯-比尔定律

当一束平行的单色光通过均匀的、非散射的稀溶液时，入射光被溶液吸收的程度与溶液液层厚度的关系为

$$\lg \frac{I_0}{I_t} = k_1 L \tag{5-2}$$

式中 I_0——入射光强度；

I_t——通过溶液后的透射光强度；

L——溶液液层厚度，或称光程长度；

k_1——比例常数，它与入射光的波长、溶液的性质、溶液的浓度和温度等因素有关。这就是郎伯定律。

I_t/I_0 表示溶液对光的透射程度，称为透射比，用符号 T 表示。透射比愈大说明透过的光愈多。而 I_0/I_t 是透射比的倒数，它表示入射光 I_0 一定时，透射光强度愈小，即 $\lg \frac{I_0}{I_t}$ 愈大，光吸收愈多。所以 $\lg \frac{I_0}{I_t}$ 表示单色光通过溶液时被吸收的程度，通常称为吸光度，用 A 表示，即

$$A = \lg \frac{I_0}{I_t} = \lg \frac{1}{T} = -\lg T \tag{5-3}$$

当一束平行的单色光照射到同种物质的不同浓度、相同液层厚度的均匀透明溶液时，入射光通量与溶液浓度的关系为

$$\lg \frac{I_0}{I_t} = k_2 c \tag{5-4}$$

式中 k_2——比例常数，它与入射光波长、溶液液层厚度、溶液性质和温度有关；

c——溶液浓度。

这就是比尔（Beer）定律。比尔定律表明：当溶液的液层厚度和入射光强度一定时，光吸收的程度与溶液的浓度成正比。必须指出：比尔定律只能在一定的浓度范围内才适用。因为浓度过低或过高时，溶质会发生电离或聚合而产生误差。

当溶液的液层厚度和溶液的浓度都可以改变时，就要考虑两者同时对透射光通量的影响，则有

$$A = \lg \frac{I_0}{I_t} = \lg \frac{1}{T} = kcl \tag{5-5}$$

式中 k——比例常数，与入射光的波长、溶液的性质和溶液的温度等因素有关。

这就是朗伯-比尔定律，即光吸收定律。它是分光光度法进行定量分析的理论基础。

光吸收定律表明：当一束平行的单色光通过均匀的、非散射的稀溶液时，溶液的吸光度（入射光被溶液吸收的程度）与溶液的浓度及液层厚度的乘积成正比。

朗伯-比尔定律应用的条件：一是必须使用单色光；二是吸收发生在均匀的、非散射的介质中；三是在吸收过程中，吸收物质互不发生作用。

2. 吸光系数

式（5-5）中的比例常数 k 称为吸光系数，其物理意义是单位浓度的溶液，液层厚度为 1cm 时，在一定波长下测得的吸光度。

k 值的大小只与吸光物质的性质、入射光的波长、溶液的温度和溶剂的性质等因素有关，而与溶液的浓度和液层厚度无关。但 k 值的大小因溶液浓度所采用的单位的不同而不同。

（1）摩尔吸光系数 ε　当溶液的浓度以物质的量浓度（$mol \cdot L^{-1}$）表示，液层厚度以厘米（cm）表示时，相应的比例常数 k 称为摩尔吸光系数。用 ε 表示，其单位为 $L \cdot mol^{-1} \cdot cm^{-1}$。这样，式（5-5）可以改写成

$$A = \varepsilon cl \tag{5-6}$$

摩尔吸光系数的物理意义是浓度为 $1mol \cdot L^{-1}$ 的溶液，于液层厚度为 1cm 的吸收池中，在一定波长下测得的吸光度。

摩尔吸光系数是吸光物质的重要参数之一，它表示物质对某一特定波长的光的吸收能力。ε 愈大，表示该物质对某波长的光的吸收能力愈强，测定的灵敏度也就愈高。因此，测定时，为了提高分析的灵敏度，通常选择摩尔吸光系数大的有色化合物进行测定，选择具有最大 ε 值的波长的光作为入射光。

摩尔吸光系数由实验测得，在实际测量中，不能直接取 $1mol \cdot L^{-1}$ 这样高浓度的溶液去测量摩尔吸光系数，只能在稀溶液中测量后，再换算成摩尔吸光系数。

【例 5.1】　已知含 Fe^{2+} 浓度为 50μg/100mL 的溶液，用邻二氮菲显色，在波长 510nm 处于 2cm 吸收池中测得 $A = 0.198$，计算摩尔吸光系数。

$$c(Fe^{2+}) = \frac{50 \times 10^{-6} g \times 1000}{55.85 g \cdot mol^{-1} \times 100 mL} = 8.95 \times 10^{-6} mol \cdot L^{-1}$$

$$\varepsilon = \frac{A}{cl}$$

$$\varepsilon = \frac{0.198}{8.95 \times 10^{-6} mol \cdot L^{-1} \times 2cm} = 1.1 \times 10^{4} L \cdot mol^{-1} \cdot cm^{-1}$$

（2）吸光系数 k　若溶液浓度 c 以 $mg \cdot L^{-1}$ 为单位，液层厚度以 cm 为单位时，其比例常数称为吸光系数，用 k 表示，其单位为 $L \cdot g^{-1} \cdot cm^{-1}$。这样式（5-5）可表示为

$$A = kcl \tag{5-7}$$

3. 吸光度的加和性

多组分的体系中，在某一波长下如果各种对光有吸收的物质之间不发生相互作用，则体系在该波长的总吸光度等于各组分吸光度之和，即吸光度具有加和性，也称为吸光度加和性原理。可表示如下：

$$A_{总} = A_1 + A_2 + \cdots + A_n = \sum_{i=1}^{n} A_i \tag{5-8}$$

式（5-8）中，各吸光度的下标表示组分 1，2，…，n。

吸光度的加和性对多组分同时定量测定、校正干扰等都极为有用。

五、可见分光光度计

1. 721 型分光光度计

结构为：

光源 → 单色器 → 吸收池 → 检测器 → 显示系统

其中

光源：钨丝灯，可提供 320～1000nm 的连续光谱；

单色器：作用是把光源发出的连续光谱分解为单色光，721 型分光光度计的单色器为棱镜；

吸收池：又叫比色皿，用于盛装溶液；

检测器：把光信号转化为电信号的元件，721 型分光光度计的检测器是光电管；

显示系统：把检测器产生的电信号，经放大后，用一定的方式显示出来。

2. 722 型分光光度计

结构与 721 型分光光度计相同。

其中不同之处在于：

（1）722 型分光光度计的单色器为滤光片和光栅。

（2）显示系统是数字直读。

六、定量分析

本节只讨论单组分体系，定量分析的依据是光吸收定律（见式 5-5）。

如果样品是单组分，且遵守光吸收定律，这时只要测出被测吸光物质的最大吸收波长（λ_{max}），就可在此波长下选用适当的参比溶液，测量试液的吸光度，然后再用工作曲线法或比较法求得分析结果。

1. 工作曲线法

工作曲线法又称标准曲线法，它是实际工作中使用最多的一种定量方法。工作曲线的绘制方法是：配制四份浓度不同的待测组分的标准溶液，以空白溶液为参比溶液，在选定的波长下，分别测定各标准溶液的吸光度。以标准溶液的浓度为横坐标，吸光度为纵坐标，在坐标纸上绘制曲线，此曲线即为工作曲线（或称标准曲线）。

在测定样品时，应按相同的方法制备待测试液（为了保证显色条件一致，操作时一般是试样与标样同时显色），在相同的测量条件下测量试液的吸光度，然后在工作曲线上查出待测试液的浓度。为了保证测定的准确度，要求标样与试样溶液的组成保持一致，待测试液的浓度应在工作曲线的范围内，最好在工作曲线中部。工作曲线应定期校准，如果实验条件变动（如更换标准溶液、所用试剂重新配制、仪器经过修理、更换光源等情况），工作曲线应重新绘制。工作曲线法适用于成批样品的分析，它可以消除一定的随机误差。

【例 5.2】 分别取 0.00、1.00、2.00、3.00、4.00、5.00mL10μg · mL^{-1} 的 Fe^{2+} 标准溶液，置于 6 个 50mL 的容量瓶中，显色后，稀释至 50mL，在波长为 480nm 处，以试剂空白作参比，测吸光度，得 A 分别为 0.00、0.102、0.204、0.306、0.408、0.510。另取 5.00mL 水样，经同样处理后，稀释到 50mL，在相同条件下，测得其吸光度为 0.300，求水样中铁的含量。

解：由题意可知：

	标准系列						水样
Fe^{2+} (μg/50mL)	0	10	20	30	40	50	
A	0.00	0.102	0.204	0.306	0.408	0.510	0.300

绘制工作曲线如图 5-4 所示。

由工作曲线查出，当 $A_x=0.300$ 时，对应的 $c_x=29\mu g/50mL$。

所以水样中铁的含量 $=\dfrac{29\mu g}{5.00mL}=5.8\mu g\cdot mL^{-1}$

2. 比较法

这种方法是用已知浓度的标准溶液（c_s），在一定条件下，测得其吸光度 A_s，然后在相同条件下测得试液（c_x）的吸光度 A_x，设试液、标准溶液完全符合朗伯-比尔定律，则

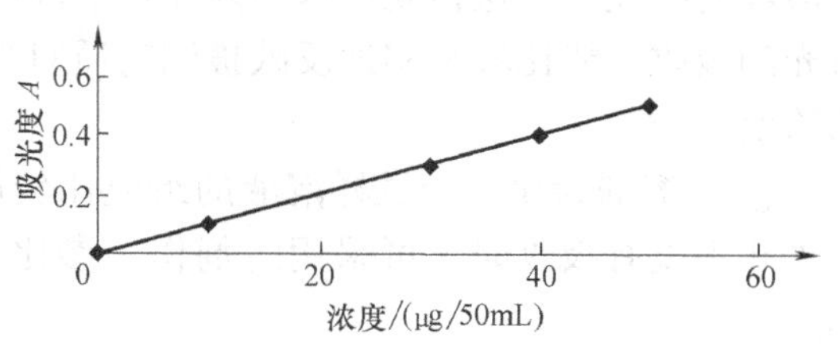

图 5-4　工作曲线

$$c_x=\frac{A_x}{A_s}c_s \tag{5-9}$$

使用这种方法要求 c_x 与 c_s 数值应接近，且都符合光吸收定律。比较法适用于个别样品的测定。

【例 5.3】 有 $20\mu g\cdot mL^{-1}$ 钴标准溶液，测得其吸光度 $A_s=0.365$，求在相同条件下，测得吸光度 $A_x=0.402$ 的含钴试液中钴的含量。

解：由式（5-9）可知，$c_x=\dfrac{A_x}{A_s}c_s=\dfrac{0.402}{0.365}\times20=22\mu g\cdot mL^{-1}$

所以，试液中钴的含量为 $22\mu g\cdot mL^{-1}$。

七、操作条件的选择

1. 显色反应与显色剂的选择

显色反应主要是氧化还原反应和配位反应，其中配位反应应用最普遍。同一种组分可与多种显色剂反应生成不同的有色物质。在分析时，究竟选用何种显色反应较适宜，应考虑下列几个因素：

（1）选择性好。一种显色剂最好只与一种被测组分发生显色反应，或显色剂和共存组分生成的化合物的吸收峰与显色剂和被测组分生成的化合物的吸收峰相距比较远，干扰小。

（2）灵敏度高。要求反应生成的有色化合物的摩尔吸光系数较大。

（3）生成的有色化合物组成恒定，化学性质稳定，测量过程中应保持吸光度基本不变，否则将影响吸光度测定的准确度和再现性。

（4）如果显色剂有色，则要求有色化合物与显色剂之间的颜色差别较大，以减小试剂空白值，提高测定的准确度。

（5）显色条件要易于控制，以保证其有较好的再现性。

常用的显色剂可分为无机显色剂和有机显色剂两大类。

2. 入射光波长的选择

当用可见分光光度计测定被测溶液的吸光度时，首先需要选择合适的入射光波长。选择

入射光波长的依据是该被测物质的吸收曲线。一般情况下，应选用最大吸收波长作为入射光波长，因为以 λ_{max} 为入射光波长时测定的灵敏度最高。但是，如果最大吸收峰附近有干扰存在（如共存离子或所使用试剂有吸收），则在保证一定灵敏度的情况下，可以选择吸收曲线中其他波长进行测定，以消除干扰。

3. 参比溶液的选择

在可见分光光度分析中测定吸光度时，要考虑入射光的反射以及溶剂、试剂等对光的吸收会造成透射光强度的减弱。为了使入射光强度的减弱仅与溶液中待测物质的浓度有关，需要选择合适组分的溶液作为参比溶液，先以它来调节透射比 100% （$A=0$），然后再测定待测溶液的吸光度。这样就可以消除显色溶液中其他有色物质的干扰，抵消吸收池和试剂对入射光的吸收，能比较真实地反映被测物质对光的吸收，因而也就能比较真实地反映被测物质的浓度。

（1）溶剂参比　当试样溶液的组成比较简单，共存的其他组分及外加试剂对测定波长的光几乎没有吸收时，可采用溶剂作为参比溶液，这样可以消除溶剂、吸收池等因素的影响。

（2）试剂参比　如果显色剂或其他外加试剂在测定波长时有吸收，但试样溶液的其他共存组分对测定波长的光几乎没有吸收，此时应采用试剂作为参比溶液，即空白溶液为参比溶液。这种参比溶液可消除外加试剂中的组分产生的影响。

（3）试液参比　如果试样中其他共存组分有吸收，但不与显色剂反应，且外加试剂在测定波长无吸收时，可用试样溶液作为参比溶液。这种参比溶液可以消除试样中其他共存组分的影响。

（4）褪色参比　如果外加试剂及试样中其他共存组分有吸收，这时可以在显色液中加入某种褪色剂，选择性地与被测离子配位（或改变其价态），生成稳定无色的配合物，使已显色的产物褪色，用此溶液作为参比溶液，称为褪色参比溶液。

总之，选择参比溶液时，应尽可能全部考虑各种共存有色物质的干扰，使试液的吸光度真正反映被测物质的浓度。

4. 吸光度测量范围的选择

任何类型的可见分光光度计都有一定的测量误差，对于 721 型分光光度计来说，为了减小读数误差，应控制待测溶液的浓度和选择吸收池的厚度，使测定的吸光度在 0.2 ~ 0.8 为宜。

模块二　电位分析法测溶液酸度

一、基本原理

1. 概述

电化学分析法是一种利用物质的电化学性质（电位、电流、电导、电量）来测定物质的含量的分析方法。

电化学分析法是用测定的对象构成一个化学电池的组成部分，通过测量该电池的某些物理量，来求出被测组分的含量。

（1）分类

1）通过试液所组成化学电池产生的物理量，如电位、电流、电量与被测组分浓度之间的关系进行定量。

2）根据试液所组成的化学电池，在滴定终点时电流或电位发生的突跃来指示终点。

3）将试液电解，使被测组分在电极上析出固体物质。

本节只讨论电位分析法中的直接电位法（由测得的电位值来确定被测离子的浓度）。

（2）化学电池　简单的化学电池由两组金属-溶液体系组成。这种金属-溶液体系称为电极。两电极的金属部分与外电路连接，它们的溶液部分必须相互连通。

化学电池是化学能与电能相互转换的装置。

化学电池：
- 原电池：能自发地将化学能转化为电能的装置。
- 电解电池：需要从外部电源提供电能迫使电流通过，使电池内部电极发生化学反应的装置。

阴极：发生还原反应的电极。(得到电子)

阳极：发生氧化反应的电极。(失去电子)

如电池表示为

$$(-)Zn \mid ZnSO_4(a_1) \parallel CuSO_4(a_2) \mid Cu(+)$$

则总电池反应为　$Zn + Cu^{2+} \rightleftharpoons Cu + Zn^{2+}$

电子流动方向：由 Zn 电极→Cu 电极［Zn 电极电位较低（－）］

电流方向：由 Cu 电极→Zn 电极［Cu 电极电位较高（+）］

电池电动势 $E = \phi_{阴极电极电位} - \phi_{阳极电极电位}$

当 $E>0$ 时，电池反应能自发进行，形成一个原电池。

2. 电位电极与溶液浓度的关系

对一个氧化还原体系

$$Ox + ne^- = Red$$

由能斯特方程式，可知

$$\varphi_{Ox/Red} = \varphi^{\theta}_{Ox/Red} + \frac{RT}{nF}\ln\frac{a_{Ox}}{a_{Red}}$$

对于金属离子，还原态是固体金属，在25℃时，则有

$$\varphi_{Ox/red} = \varphi^{\theta}_{Ox/Red} + \frac{0.059}{n}\lg\frac{a_{Ox}}{a_{Red}}$$

这是电位分析法的理论依据。

活度与浓度的关系为 $a=\lambda c$，严格地说电位电极应该用活度来计算，但对于稀溶液、难溶电解质溶液或作近似计算时 $\lambda \to 1$，离子活度与浓度几乎相等。所以在一般的计算中用浓度代替活度进行计算，不会引起大的误差。

$$\varphi_{Ox/Red} = \varphi^{\theta}_{Ox/Red} + \frac{0.059}{n}\lg\frac{c_{Ox}}{c_{Red}}$$

二、指示电极与参比电极

1. 指示电极

电位随待测离子浓度的变化而变化，能指示待测离子的浓度。

(1) 金属电极　把金属浸在含有该金属离子的溶液中：

$$M^{n+} + ne^- = M$$

$$\varphi = \varphi^\theta + \frac{0.059}{n}\lg c_{M^{n+}}$$

如 Ag、Zn、Hg、Cu、Cd、Pb 等，其电极电位随离子浓度的增加而升高。

(2) 金属-金属难溶盐电极　由金属表面覆盖一层难溶盐构成，它能间接地反映与该金属生成难溶盐的阴离子的活度，所以又称为阴离子电极。

如：Ag · AgCl 电极

$$AgCl + e^- = Ag + Cl^-$$

$$\varphi = \varphi^\theta_{AgCl/Ag} - 0.059\lg a_{Cl^-}$$

(3) 惰性金属电极（铂电极和赤金电极）　惰性金属不参加电化学反应，仅起贮存和传导电子的作用，但能反映在氧化还原反应中 a_{Ox}/a_{Red} 比值的变化。

$$Fe^{3+} + e^- = Fe^{2+}$$

$$\varphi = \varphi^\theta + 0.059\lg\frac{c_{Fe^{3+}}}{c_{Fe^{2+}}}$$

(4) 膜电极（离子选择电极）　这类电极是以固态或液态膜为传感器，它能指示溶液中某种离子的活度，膜电位与离子活度的关系符合能斯特方程式。但膜电位产生的机理不同于上述各类电极，电极上没有电子的转移，电位的产生是离子的交换和扩散的结果。这类电极对离子有选择性响应，所以又称为离子选择电极。

2. 参比电极

不受待测离子浓度的影响，电极电位具有较恒定的数值。

参比电极是测量电池电动势的基准，要求它的电极电位恒定，即使测量时有微量电流通过电极，电极电位仍能保持不变。参比电极对温度或浓度的改变无滞后现象，电极电位重现性好，而且装置简便，容易制备，使用寿命长；电极上无电子转移。

电位分析法中最常用的参比电极是甘汞电极和银-氯化银电极,尤其是饱和甘汞电极(SCE)。

(1) 甘汞电极

想一想

常用的参比电极都有哪些？

甘汞电极由纯汞、Hg_2Cl_2-Hg 混合物和 KCl 溶液组成。

甘汞电极的半电池为：Hg，Hg_2Cl_2（固）| KCl(液)

电极反应为

$$Hg_2Cl_2 + 2e^- = 2Hg + 2Cl^-$$

25℃时，电极电位为

$$\varphi_{Hg_2Cl_2/Hg} = \varphi^\theta_{Hg_2Cl_2} - \frac{0.059}{2}\lg a^2_{Cl^-} = \varphi^\theta_{Hg_2Cl_2} - 0.059\lg a_{Cl^-}$$

可见,在一定温度下,甘汞电极的电位取决于内充 KCl 溶液的活度,当 Cl^- 的活度一定时,其电极电位也是一定的。25℃时,不同浓度的 KCl 溶液制得的甘汞电极的电极电位见表 5-2。

表 5-2 25℃时甘汞电极的电极电位

名 称	KCl 溶液的浓度/$mol \cdot L^{-1}$	电极电位/V
饱和甘汞电极（SCE）	饱和溶液	0.2438
标准甘汞电极（NCE）	1.0	0.2828
$0.1mol \cdot L^{-1}$甘汞电极	0.10	0.3365

由于 KCl 的溶解度随温度而变化，且电极电位与温度有关。因此，只要内充 KCl 溶液的浓度、温度一定，其电极电位就保持恒定。

电位分析法最常用的甘汞电极的 KCl 溶液为饱和溶液，因此称为饱和甘汞电极（SCE）。

（2）银-氯化银电极

将表面镀有 AgCl 的金属银丝，浸入一定浓度的 KCl 溶液中，即构成银-氯化银电极。

银-氯化银电极的半电池为 Ag，AgCl（固）| KCl(液)

电极反应为

$$AgCl + e^- \rightleftharpoons Ag + Cl^-$$

25℃时，电极电位为

$$\varphi_{AgCl/Ag} = \varphi^{\theta}_{AgCl/Ag} - 0.059\lg a_{Cl^-}$$

可见，在一定温度下银-氯化银电极的电极电位同样也取决于内充 KCl 溶液中 Cl^- 的活度。25℃时，不同浓度 KCl 溶液的银-氯化银电极的电极电位见表 5-3。

表 5-3 25℃时银-氯化银电极的电极电位

名 称	KCl 溶液的浓度/$mol \cdot L^{-1}$	电极电位/V
饱和银-氯化银电极	饱和溶液	0.2000
标准银-氯化银电极	1.0	0.2223
$0.1mol \cdot L^{-1}$银-氯化银电极	0.10	0.2880

把指示电极与参比电极共同浸入试液构成一个原电池，通过测量电池的电动势，可求出待测离子的浓度。

三、直接电位法测溶液的 pH

指示电极：pH 玻璃电极

参比电极：饱和甘汞电极

（－）pH 玻璃电极 | 待测试液或标准缓冲溶液 | 饱和甘汞电极（＋）

1. pH 定义

$pH = -\lg a_{H^+}$，所以测出的应为 H^+ 的活度。

在准确度要求不高时，$[H^+] \approx a_{H^+}$，

所以

$$\varphi = \varphi^{\theta} + 0.059\lg a_{H^+} - 0.059\lg a_{Cl^-}$$

在一定温度下，氢电极电位与 pH 成直线关系。

定量依据：

$$1pH \approx 59mV$$

$\varphi_{氢电极}$与 pH 呈直线关系。

2. 溶液 pH 的测定

（1）测定原理　电位法测溶液的 pH 是以 pH 玻璃电极作为电极，饱和甘汞电极作为参比电极，浸入到试液中组成工作电池。

此工作电池可用下式表示

$$Ag,AgCl \mid HCl \mid 玻璃膜 \mid 试液 \parallel KCl(饱和) \mid Hg_2Cl_2,Hg$$

你所知道测定 pH 的方法有哪些？

当试液与饱和 KCl 溶液之间的液接电位 $\varphi_{液接}$ 忽略不计时，工作电池的电动势等于各相界电位的代数和。

$$E_{电池} = \varphi_{甘汞} - \varphi_{膜}$$

$$\varphi_{膜} = K' - 0.059pH_{试}$$

$$E_{电池} = K + 0.059pH_{试}$$

电池电动势与溶液 pH 有线性关系。

（2）测定方法

前面已推导得：$E_{电池} = K + 0.059pH_{试}$。从理论上说，只要测得电池电动势，就可算出试液的 pH。但是如何求得常数 K，它是 $\varphi_{甘汞}$、$\varphi_{液接}$ 等电位的代数和，是一个不固定的常数，需要用标准 pH 的溶液来标定。国际上普遍采用已知 pH 的溶液比较测定试液的 pH。

【例 5.4】 用 pH 玻璃电极测定溶液的 pH，测得 pH = 9.18 的标准缓冲溶液的电池电动势，$E_S = 32mV$，测得试液的电池电动势 $E_x = 26mV$，计算试液的 pH。

$$E_S = K + 0.059pH_S$$

$$E_x = K + 0.059pH_x$$

两式相减得 $$pH_x = pH_S + \frac{E_x - E_S}{0.059} = 9.18 + \frac{0.026 - 0.032}{0.059} = 9.08$$

从上可知，测定溶液的 pH，需要分析工作者自己配制标准缓冲溶液。pH = 1.5 ~ 12.5 的标准缓冲溶液的部分数据见表 5-4。

配制时，邻苯二甲酸盐、磷酸盐、碳酸钠分别需在 10℃、110 ~ 130℃、270℃ 的温度下烘干 2h；其他不需烘烤，也不能置于过高的温度中。

表 5-4 pH 标准缓冲溶液在通常温度下的 pH

试剂	浓度	pH					
	$c/(mol \cdot kg^{-1})$	10℃	15℃	20℃	25℃	30℃	35℃
四草酸氢钾	0.05	1.67	1.67	1.68	1.68	1.68	1.69
酒石酸氢钾	饱和	—	—	—	3.56	3.55	3.55
邻苯二甲酸氢钾	0.05	4.00	4.00	4.00	4.00	4.01	4.02
混合磷酸盐	0.025	6.92	6.90	6.88	6.86	6.85	6.84
四硼酸钠	0.01	9.33	9.28	9.23	9.18	9.14	9.11
氢氧化钙	饱和	13.01	12.82	12.64	12.64	12.29	12.13

注：表中数据引用国家标准 JB/T 8276—1999。

标准缓冲溶液需要用高纯度的试剂和新制的蒸馏水或去离子水配制。pH 大于 6 的溶液宜保存在塑料瓶中。标准缓冲溶液一般可保存 2～3 个月，但如果发现有混浊、发霉、沉淀等现象时，需要重新配制。

3. pH 玻璃电极的特性

1）不对称电位。当玻璃电极的玻璃膜内外表面有差异时（生产时玻璃内外两面不一致、玻璃电极的外膜接触外界容易造成损伤）产生不对称电位，其大小与玻璃的组成、膜的厚度、吹制的工艺条件、使用时间的长短等因素有关。

玻璃电极在使用前，应在蒸馏水中浸泡 24h 以上，使其形成水合胶层，减小不对称电位。

2）221 型 pH 玻璃电极的使用范围是 pH =1～10 的溶液；231 型 pH 玻璃电极（锂玻璃电极）的使用范围是 pH = 1～13 的溶液。若测定的酸度过高（pH<1）时，测定的结果会偏高，这种误差称为酸差；若测定的碱度过高（pH>10 或 pH>13）时，测定的结果会比实际值偏低，这种误差称为碱差或钠差。

3）pH 玻璃电极的球体很薄，使用时要注意保护；pH 玻璃电极的球体不能用浓硫酸、浓酒精洗涤，也不能浸入含氟浓度较高的溶液中。

4）pH 玻璃电极长期使用，功能会逐渐退化，称为“老化”，当电极系数低于 25mV/pH（理论上在 25℃时，1pH = 59mV）时，电极不宜使用。

模块三　X 射线荧光分析

一、概述

X 射线又名伦琴射线，是一种波长短、能量高的电磁波，在遇到晶体时会发生衍射。由于电子技术、超高真空技术及计算机技术的发展，X 射线在现有分析仪器中得到了广泛的应用，除 X 射线荧光分析、X 射线衍射分析外，还有电子探针、光电子能谱等多种仪器。

目前，X 射线荧光分析已广泛用于冶金、矿石、玻璃、陶瓷、油漆、石油、塑料等材料的元素分析，适用于固体、粉末和液体样品。

X 射线荧光分析具有以下特点：

1）分析元素范围广，除少数轻元素外，周期表中几乎所有元素都能使用 X 射线荧光分析。目前已扩展到 F、C、O 等轻元素。

2）荧光 X 射线其谱线简单、干扰少，对于化学性质相似的的元素，如稀土、锆、铪、铂系不需经过复杂分离就可进行分析。

3）分析的含量范围较宽，从常量到痕量都可分析。目前主要用于常量分析。

4）分析迅速、准确，且为无损分析，不破坏样品。

5）自动化程度高。带计算机 X 射线荧光仪能自动显示、打印分析结果，且能电传至各个需要分析结果的车间。

6）仪器构造较复杂，价格较贵，使用受到一定限制。

二、基本原理

1. 特征 X 射线

在 X 射线管内，电子由炽热的灯丝发射出来，被高压电场加速，高速运动的电子就投射到由铜或钼等金属制成的靶极上，损失其能量。电子损失的能量绝大部分转变成热能，小部分转变为波长在1Å（0.1nm）左右连续变化的电磁波，即连续X射线。当电子的能量大到某一数值时，不仅可以得到连续X射线，而且可以得到强度很高的单色X射线，即特征X射线。

特征X射线的产生是由X射线管内靶电极本身的原子结构所决定的。具有高能量的电子与原子相碰撞时，将原子内层电子击出而形成空穴，使原子处于激发状态，这时外层电子随即落入内层空穴，并放出X射线，其能量与两个电子的能量差相当。

K层电子被逐出后，其空穴可以被外层中任一层电子所填充，从而可产生一系列的K谱线。电子由L层跃迁至K层的叫K_α射线，由M层跃迁至K层的叫K_β射线……L特征谱线也是以相同的方式产生的，即L层中的一个电子被撞走之后，留下的空穴由L层外面的任一层电子所填充，从而产生L系辐射。图5-5所示为产生K系和L系辐射示意图。特征X射线的强度取决于X射线管的管电压和管电流。

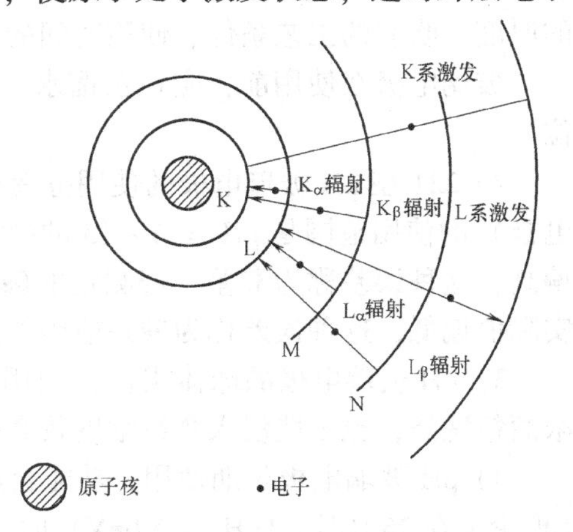

图5-5 产生K系和L系辐射示意图

2. 荧光X射线的产生

如果以X射线作为激发手段来照射样品，样品立即发射次级X射线，这种射线叫做荧光X射线。这是模仿紫外线照射某些物质产生分子荧光而命名。

荧光X射线产生的机理与特征X射线相同，只是荧光X射线是以X射线作为激发手段，因此荧光X射线本质上就是特征X射线，如图5-6所示。

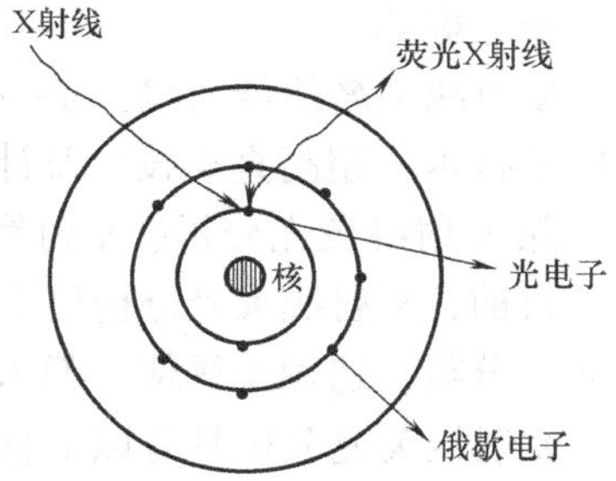

当X射线的能量使K层电子激发生成光电子后，L层电子落入K层空穴，此时就有能量$\Delta E = E_K - E_L$释放出来，如果这种能量是以辐射的形式释放，产生的就是K_α射线，即荧光X射线。莫斯莱发现，荧光X射线与元素的原子序数有关，随着元素的原子序数增加，荧光X射线的波长变短。莫斯莱定律为

X射线
荧光X射线
核
光电子
俄歇电子

图5-6 荧光X射线产生过程示意图

$$\lambda = K(Z-S)^{-2}$$

式中 λ——波长；

K，S——常数；

Z——原子序数。

因此，只要测出荧光X射线的波长，就可以知道元素的种类。从谱线的强度可以了解该元素的含量，这就是X射线荧光分析。

在产生荧光X射线的同时，还有俄歇电子发射。当L层向K层跃迁时所释放的能量ΔE也可能使另一核外电子激发而跃出原子，成为自由电子，该电子就称为俄歇电子，如图5-6所示。俄歇电子也具有特征能量，其能量近似地等于发生跃迁的各电子能量之差。图5-6中俄歇电子的能量为$\Delta E = E_K - E_L$。各元素的俄歇电子的能量都有固定值，利用俄歇电子的不

同能量进行分析的仪器称为俄歇电子能谱仪。

三、X 射线荧光光谱仪

用 X 射线照射试样时，试样激发出各种波长的荧光 X 射线，得到一种混合 X 射线，必须将它们按光子能量（或波长）分开，分别测量不同光子能量（或波长）的 X 射线强度，以进行定性和定量分析。这就是 X 射线荧光光谱仪的任务。

根据分光原理，可将 X 射线荧光光谱仪分成两种基本类型：能量色散型和波长色散型，如图 5-7 所示。

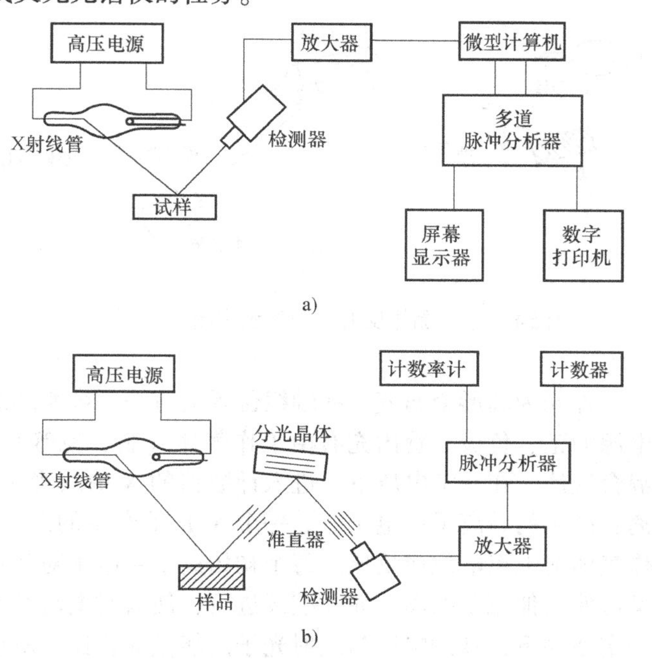

图 5-7　X 射线荧光光谱仪示意图

波长色散型 X 射线荧光光谱仪由 X 射线管、试样室、晶体分光器、探测器和计数系统组成。能量色散型谱仪则由分辨率较高的半导体探测器和多道脉冲分析器、晶体分光器和一般探测器组成。

1. X 射线管

X 射线管由一个热阴极（电子发射极）和一个阳极（或称靶）的大型真空管组成。阴极发射的电子通过靶和阴极之间的高压电场时被加速。电子流撞击阳极（靶），并使 K 层电子或 L 层电子逐出，发射出 X 射线。

高压发生器为 X 射线管提供稳定的直流或交流电源。从使用角度看，直流电源能获得更大的 X 射线强度，特别是对短波长 X 射线更为有利。高压发生器的最大输出电流为 500～100mA，但使用时电压通常不超过 60～70kV。

2. 晶体分光器

晶体分光器是利用晶体（LiF 等）的衍射现象使不同波长的 X 射线分开，以便从中选择被测元素的特征 X 射线进行测定。根据分光晶体是平面还是弯曲，可分为平行光束分光器和聚焦光束分光器两大类。

一般 X 射线荧光光谱仪多用平行光束分光器，其结构原理如图 5-8 所示。

分光晶体的 X 射线入射面磨成平面，所利用的晶体点阵面与表面平行。根据晶体的衍射原理，当一束平行的 X 射线以 θ 角投射到晶体上时，从晶体表面的反射方向可以观测到一级衍射线波长。

$$\lambda = 2d\sin\theta$$

式中　d——晶面间距。

此式说明 θ 角与波长有关。

实际上来自样品的荧光 X 射线是发散的，为了得到近似平行的 X 光束，常使用准直器，它是由一些金属片按一定间距排列组成的。金属板平面与晶体转动轴平行，X 射线只能从间隙直线通过，其他方向的 X 射线被金属板吸收。

3. X射线探测器

荧光X射线分析中常用比例计数器、闪烁计数器和半导体探测器来检测荧光X射线的强度。比例计数器的结构如图5-9所示。

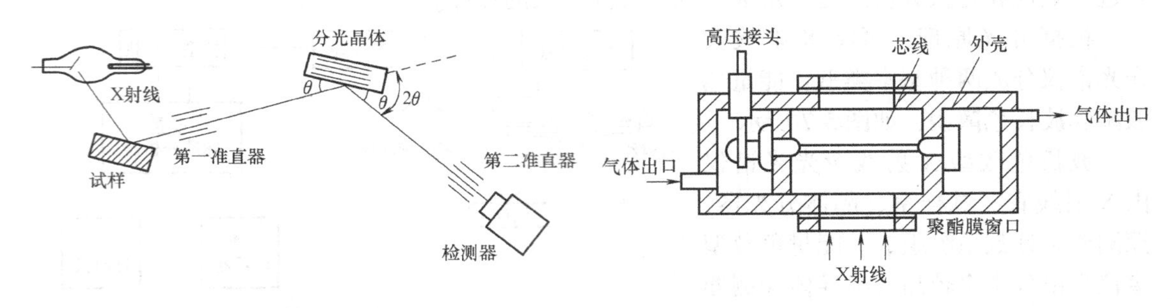

图5-8 平面晶体反射X射线示意图

图5-9 比例计数器结构

外壳为圆形金属壁，在轴线位置上有一根金属芯线，芯线与外壳绝缘，分别接高压直流电源的正、负极。管内充有由工作气体（氩、氪等）和抑制气体（甲烷、酒精等）组成的混合气体。在一定电压下，进入计数器的X射线光子与工作气体产生非弹性碰撞而使其电离，产生初始离子—电子对。一个X光子产生的离子对的数量与光子的能量成正比，与工作气体的电离电位成反比。每个初始离子—电子对的电子向阳极移动的过程中被高压加速，又可使其他原子电离，如此继续进行，使瞬时电流突然增大，高压降低而产生脉冲输出。在一定条件下，脉冲幅度与入射光子的能量成正比。所以这种计数器又名正比计数器。正比计数器可分为气体不断流动的流气型和气体被密封的密封型。后者的窗口多用云母、铍等材料以保证良好的密封性能。

闪烁计数器是由闪烁体和光电倍增管组成。闪烁体是铊激活的NaI晶体。当X光子射入闪烁体时就产生一定数量的可见光子，可见光子的数量与X光子的能量成正比。比例计数器适宜于测定波长大于2Å的X射线。闪烁计数器的能量分辨率较差。

半导体探测器是一块渗有锂的锗或硅半导体，当探测器上加300~400V的电压时并无电流通过。但是，如果有X光子射入中间层，则形成电子空穴而产生电子移动，产生电脉冲，脉冲幅度与X光子的能量成正比。它具有能量分辨率高的特点，但是它不管使用与否都要用液氮冷却保护，以消除噪声和避免探测器损坏。

4. 计数、记录单元

把检测器的脉冲信号进一步放大，然后通过脉冲高度分析器分离出欲测波长的X射线的脉冲；然后进入计数器（计数率计），统计在一定时间内的脉冲个数，计数率可以直接从电压表上读出。

5. 荧光X射线光谱图

利用X射线荧光谱仪的最终目的，是为了获得样品的荧光X射线光谱，以便进行定性定量分析。

用计数率计测量X射线的强度，并用记录器记录，在记录纸匀速移动的同时，亦匀速转动分光晶体的角度θ，这样就得到荧光X射线谱图，如图5-10所示。

横坐标常以检测器的转动角 2θ 表示，因此应注明使用何种晶体或晶面距。纵坐标表示X射线强度（I_L）和连续背景（本底）强度 I_B。

6. 能量色散谱仪

能量色散谱仪是利用半导体探测器能量分辨率高的特点，直接测定试样的荧光X射线，然后通过计算机处理就可把特征X射线分开，而不必使用分光晶体。

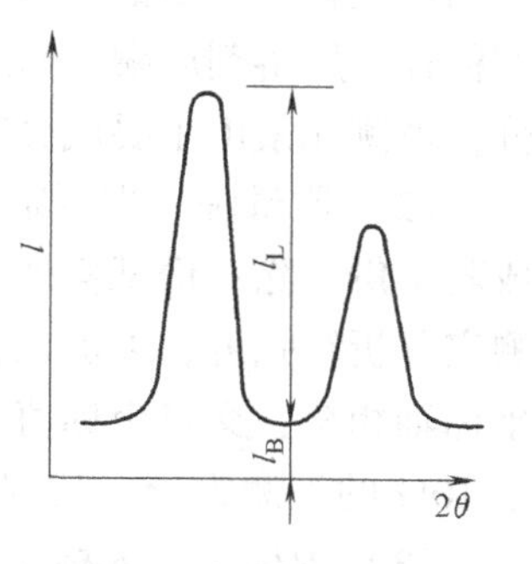

图 5-10 荧光X射线局部光谱图

来自试样的荧光X射线依次被半导体检测器检测，得到一系列幅度与光子能量成正比例的脉冲，经放大器放大后送到多道脉冲幅度分析器（一般1000道以上），按脉冲幅度的大小分别统计脉冲数。脉冲幅度可以用光子的能量标度，从而得到计数率随光子能量大小不同的分布曲线，即能谱图。这样的能谱图再经仪器内部的计算机进行校正，然后再由荧光屏显示出来。纵坐标代表X射线强度，横坐标代表光子能量。

能量色谱仪的优点是可以同时测定样品中几乎所有的元素，因此分析速度快。缺点是探测器必须在低温下保存使用。

四、定性定量方法

1. 定性分析

不同元素的荧光X射线具有各自的波长值，几乎与化合状态无关。因此可根据X射线的波长确定元素的组成。

当使用波长色散谱仪时，首先根据待测元素选择合适的分光晶体（LiF、异戊四醇、Ge、硬脂酸铅等），然后用荧光仪画出试样的荧光X射线谱图，图 5-11 所示为某合金钢试样的荧光X射线谱。

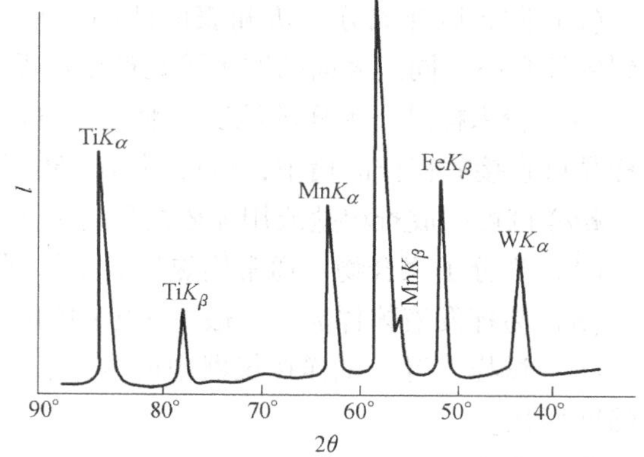

图 5-11 某合金钢试样的荧光X射线谱图

根据所用晶体的晶面距 d 和峰位 2θ，用布拉格衍射方程式 $n\lambda=2d\sin\theta$ 计算出荧光X射线的波长（式中 n 为衍射级数）。从元素——波长表中可以查出该峰所代表的元素及特征X射线的名称。在实际工作中经常备有元素——2θ 表，可以从元素直接找到其特征X射线在不同晶体时的 2θ 值，也可以由谱线峰位 2θ 值查出所属元素和谱线名称。

2. 定量分析

用一定强度的X射线照射固定面积的样品时，荧光X射线的强度与待分析元素的含量有关。但是样品中其他组分也有吸收X射线的性质，产生次生荧光X射线，对被测元素的荧光X射线强度产生影响，这种影响称为基体效应，在定量分析中应注意基体的影响问题。

（1）标准曲线法　首先制备一套标准样品，其主要成分与待测试样相同，然后在同样条件下测定标样与试样的分析线强度。用标准样品的强度与含量的对应关系作图，即得标准曲线。根据试样的分析线强度，就可以从标准曲线上查出相应的含量。谱线强度可以用绝对强度 I_i 表示，也可以用相对于某标准的相对强度 R（强度比）表示。

这种方法要求标准样品的主要成分与待测试样的成分一致。因此，只适用于测定二元组分和杂质含量。如欲测多元组分试样中的主要成分，可用稀释法，即将标样与试样按同样比例稀释，用熔剂熔融或与纯试剂混研，从而得到新的样品。在新样品中，稀释剂成为主要成分，被测元素由主要成分变成杂质成分，这样就可以用标准曲线进行分析了。

（2）增量法　当测定个别试样中次要组分的含量时可采用增量法定量。先把试样等分成若干份，除一份试样外，其余各份分别加入1～3倍的待测元素的纯标准物质，然后分别测定分析线强度，以加入含量为横坐标，分析线强度为纵坐标作工作曲线，将直线外推与横坐标轴相交，交点坐标值（负值）的绝对值即为试样中被测元素的含量。此法宜测含量小于10%的被测组分。其方法与原子吸收分析中的标准加入法相似。

（3）内标法　内标法是在分析样品中和标准样品中，分别加入一种内标元素，且加入的量相同。当内标元素的原子序数与分析元素的原子序数之差为±1时，基体效应对内标元素与分析元素的影响大致相同。利用内标元素与分析元素的同系谱线，以 I_i/I_s 为纵坐标，以分析元素的含量为横坐标作标准曲线，它能适合各种类型试样的分析。

3. 试样的制备

试样的制备对测定误差将带来很大影响，必须引起足够的重视。

（1）试样厚度　由于X射线具有穿透物质的能力，所以荧光X射线来自一定深度的试样表层。因此试样要求有足够的厚度，否则易产生测定误差。通常水溶液的厚度要在5mm以上，同时各样品溶液的深度要保持一致。

（2）防止试样成分偏析和表面凸凹不平　化学组成相同、但热处理过程不同的样品，得到的计数率不同。表面凸凹不平是产生误差的重要原因，因此，表面必须抛光。

（3）粉末样品　粉样的粒度一般要在300～400目，必要时仍需进行逐级研磨试验。粉末样品可直接放在样品槽中，也可用10～50t的压力机压成片状。要注意表面平滑且没有污染。粉样也可制成难溶盐或用硼砂熔融注入金属环中，冷却后可得到光滑表面。

（4）高分子聚合物　通常用热压成型得到表面光滑的试样。

（5）易挥发液体样品　一般置于密闭的样品槽中进行测定。

（6）试样位置　试样在仪器中的位置、高度要保持固定，0.5mm的差异就会产生明显的强度变化。

五、应用

X射线荧光分析目前广泛应用于钢铁工业、非铁冶金工业、石油工业、化学工业等工矿企业与研究单位。

例如，钢铁工业的炉前分析，利用带计算机的X射线荧光光谱仪几分钟可以测出20多种元素，满足了钢铁工业快速分析的要求。有色冶金工业在测定铜、铅、锌等金属及其杂质铁、钴、镍、铝……，X射线荧光分析也显示了分析速度快、自动化程度高等优势。石油中铁、镍、钒的测定，在石油的提炼过程中，Fe、Ni、V能使触媒中毒，因此需要测定石油中这些元素的含量。由于钒的荧光X射线较弱，可将石油挥化后，以溶液的方式转到轻金属析上进行测定，聚丙烯中铁、铝、氯的测定，由于聚丙烯工艺过程中会带入Fe、Al、Cl等元素，超过一定含量就会影响产品质量，所以要对成品中上述元素进行控制分析。把试样用热压成型为厚6mm的圆片进行测定。

模块四　最新分析仪器简介

一、全谱直读电感耦合等离子体发射光谱仪（图 5-12）

1. 技术参数

1）光谱范围 130 ~ 770nm。

2）三光栅：3600 线/mm（2 个），1800 线/mm（1 个）。

3）动态范围≥8 个数量级。

4）可在 30s 内完成 73 种元素的全谱定量测试，分析速度≥60 个样品/h。

5）最短积分时间 0.1ms，可与 HPLC/GC 联机使用。

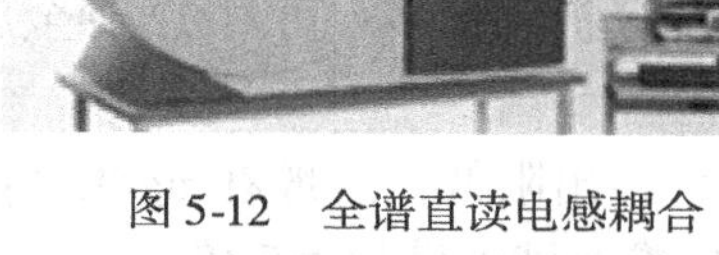

图 5-12　全谱直读电感耦合等离子体发射光谱仪

2. 主要特点

1）一维色散 + 32 个 CCD 检测器设计，检测器无需超低温冷却，无需氩气吹扫保护。

2）全波长覆盖，唯一为 130 ~ 770nm 的波长范围，唯一可以分析 10^{-6}级卤素。

3）专利密闭充氩循环光路系统，检测 190nm 以下谱线，无需气体吹扫。

4）3s 实现真正全谱数据采集，分析速度最快。

5）所有气体流量采用质量流量计计算机控制，矩管位置 3 维步进马达计算机控制，自动化程度高。

3. 功能

采用专利的密封充气紫外光学系统和 OPI 水平观测等离子光学接口完成，消除水平观测时尾焰的影响，采用全谱 CCD 技术和多视角等离子体定位等新技术，具有高灵敏度、高精度以及波长范围宽（130 ~ 770nm）等特性，在 ICP-OES 领域开拓了全新的应用，可分析包括 10^{-6}级卤素在内的 73 种金属和非金属元素。

二、火花直读光谱仪（图 5-13）

1. 技术参数

1）光栅刻线 3600 条/mm，色散率 0.37nm/mm（1 级光谱）。

2）波长范围 120 ~ 800nm。

3）光栅焦距 750mm。

4）最多可设置 96 个分析通道。

5）环境适应性强：无需防振、恒温；工作温度范围：10 ~ 40℃。

2. 主要特点

1）多光学系统配置，最多可以设置 3 个光学系统。

2）所有元素采用一级谱线，灵敏度高，光谱干扰小。

图 5-13　SPECTROLAB 火花直读光谱仪

3）最新3000型数字化光源，精度和检出限明显改善，无须辅助电极，免维护。

4）原厂校准工作曲线，用户无须标样制作曲线，随机提供德国SUS校准标样。

5）SAFT痕量元素分析技术使分析灵敏度提高一个数量级，可以分析10^{-6}级元素。

3. 功能

用于各种金属材料中各种化学元素的精确成分分析；用于原材料检验，冶炼生产过程成分控制，成品元素成分定值及其他特殊应用。最多可配置4个光学室，96个分析通道，可分析氮、氢、氧等气体元素。

三、电感耦合等离子体发射光谱仪（ICP）（图5-14）

1. 技术参数

（1）测量范围　超微量到常量的分析。

（2）重复性　相对标准偏差RSD≤1.5%。

（3）稳定性　相对标准偏差RSD≤2.0%。

（4）分析速度快　扫描速度最快达20个元素/min。

（5）分析元素多　可对72种金属元素和部分非金属元素（P、B、Si、Se、Te）定性和定量分析。

（6）检出限低　一般在ug/L（ppb）级。（1ug/mL Pb标准溶液性背比≥5倍）

（7）测量线性范围　（相关系数）≥0.9999。

2. 主要特点

HK—2000采用优良的光学系统、先进的电子控制系统，保证了定位准确、性背比高。关键部件采用进口元器件，确保仪器的精确度和灵敏度。

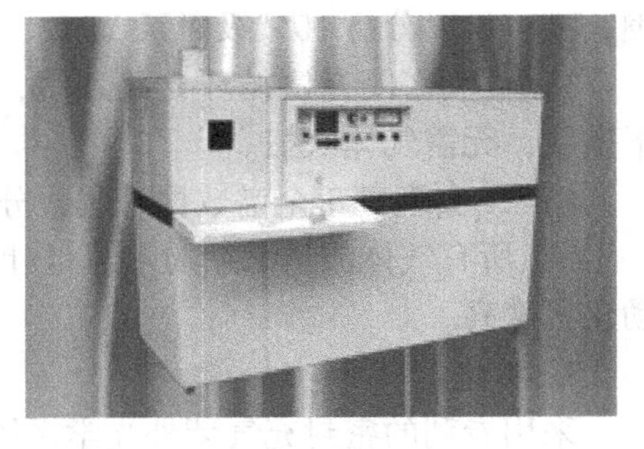

图5-14　KH—2000电感耦合等离子体发射光谱仪

3. 功能

HK—2000型等离子体单道扫描光谱仪是多元素顺序测量的分析测试仪器。该仪器由扫描分光器、射频发生器、试样引入系统、光电转换、控制系统、数据处理系统、分析操作软件组成。等离子体是在三重同心石英炬管中产生。炬管内分别以切向通入氩气，炬管上部绕有紫铜负载线圈（内通冷却水），当高频发生器产生的高频电流（工作频率为40MHz，功率1kW左右）通过线圈时，其周围产生交变磁场，使少量氩气电离产生电子和离子，在磁场作用下加速运动与其他中性原子碰撞，产生更多的电子和离子，在炬管内形成涡流，在电火花的作用下形成等离子炬（即等离子体），这种等离子体温度可达10000K。待测水溶液经喷雾器形成气溶胶进入石英炬管中心通道。原子在受到外界能量的作用下电离，但处于激发态的原子十分不稳定，从较高能级跃迁到基态时，将释放出巨大的能量，这种能量是以一定波长的电磁波的形式辐射出去。不同元素产生不同的特征光谱，这些特征光谱通过透镜射到分光器中的光栅上，计算通过控制步进电机转动光栅，传动机构将分光后的待测元素特征谱线光强准确定位于出口狭缝处，光电倍增管将该谱线光强转变为光电流，再经电路处理和V/F转换后，由计算机进行数据处理，最后由打印机打印出分析结果。

4. HK—2000型电感耦合等离子体发射光谱仪的应用

ICP光谱仪广泛应用于无机样品分析的各个领域，按照分析方法和分析条件的类似性，将应用范围分成以下几类见表5-5。

表5-5　HK—2000型电感耦合等离子体发射光谱仪的应用范围

类　别	样　品	种类及说明
钢铁及其合金分析	碳　钢 低合金钢	样品中微量杂质含量均很低，通常用硝酸（1+3）；稀王水（硝酸+盐酸+水=50+150+400）；或配合硝酸，盐酸滴加H_2O_2溶解样品测定其中的杂质
	高合金刚	不锈钢、高温合金、耐热合金、工具钢等该样品中还有含量较高的合金元素镍、铬、钼，通常用王水+H_2O_2（如果W含量高，溶解时需要专门处理）
	高纯铁	是钕铁硼等多种合金的原料，一般测Cr、Cu、Mg、Mn、Ni、Ti、Mo、V
	铸铁样品	可用硝酸和高氯酸溶解样品
	铁合金	软磁合金、硬磁合金—钕铁硼、硼铁、硅铁、铌铁、钼铁、锰铁、钒铁、钛铁、铬铁等，该样品中成分复杂，溶解方法也不同，要根据不同样品加不同的酸去溶解
非铁金属及其合金	铝及其合金	铸造铝合金、铝锭、铝镁合金、高纯铝、高纯氧化铝，测定Fe、Si、Cu、Mg、Mn、Ni、Zn、Ti、Cr、Sr、B、Al、Be、Sc
	金属锆及其合金（氧化锆）	用硝酸+氢氟酸溶解样品或盐酸+氢氟酸溶解样品，测定Al、B、Cd、Co、Cr、Cu、Fe、Hf、Mg、Mn、Mo、Nb、Sn、Ta、Ti、V、U、W杂质元素的含量
	铜及其合金	用硝酸溶解样品测定P、As、Bi、Fe、Ni、Sn、Zn杂质元素
	铅及其合金	金属铅、铅蓄电池极板、PbSb合金、PbCaAl合金、PbCaAlSn合金、铅丹（Pb_3O_4）、$PbCl_2$、$PbSO_4$）用硝酸（其他酸）溶解样品测定As、Bi、Sb、Fe、Ni、Sn、Co、Mn、Mg、Si、Cr、Cu、Ag、Al、Cd、Zn、Ca杂质元素的含量
	铌（Nb_2O_5） 钽（Ta_2O_5）	铌（Nb_2O_5）和钽（Ta_2O_5）、铌镍合金样品用硝酸+氢氟酸溶解，用于光谱测定Cu、Fe、Ca、Mg、Mn、Pb、Bi、Ni、Co、V元素
	贵金属	金、铂、铂铑、钯铑用王水溶解，用于光谱测定Cu、Fe、Mg、Mn、Pb、Ni、Zn、Ag、Ir、Au、Al、Rt、Pd、Os元素
	钨钼及其合金	高纯钨和钨合金用硝酸+氢氟酸溶解样品，测定Ca、Cd、Co、Cr、Cu、Fe、Mg、Pb、Sr、Th、Zn、Ni、Mn等；钼用硝酸或氨水溶解样品，测定Mg、Cu、Fe、Mn、Ni、Ti、Cr、Cd、Zn、Ca、Co、As、Se、Bi、Sn、Sb、Tb、W、Pb、Si、Al元素
	高纯钛	氢氟酸溶解测定Mn、Ni、Bi及其他元素
	金属钴、氧化钴、草酸钴	用硝酸或硝酸+高氯酸溶解，测定其中的Mn、Cu、Zn、Mg、Ca、Fe、Pb、Si、Al、Ni、Cr杂质
	稀土元素及其化合物	稀土元素都是富线光谱化学性质非常将近，用于分析仪器中ICP是性价比最好的选择
油（脂）	矿物油、植物油、动物油	一般用HNO_3-$HClO_4$湿消化法和干灰化法测定有害元素
地矿样品	地质样品	矿石及矿物、煤等
化　工	化学化工产品	包括化学试剂及化学品、塑料及涂料、化工产品、有机试剂、化妆品、油类、催化剂及分子筛
非金属材料	无机非金属材料	包括晶体材料、陶瓷材料、玻璃材料、半导体、氮化物及碳化物等
硅	纯硅、硅铁	用硝酸+氢氟酸溶解样品测定20多种元素
水	水质样品	包括饮用水、地表水、矿泉水、高纯水、废水、电解盐水、海水等
环保	环境样品	包括土壤、粉煤灰、大气浮尘、固体废物废渣、垃圾焚化灰、工业废水废渣
生化	动植物及生化样品	包括植物、毛发、血清、尿液、茶叶、中药、动物组织、生物化学样品
核工业	核工业产品	核燃料分析、核材料、石墨
饮食	食品及饮料	一般用湿消化法或干灰化法测定有益元素或有害元素

四、便携式光谱仪（图5-15）

1. 技术参数

1）16块CCD作为接收器，对分析基体、元素无限制。

2）光栅焦距400mm，分辨率好，精度高。

3）波长范围174～520nm，可分析C、P、S、B、Sn等元素。

4）工作温度：0～50°。

5）重量24kg。

2. 主要特点

1）采用全新设计的光学系统，密封吹氩气，使仪器免受外界环境影响。

2）ICAL标准化功能，实现了一块标准化样品完成所有程序的校准工作。

3）多种特殊形状的样品夹具可满足各种分析要求。

4）Windows 2000软件，高硬件配置，多种输出接口，并可上网传输数据。

5）采用交直流双电源，应用范围不受限制。

3. 功能

SPECTROTEST便携式光谱仪是目前市场上精度最高、操作最方便的便携式光谱仪，如果样品处理得好，实验结果与实验室分析结果非常接近，可在现场完成对多种金属材料的精确定量分析，牌号鉴别和材料分选，选配带有小光学系统的激发枪，可精确分析钢中的C、P、S、B、Sn等元素。独有的ICAL标准化功能，可用一块标样完成所有工作程序的标准化工作。APF自动基体识别软件可自动识别被测材料的基体，自动选择相应的分析程序，激发枪重量只有1kg，操作灵活方便。

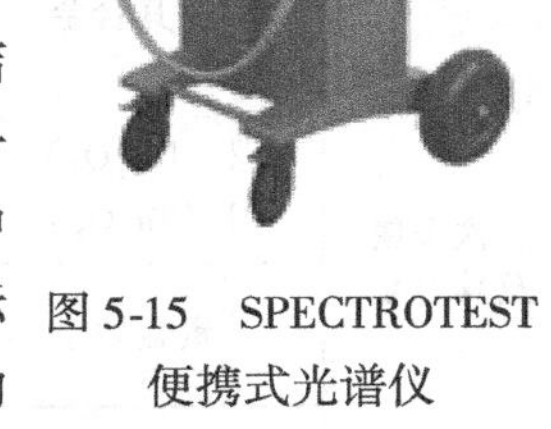

图5-15 SPECTROTEST 便携式光谱仪

五、原子吸收分光光度计（图5-16）

1. 技术参数

1）波长范围：190～900nm。

2）波长准确度：±0.25nm。

3）分辨率：优于0.3nm。

4）基线稳定性：0.004A/30min。

5）氘灯背景校正系统：校正能力1A时≥30。

图5-16 WFX-130B原子吸收分光光度计

2. 主要特点

（1）火焰原子化系统

1）燃烧器为10cm单缝全钛燃烧器。

2）雾化室为腐蚀全塑雾化室。

3）喷雾器为金属套高效玻璃喷雾器，吸液量为6～7mL/min。

（2）精确的自动化操作

1）多灯座光源自动转换，自动调节供电与优化光束位置。

2）自动波长扫描及寻峰。

3）自动切换光谱带宽。

4）自动点火。

（3）完善的安全保护

火焰原子化系统具有燃气泄露、流量异常、空气欠压、异常熄火报警与自动保护。

（4）先进的电路设计

1）采用大规模可编程逻辑阵列。

2）芯片间总线技术。

3）高可靠性欧式插座、AMP 等电气接插件。

4）方便实用的 BRAIC 操作软件。

5）适用于 Windows 2000/XP 操作系统的中文仪器操作与分析应用软件，实现仪器参数设置快捷。

6）参数自动调节优化，仪器安全自动报警与保护，测试数据自动显示，自动计算，分析结果自动打印。

3. 功能

WFX-130B 原子吸收分光光度计为 Windows 2000/XP 支持下的应用软件。所得数据可在 Excel 下进行处理。采用标签页的界面风格，使操作者更易掌握。能够显示工作曲线和瞬时信号图形并且信号图形可重叠显示，为分析者优化分析条件提供信息。根据仪器硬件配置，软件可提供多元素顺序分析。具有先进的微机控制功能，采用了 RS232 标准通信口，系统简便、可靠、故障率低；自动扫描波长，快速寻峰，并显示峰形轮廓；可自动调整参数，自动变换光谱带宽，自动切换光源，能量自动平衡；对信号实行自动采集，自动处理；噪声平滑；曲线拟和；背景校正等。完善的安全措施：火焰法方式对燃气泄露、空气欠压、异常灭火具有报警和自动安全保护功能。可扩展功能：配石墨炉系统可进行无火焰分析；配氢化物发生器可进行氢化法分析；配在线富集进样器可提高火焰分析灵敏度。

单 元 小 结

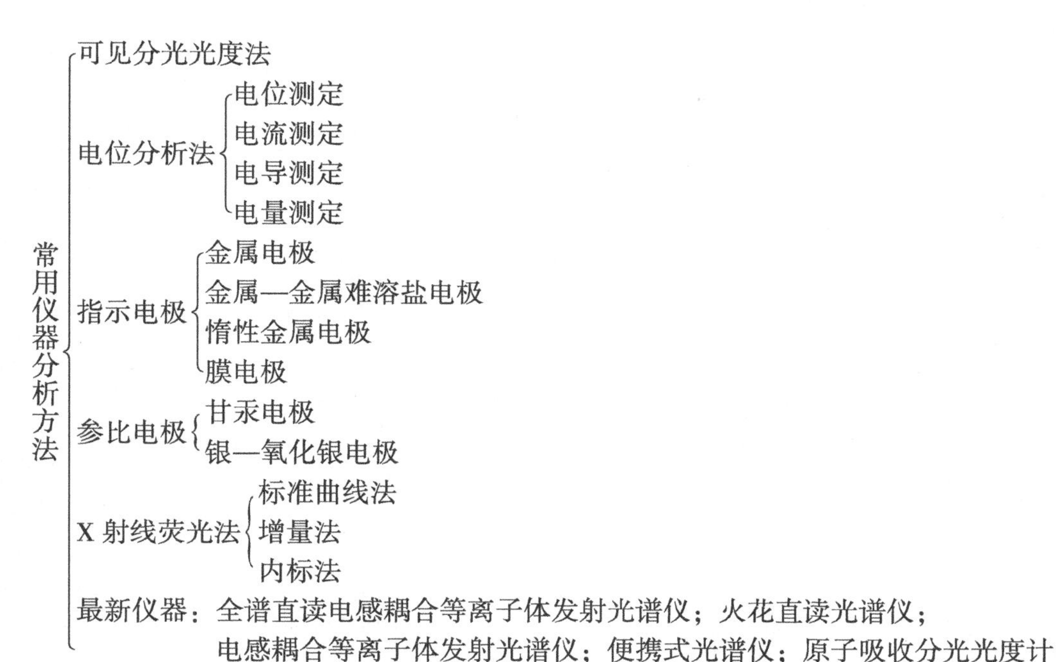

综 合 训 练

1. 什么叫指示电极？试举2～3个例子。

2. pH玻璃电极在使用前，应浸泡24h以上，为什么？

3. 用SCN^-测定试样中的铁，在波长180nm处用1cm吸收池测定1.2 mg·mL^{-1} Fe^{3+}标准溶液的吸光度为0.120；在同样的条件下测定试样溶液，吸光度为0.520，求试液中Fe^{3+}的浓度（mg·mL^{-1}）。

4. 用pH玻璃电极测定pH=6.86的磷酸盐溶液，其电池电动势为60.5mV。测定样品溶液时，电池电动势为16.5mV。计算样液的pH。

5. 10mg·mL^{-1}的铁标准溶液0.0、2.0、4.0、6.0、8.0、10.0分别装入6个50 mL容量瓶中，按一定方法显色，稀释至刻度线。用2cm吸收池，在510nm处依次测定其吸光度得A分别为0.00、0.12、0.24、0.36、0.48、0.60。量取试液5.00mL容量瓶中，以同样的方法显色，稀释至刻度线。并测得A=0.30，求样液中铁含量（mg·mL^{-1}）。

6. 溶液的颜色是物质对光选择性吸收的结果，我们是否可以认为无色溶液不吸收光？

7. 吸收光谱曲线与工作曲线各有何意义？

8. 摩尔吸光系数与什么有关？什么情况下摩尔吸光系数最大？

9. 参比溶液有什么作用？

第六单元　钢铁及其合金分析

【学习目标】　了解金属材料的分类、力学性能、物理性能、化学性能及工艺性能；掌握钢铁中的重要化学成分及钢铁材料的分类；掌握钢铁试样的采集、制备与分解方法；掌握钢铁中五元素分析及钢铁中合金元素的分析方法；掌握锰和铬及合金元素的分析方法。

模块一　金属材料的性能

一、金属材料的分类

金属是指具有良好的导电性和导热性，有一定的强度和塑性，并具有光泽的物质，如铁、铝和铜等。金属材料是由金属元素构成或以金属元素为主要材料，并具有金属特性的工程材料。它包括纯金属和合金两类。

纯金属由于强度、硬度一般都较低，而且冶炼技术复杂，价格较高，因此，在使用上受到很大的限制。目前在工农业生产、建筑、国防建设中广泛使用的是合金状态的金属材料。

合金是指两种或两种以上的金属元素或金属与非金属元素组成的金属材料。例如，普通黄铜是由铜和锌两种金属元素组成的合金，非合金钢是由铁和碳组成的合金。与组成合金材料的纯金属相比，合金除具有更好的力学性能外，还可以调整组成元素之间的比例，以获得一系列性能各不相同的合金，从而满足工农业生产、建筑及国防建设方面不同的性能要求。

金属材料，尤其是钢铁材料，在国民经济及其他方面都有重要的作用。它具有良好的物理性能、化学性能、力学性能及工艺性能等，能够适应生产和科学技术发展的需要。

金属（或金属材料）通常可分为钢铁材料和非铁金属材料两大类，如图 6-1 所示。

1. 钢铁材料

由铁及合金形成的物质，称为钢铁材料，如钢和生铁等。

2. 非铁金属材料

除钢铁以外的其他金属，都称为非铁金属，如铜、铝、镁、锌等。

除此之外，在国民经济建设中，还出现了许多新型的高性能金属材料，如粉末冶金材料、非晶态金属材料、纳米金属材料、单晶合金以及新型的金属功能材料（永磁合金、形状记忆合金、超细金属隐身材料）等。

二、金属的力学性能

金属的力学性能是指金属在力的作用下所显示的与弹性和非弹性反应相关或涉及应力-应变关系的性能，如弹性、强度、硬度、塑性、韧性等。弹性是指物体在外力作用下改变其形状和尺寸，当外力去除后物体又恢复到其原始形状和尺寸的特性。物体受外力作用后导致物体内部之间相互作用的力称为内力，而单位面积上的内力则为应力 σ（MPa）。应变 ε 是指由外力引起的物体原始尺寸或形状的相对变化（%）。

金属力学性能的高低表征金属抵抗各种损害作用的能力大小，它是评定金属材料质量的主要判据，也是金属构件设计时选材和进行强度计算的主要依据。金属的力学性能主要有：强度、刚度、塑性、硬度、韧性和疲劳强度等。

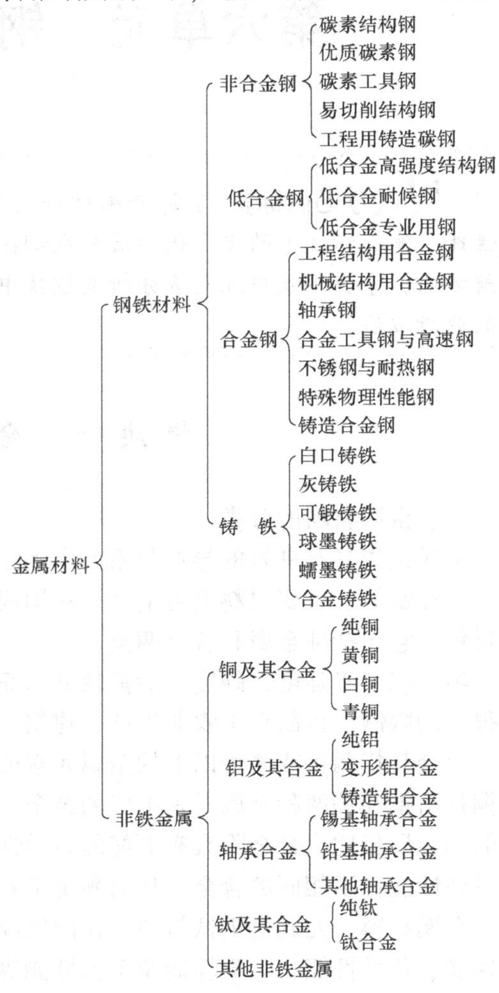

图 6-1 金属材料的分类

1. 强度与塑性

强度是指金属抵抗永久变形和断裂的能力。塑性是指金属在断裂前发生不可逆永久变形的能力。物体在力的作用下产生的形状、尺寸的改变，外力去除后，变形不能恢复到原来的形状和尺寸，这种不能恢复到原始的形状和尺寸的变形称为永久变形或塑性变形。金属材料的强度和塑性指标可以通过拉伸试验测得。

（1）拉伸试验　拉伸试验是指用静拉伸力对试样进行轴向拉伸，测量拉伸力和相应的伸长。拉伸时一般将拉伸试样拉至断裂。

1）拉伸试样。通常采用圆柱形拉伸试样，试样尺寸按国家标准有关规定进行制作。拉伸试样分为短试样和长试样两种，一般工程上采用短试样，如图 6-2 所示。其中图 6-2a 为标准试样拉断前的状态。图 6-2b 为标准试样拉断后的状态。d_0 为标准试样的原始直径，d_1 为试样断口处的直径。L_0 为标准试样的原始标距，L_1 为拉断试样对接后测出的标距长度。长试样 $L_0=10d_0$；短试样 $L_0=5d_0$。

2）试验方法。拉伸试验在拉伸试验机上进行。拉伸试验机如图 6-3 所示。将试样装在试验机上下夹头上，开动机器，在压力油的作用下，试样受到拉伸。同时，记录装置记录下拉伸过程中的力-伸长曲线。

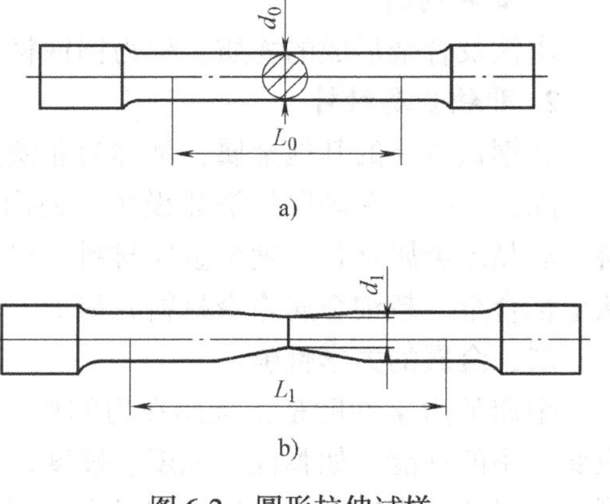

图 6-2 圆形拉伸试样
a）拉断前 b）拉断后

（2）力-伸长曲线　在进行拉伸试验时，拉伸力 F 和试样伸长量 ΔL 之间的关系曲线，称为力-伸长曲线。通常把拉伸力 F 作为纵坐标，伸长量 ΔL 作为横坐标，退火低碳钢的力-伸长曲线如图 6-4 所示。

观察拉伸试验和力-伸长曲线，会发现在拉伸试验的开始阶段，试样的伸长量 ΔL 与拉伸力 F 之间成正比例关系，在力-伸长曲线图中为一条斜直线 Oe。在该阶段，当拉伸力增加时，试

样伸长量 ΔL 也呈正比增加。当去除拉伸力后试样伸长变形消失，恢复其原来形状，其变形规律符合胡克定律，表现为弹性变形。在图中 F_e 是试样保持弹性变形的最大拉伸力。

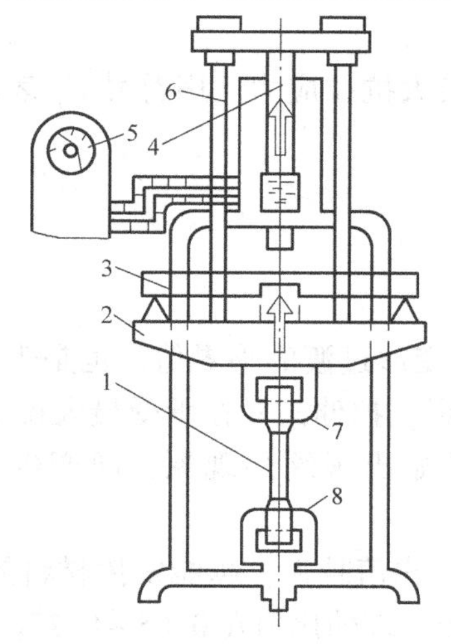

图 6-3　拉伸试验机示意图

1—试样　2—工作台　3—立柱　4—工作活塞
5—表盘　6—拉杆　7—上夹头　8—下夹头

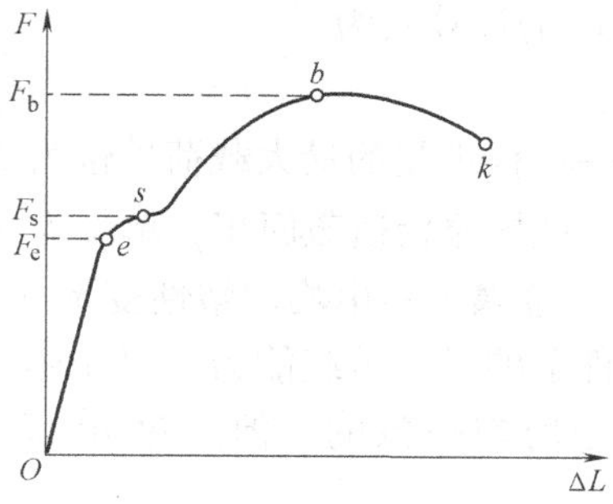

图 6-4　退火低碳钢的力-伸长曲线

当拉伸力不断增加，超过 F_e 时，试样将产生塑性变形，去除拉伸力后，变形不能完全恢复，塑性伸长将被保留下来。当拉伸力继续增加到 F_s 时，力-伸长曲线在 s 点后出现一个平台，即在拉伸力不再增加的情况下，试样也会明显伸长，这种现象称为屈服现象。拉伸力 F_s 称为屈服拉伸力。

当拉伸力超过屈服拉伸力后，试样抵抗变形的能力将会增加，此现象称为冷变形强化，即抗力增加现象。在力-伸长曲线上表现为一段上升曲线，即随着塑性的增大，试样变形抗力也逐渐增大。

当拉伸力达到 F_b 时，试样的局部截面开始收缩，产生缩颈现象。由于缩颈使试样局部截面迅速缩小，最终导致试样被拉断。缩颈现象在力-伸长曲线上表现为一段下降的曲线。F_b 是试样拉断前能承受的最大拉伸力，称为极限拉伸力。

从完整的拉伸试验和力-伸长曲线可以看出，试样从开始拉伸到断裂要经过弹性变形、屈服阶段、变形强化阶段、缩颈与断裂四个阶段。

（3）强度指标　金属材料抵抗拉伸力的强度指标有屈服点、规定残余伸长应力、抗拉强度等。

1）屈服点和规定残余伸长应力。屈服点是指试样在拉伸试验的过程中，力不增加（保持恒定），但试样仍然能继续伸长（变形）时的应力。屈服点用符号 σ_s 表示。屈服点是工程技术上重要的力学性能指标之一，也是大多数机械零件选材和设计的依据。屈服点 σ_s 的计算式为

$$\sigma_s = F_s / S_0$$

式中　F_s——试样屈服时的拉伸力，单位为 N；

　　　S_0——试样原始横截面积单位为，mm^2。

工业上使用的部分金属材料，如高碳钢、铸铁等，在进行拉伸试验时，没有明显的屈服现象，也不会产生缩颈现象，这就需要规定一个相当于屈服点的强度指标，即规定残余伸长应力。

2）抗拉强度。抗拉强度是指试样拉断前能承受的最大抗拉应力。用符号 σ_b 表示，单位为 MPa。σ_b 的计算式为

$$\sigma_b = F_b/S_0$$

式中 F_b——试样承受的最大载荷单位为 N；

S_0——试样原始横截面积，单位为 mm^2。

σ_b 是表征金属材料由均匀塑性变形向局部集中塑性变形过渡的临界值，也是表征材料在静拉伸条件下的最大承载能力。对于塑性金属材料来说，拉伸试样在承受最大拉应力 σ_b 之前，变形是均匀一致的。但超过 σ_b 后，金属材料开始出现缩颈现象，即产生集中变形。

另外，比值 σ_s/σ_b 称为屈强比，是一个重要的指标。比值越大，越能发挥材料的潜力，减少工程结构自重。但为了使用安全，也不宜过大，一般合理的比值在0.65～0.75。

3）刚度。材料在受力时，抵抗弹性变形的能力称为刚度，它表示材料弹性变形的难易程度。材料刚度的大小一般用弹性模量 E 和切变模量 G 来评价。

材料在弹性范围内，内应力 σ 与应变 ε 的关系服从胡克定律

$$\sigma = E\varepsilon \text{ 或 } \tau = G\gamma$$

式中 σ 和 τ——分别为正应力和切应力；

ε 和 γ——分别为正应变和切应变。

因 $E=\sigma/\varepsilon$ 或 $G=\tau/\gamma$，相应为弹性模量和切变模量。从图6-4可以看出，弹性模量 E 是拉伸曲线上的斜率，即拉伸曲线斜率越大，弹性模量 E 也越大，说明弹性变形越不容易进行。因此，E 和 G 是表示材料抵抗弹性变形能力和衡量材料“刚度”的指标。弹性模量越大，材料的刚度越大，即具有特定外形尺寸的零件或构件保持其原有形状与尺寸的能力越大。

在设计机械零件时，如果要求零件刚度较大时，应选用具有较高弹性模量的材料。一般来说，钢铁材料的弹性模量较大，所以，对要求刚度大的零件，通常选用钢铁材料。例如，车床主轴应有足够的刚度，如果主轴刚度不足，车刀进给量大时，车床主轴的弹性变形就会大，从而影响零件的加工精度。

对于在弹性范围内要求对能量有较大吸收能力的零件（如仪表弹簧等），可以选择软弹簧材料，如铍青铜、磷青铜等制造，使其具有较高的弹性极限 σ_e 和低的弹性模量。

常见金属材料的弹性模量和切变模量见表6-1。

表6-1 常见金属材料的弹性模量和切变模量

金属材料名称	弹性模量 E/MPa	切变模量 G/MPa
铁	214 000	84 000
镍	210 000	84 000
钛	118 010	44 670
铝	72 000	27 000
铜	132 400	49 270

（4）塑性指标　金属材料的塑性，可以用拉伸试样断裂时的最大相对变形量来表示，如拉伸后的断后伸长率和断面收缩率。它们是表征材料塑性大小的主要力学性能指标。

1）断后伸长率。拉伸试样在进行拉伸试验时，在力的作用下产生塑性变形，原始试样中的标距会不断伸长。标距的伸长与原始标距的百分比称为伸长率。试样拉断后的标距伸长与原始标距的百分比称为断后伸长率，用符号 δ 表示。δ 的计算公式为

$$\delta=(L_1-L_0)/L_0\times100\%$$

式中　L_1——拉断试样对接后测出的标距长度，单位为 mm；

L_0——试样原始标距，单位为 mm。

由于拉伸试样分为长试样和短试样，使用长试样测定的断后伸长率用符号 δ_{10} 表示，通常写成 δ；使用短试样测定的断后伸长率用符号 δ_5 表示。同一种材料的断后伸长率 δ_{10} 和 δ_5 数值是不相等的，因而不能直接对 δ_5 和 δ_{10} 进行比较。一般短试样 δ_5 值大于长试样 δ_{10}。

2）断面收缩率。断面收缩率是指试样拉断后缩颈处横截面积的最大缩减量与原始横截面积的百分比。断面收缩率用符号 ψ 表示。ψ 的计算公式为

$$\psi=(S_0-S_1)/S_0\times100\%$$

式中　S_0——试样原始横截面积，单位为 mm^2；

S_1——试样断口处的横截面积，单位为 mm^2。

金属材料塑性的大小对零件的加工和使用具有重要的实际意义。塑性好的材料不仅能顺利地进行锻压、轧制等成形工艺，而且在强作用下，如发生超载引起的塑性变形，能避免突然断裂，所以，大多数机械零件除要求较高的强度外，还须有一定的塑性。

2. 硬度

硬度是衡量金属材料软硬程度的一种性能指标，也是指金属材料抵抗局部变形，特别是塑性变形、压痕或划痕的能力。

硬度测定方法有压入法、划痕法、回弹高度法等。其中压入法的应用最为普遍。即在规定的静态试验力作用下，将一定的压头压入金属材料表面层，然后根据压痕的面积大小或深度测定其硬度值，这种评定方法称为压痕硬度。在压入法中，根据载荷、压头和表示方法的不同，常用的硬度测试方法有布氏硬度（HBW）、洛氏硬度（HRA、HRB、HRC 等）和维氏硬度（HV）。

（1）布氏硬度　布氏硬度的试验原理是用一定直径的硬质合金球，以相应的试验力压入试样表面，经规定的保持时间后，去除试验力，测量试样表面的压痕直径 d，然后根据压痕直径 d 计算其硬度值，如图 6-5 所示。布氏硬度是用球面压痕单位表面积上所承受的平均压力表示的。目前，金属布氏硬度试验方法执行标准 GB/T 231.1—2002，用符号 HBW 表示。标准规定布氏硬度试验范围上限为 650HBW。布氏硬度值的计算公式为

$$HBW=0.102\times\frac{2F}{\pi D\left(D-\sqrt{D^2-d^2}\right)}$$

式中　F——试验力，单位为 N；

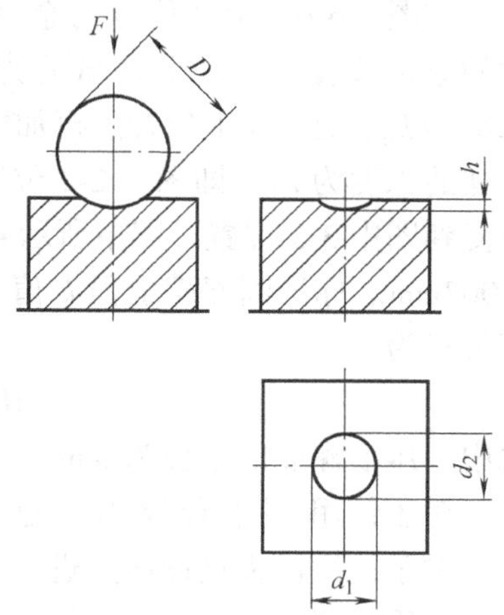

图 6-5　布氏硬度试验原理图

D——压头的直径，单位为 mm；

d——压痕直径，单位为 mm。

式中只有 d 是变量，因此，试验时只要测量出压痕直径 d（mm），即可通过计算或查布氏硬度表得出 HBW 值。布氏硬度计算值一般都不标出单位，只写明硬度的数值。

由于金属材料有硬有软，工件有厚有薄，在进行布氏硬度试验时，压头直径 D（有 10mm、5mm、2.5mm、1mm 四种）、试验力 F 和保持时间应根据被测金属的种类和厚度正确地进行选择。

在进行布氏硬度试验时，试验力的选择应保证压痕直径 d 在（0.24～0.6）D 之间，试验力 F（N）与球压头直径 D（mm）的平方的比率（$0.102F/D^2$ 的比值）应为 30、15、5、2.5、1 之中的某一个，而且应根据被检测材料及其硬度值合理选择。

布氏硬度的标注方法是，测定的硬度值应标注在硬度符号 HBW 的前面。除了保持时间为 10～15s 的试验条件，在其他条件下测得的硬度值，均应在硬度符号的后面用相应的数字注明压头直径、试验力大小和试验力保持时间。例如：

150HBW10/750 表示用直径为 5mm 的硬质合金球，在 7.355kN（750kgf）试验力的作用下，保持 30s 测得的布氏硬度值为 150。

500HBW5/750 表示用直径为 5mm 的硬质合金球，在 7.355 kN（750 kgf）试验力的作用下保持 10～15s 时，测得的布氏硬度值为 500。

布氏硬度的特点是：试验时金属材料表面压痕大，能在较大范围内反映材料的平均硬度，测得的硬度值比较准确，数据重复性好。但由于其压痕大，对金属表面的损伤较大，不宜测定太小或太薄的试样。

（2）洛氏硬度　洛氏硬度试验原理是以锥角为 120° 的金刚石圆锥体或直径为 1.588mm 的淬火钢球，压入试样表面，如图 6-6 所示，试验时，先加初试验力，然后加主试验力，压入试样表面之后，去除主试验力，在保留初试验力的情况下，根据试样残余压痕深度增量来衡量试样的硬度大小。

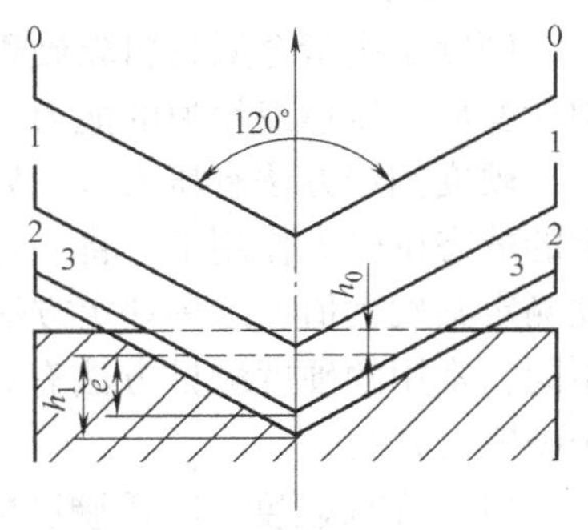

图 6-6　洛氏硬度试验原理图

在图 6-6 中，0-0 位置为金刚石压头还没有和试样接触时的原始位置。当加上初试验力 F_0 后，压头压入试样中，深度为 h_0，处于 1-1 位置。再加主试验力 F_1，使压头又压入试样的深度为 h_1，即图中 2-2 位置。然后去除主试验力，保持初试验力，压头因材料的弹性恢复到图中 3-3 位置。图中所示 e 值，称为残余压痕深度增量，对于洛氏硬度试验，单位为 0.002mm。标尺刻度满量程 k 值与 e 值之差，称为洛氏硬度值。分为 A、B、C 三个标尺。其公式为

$$\mathrm{HR} = k - e = k - \text{压痕深度}/0.002$$

式中　压痕深度的单位为 mm。

对于使用金刚石圆锥压头进行的试验，其标尺刻度量程为 100，洛氏硬度值为 $100 - e$。

对于使用淬火钢球压头进行的试验，其标尺刻度量程为 130，洛氏硬度值为 $130 - e$。

洛氏硬度的标注方法根据试验时选用的压头类型和试验力大小的不同分别采用不同的标尺进行标注。根据 GB/T 230.1—2004 的规定，硬度数值写在符号 HR 的前面，HR 后面写使

用的标尺，如50HRC表示用“C”标尺测定的洛氏硬度值为50。

洛氏硬度试验是生产中广泛应用的一种硬度试验方法。其特点是：硬度试验压痕小，对试样表面损伤小，常用来直接检验成品、半成品的硬度，尤其是经过淬火处理的零件，常采用洛氏硬度计进行测试；试验操作简便，可以直接从试验机上显示出硬度值，省去了繁琐的测量、计算查表等工作。但是，由于压痕小，硬度值的准确性不如布氏硬度，数据重复性差。因此，在测试洛氏硬度时，要选取不同位置的三个测试点测出硬度值，再计算三个测试点硬度的平均值作为被测材料的硬度值。

(3) 维氏硬度　布氏硬度试验不适合测定硬度较高的材料。洛氏硬度试验虽可用来测定各种金属材料的硬度，但由于采用了不同的压头、总试验力和标尺，其硬度值之间彼此没有联系，也不能直接互相换算。因此，为了从软到硬对各种金属材料进行连续性的硬度标定，人们制定了维氏硬度试验法。

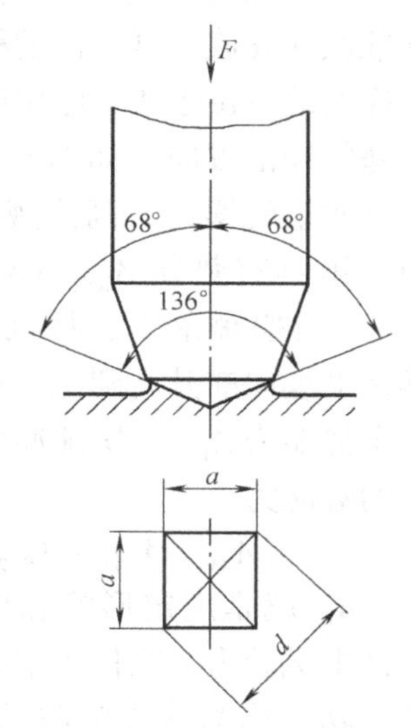

图6-7　维氏硬度试验原理图

维氏硬度的测定原理与布氏硬度基本相似。如图6-7所示，将相对面夹角为136°的正四棱锥体金刚石作为压头，试验时，在规定的试验力F（49.03～980.7N）的作用下，压入试样表面，经规定保持时间后，去除试验力，则试样表面上压出一个四方锥形的压痕，测量压痕两对角线d的平均长度，可计算出其硬度值。维氏硬度是用正四棱锥形压痕单位表面积上承受的平均压力表示的硬度值，用符号HV表示，其计算式为

$$HV=0.1891F/d^2$$

式中　F——试验力，单位为N；

d——压痕两条对角线长度的算术平均值，单位为mm。

试验时，用测微计测出压痕的对角线长度，算出两对角线长度的平均值后，查GB/T 4340.1—1999附表就可得出维氏硬度值。

维氏硬度的测量范围为5～1000HV。标注方法与布氏硬度相同。硬度数值写在符号的前面，试验条件写在符号的后面。对于钢和铸铁，若试验力保持时间为10～15s时，可以不标出。例如：

640HV30表示用294.2N（30kgf）的试验力，保持10～20s测定的维氏硬度值为640。

维氏硬度适用范围广，从很软的材料到很硬的材料都可以测量，尤其适用于零件表面层硬度的测量，如化学热处理的渗层硬度测量，其测量结果精确可靠。但测取维氏硬度值时，需要测量对角线长度，然后查表或计算，而且进行维氏硬度测试时，对试样表面的质量要求高，测量效率较低，因此，维氏硬度没有洛氏硬度使用方便。

(4) 硬度试验的应用　硬度试验和拉伸试验都是在静载荷下测定材料力学性能的方法。由于硬度试验基本上不损伤试样，试验简便迅速，不需要制作专门试样，而且可直接在工件上进行测试，因此，在生产中被广泛地应用。而拉伸试验虽然能准确地测出材料的强度和塑性，但它属于破坏性试验，因而在生产中不如硬度试验应用广泛。同时，硬度是一项综合力学性能指标，从金属表面的局部压痕也可以反映出材料的硬度和塑性。因此，在零件图上常常标注各种硬度指标，作为技术要求。同时，硬度值的高低，对于机械零件的耐磨性也有直接影响，钢的硬度值越高，其耐磨性亦越高。

3. 韧性

强度、塑性、硬度等力学性能指标是在静载荷作用下测定的。但是有些零件在工作过程中受到的是动载荷，如锻锤的锤杆、压力机的冲头等，这些零件除要求具备足够的强度、塑性、硬度外，还应有足够的韧性。韧性是金属材料在断裂前吸收变形能量的能力。对于动载荷，特别是冲击吸收功，为了测定金属材料的冲击吸收功，通常采用夏比冲击试验方法。

（1）夏比冲击试验

1）试验原理。夏比冲击试验是在摆锤式冲击试验机上进行的。试验时，将带有缺口的标准试样安放在试验机的机架上，使试样的缺口位于两支座中间，并背向摆锤的冲击方向，如图6-8所示。将一定质量的摆锤升高到规定高度 h_1，则摆锤具有势能 A_{KV1}（V形缺口试样）。当摆锤落下，将试样冲断后，摆锤继续向前升高到 h_2，此时摆锤的剩余势能为 A_{KV2}。摆锤冲断试样所失去的势能为

$$A_{KV}=A_{KV1}-A_{KV2}$$

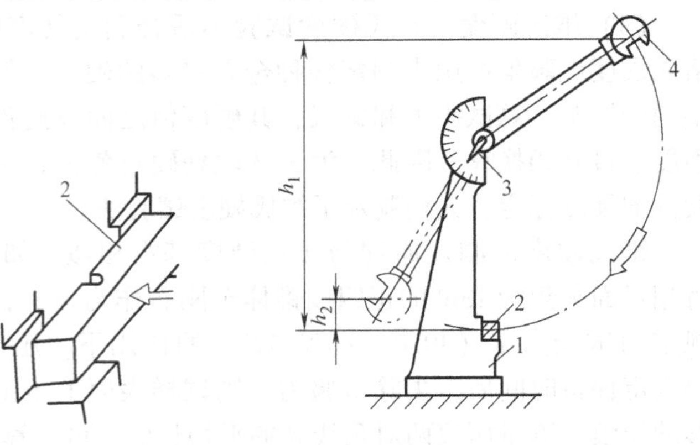

图6-8　夏比冲击试验原理图

1—固定支座　2—带缺口的试样

3—指针　4—摆锤

A_{KV} 就是规定形状和尺寸的试样在冲击试验力一次作用下折断时所吸收的功，称为冲击吸收功。A_{KV} 可以从试验机的刻度盘上直接读出，它是表征金属材料冲击韧度的主要依据。显然，冲击吸收功 A_{KV} 愈大，表示材料抵抗冲击试验力而不被破坏的能力愈强。如果用冲击试样的断口处的横截面积 S 去除 A_{KV}，即得到冲击韧度，用 a_{KV} 表示，单位是 J/cm^2。

冲击吸收功是评定金属材料力学性能的重要依据。同时，冲击吸收功（或冲击韧度）对组织缺陷非常敏感，它可以灵敏地反映材料的质量、宏观缺口和显微组织的差异，能有效地检验金属材料在冶炼、加工、热处理工艺等方面的质量。此外，冲击吸收功对温度非常敏感，通过一系列温度下的冲击试验可测出材料的脆化趋势和韧脆转变温度。

2）冲击试样。为了使试验结果不受其他因素影响，冲击试样要根据国家标准制作，如图6-9所示。带V形制品的试样，称为夏比V形缺口试样；带U形缺口的试样，称为夏比U形缺口试样。使用U形缺口试样进行冲击试验时，相应的冲击吸收功用符号 A_{KU} 表示。

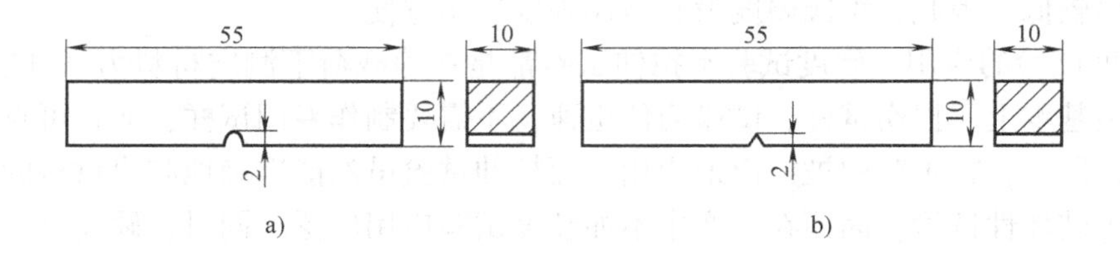

图6-9　冲击试样

a）U形缺口　b）V形缺口

在试样上开缺口的目的是：在缺口附近造成应力集中，使塑性变形局限在缺口附近，并保证在缺口处发生破断，以便正确测定材料承受冲击载荷的能力。同一种材料的试样缺口越深、越尖锐，冲击吸收功越小，材料表现脆性越显著。V 形缺口试样比 U 形缺口试样更容易冲断，因而其冲击吸收功也较小。因此，不同类型的冲击试样，测定出的冲击吸收功不能直接进行比较。

3）冲击吸收功-温度关系曲线。冲击吸收功与试验温度有关。有些材料在室温时并不显示脆性，而在较低温度下，则可能发生脆断。冲击吸收功与温度之间的关系曲线如图 6-10 所示。对于具有低温脆性的材料，曲线上具有上平台区、过渡区和下平台区三部分。

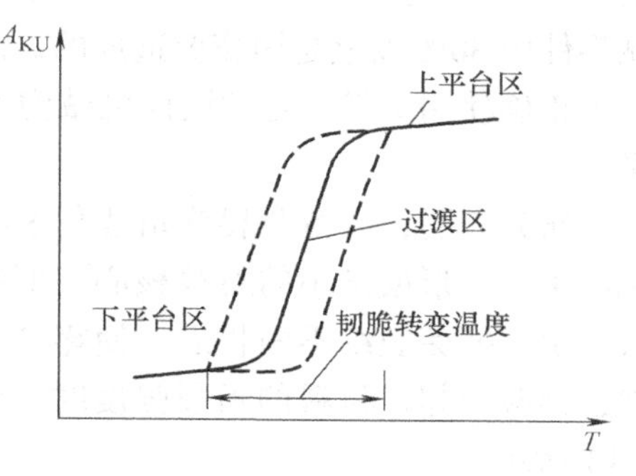

图 6-10　冲击吸收功与温度之间的关系曲线

在进行不同温度的一系列冲击试验时，冲击吸收功总的变化趋势是随温度降低而降低。当温度降至某一数值时，冲击吸收功急剧下降，钢材由韧性断裂变为脆性断裂，这种现象称为冷脆转变。金属在一系列不同温度的冲击试验中，冲击吸收功急剧变化或断口韧性急剧转变的温度区域，称为韧脆转变温度。韧脆转变温度是衡量金属材料冷脆倾向的指标。材料的韧脆转变温度越低，说明材料的低温抗冲击性越好。非合金钢的韧脆转变温度约为 -20℃，因此，在较寒冷（低于 -20℃）地区使用的非合金钢构件，如车辆、桥梁、输运管道等在冬天易发生脆断现象。在选择金属材料时，应考虑其服役条件的最低温度必须高于材料的韧脆转变温度。

（2）多次冲击试验　在实际服役过程中，材料经过一次冲击断裂的情况极少。许多材料或零件的服役条件是经受小能量多次冲击。由于在一次冲击条件下测得的冲击吸收功值不能完全反映这些零件或材料的性能指标，因此，提出了小能量多次冲击试验。

材料在多次冲击下的破坏过程，由裂纹产生、裂纹扩张和瞬时断裂三个阶段组成。其破坏是每次冲击损伤积累发展的结果，不同于一次冲击的破坏过程。

多次冲击弯曲试验如图 6-11 所示。试验时将试样放在试验机支座上，使试样受到试验机锤头的小能量多次冲击，测定被测材料在一定冲击能量下，开始出现裂纹和最后破裂的冲击次数，作为多次冲击抗力指标。

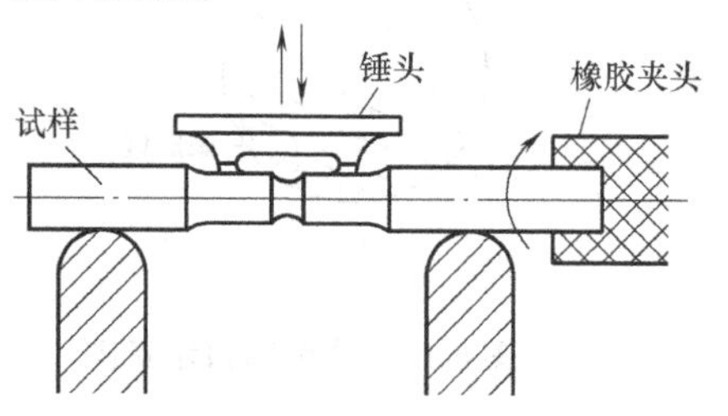

图 6-11　多次冲击弯曲试验示意图

研究结果表明：多次冲击抗力取决于材料的强度和塑性两项指标，随着条件的不同，其强度和塑性的作用和要求是不同的。小能量多次冲击的脆断问题，主要取决于材料的强度；大能量多次冲击的脆断问题，主要取决于材料的塑性。

4. 疲劳

（1）疲劳现象　许多机械零件，如轴、齿轮、弹簧等是在循环应力和应变作用下工作的。循环应力和应变是指应力和应变的大小、方向都随时间发生周期性变化的一类应力应变。常见的交变应力是对称循环应力，其最大值 δ_{max} 和最小值 δ_{min} 的绝对值相等，即 $\delta_{max}/\delta_{min}=-1$，如图 6-12 所示。日常生活和生产中许多零件工作时承受的应力值通常低于制作材料的屈服点或规定的残余伸长应力，但是零件在这种循环载荷的作用下，经过一定时间的工作后会发生突然断裂，这种现象叫做金属的疲劳。

疲劳断裂与静载荷作用下的断裂不同。在疲劳断裂时不产生明显的塑性变形，断裂是突然发生的，因此，具有很大的危险性，常常造成严重的事故。据统计，损坏的机械零件中 80% 以上是因疲劳造成的。因此，研究疲劳现象对于正确使用材料，合理设计机械构件具有重要的指导意义。

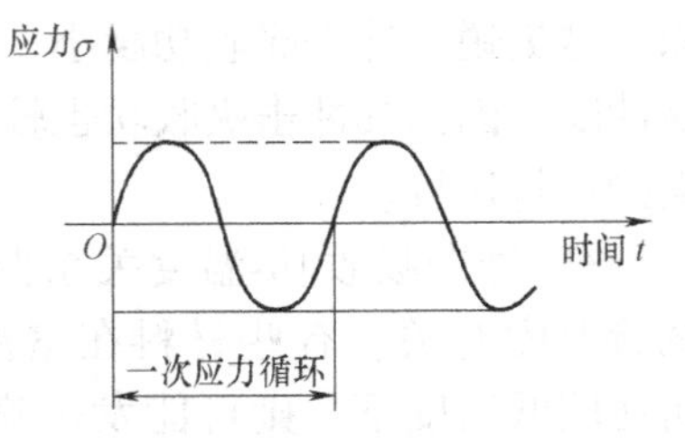

图 6-12　对称循环交变应力

研究表明，疲劳断裂首先是在零件的应力集中局部区域产生，先形成微小的裂纹核心，即裂纹源。随后在循环应力的作用下，裂纹继续扩展长大。由于疲劳裂纹不断扩展，使零件的有效工作面逐渐减小，因此，零件所受应力不断增加，当应力超过材料的断裂强度时，则发生疲劳断裂，形成最后断裂区。断裂的断口如图 6-13 所示。

（2）疲劳强度　金属在循环应力的作用下能经受无限多次循环而不断裂的最大应力值，称为金属的疲劳强度。即循环次数值 N 无穷大时所对应的最大应力值，称为疲劳强度。在工程实践中，一般是求疲劳极限，即对应于指定的循环基数下的中值疲劳强度。对于钢铁材料，其循环基数为 10^{10}；对于非铁金属，其循环基数为 10^8。对于对称循环应力，其疲劳强度用 σ_{-1}表示。许多试验结果表明：材料的疲劳强度随着抗拉强度的提高而增加，对于结构钢，当 $\delta_b \leqslant 1400\text{MPa}$ 时，其疲劳强度 δ_{-1}约为抗拉强度的 1/2。

疲劳断裂是在循环应力的作用下，经过一定循环次数后发生的。在循环载荷的作用下，材料承受一定的循环应力 δ 和断裂时相应的循环次数 N 之间的关系可以用曲线来描述，这种曲线称为 δ-N 曲线，如图 6-14 所示。

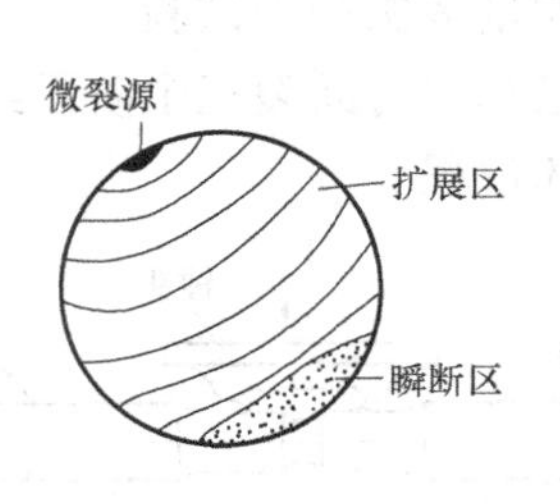

图 6-13　疲劳断口示意图

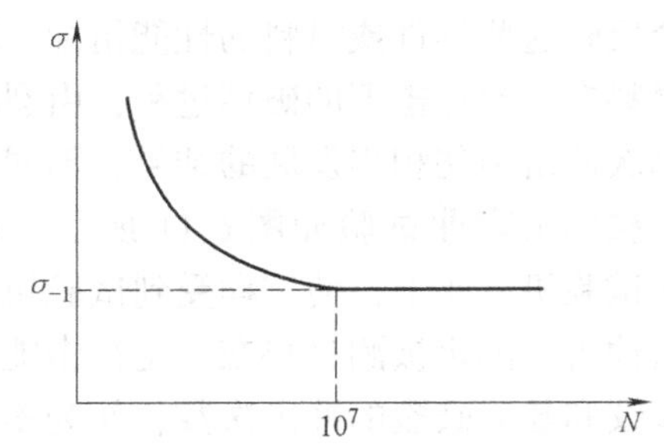

图 6-14　σ-N 曲线

由于大部分机械零件的损坏是由疲劳造成的。消除或减少疲劳失效，对于提高零件的使用寿命有着重要意义。影响疲劳强度的因素有很多，除设计时在结构上注意处理，如高频淬火、表面形变强化（喷丸、滚压、内孔挤压等）、化学热处理（渗碳、渗氮、碳氮共渗）以及各种表面复合强化工艺等，都可改变零件表层的残余应力状态，从而使零件的疲劳强度提高。

三、金属单质的物理性能与化学性能

在目前已知的 112 种元素中，除了位于周期表右上方的 22 种非金属元素外，其余均为金属元素。金属单质一般具有金属光泽、良好的导电性和延展性，而非金属单质则不然。但位于周期表 p 区中的硼—硅—碲—砹这一对角线附近的一些元素却兼有某些金属和非金属的性质。因此金属和非金属之间并没有严格的界限。

1. 金属单质的物理性质

（1）熔点、沸点和硬度

想一想

常温下唯一为液态的金属是什么？熔点最高的金属是什么？

见表 6-2、表 6-3、表 6-4，列出了一些单质的熔点、沸点和硬度的数据。

从表 6-2 中可以看出，熔点较高的金属单质集中在第Ⅵ副族附近：钨的熔点为 3410℃，是熔点最高的金属。第Ⅵ副族的两侧向左和向右，单质的熔点趋于降低；汞的熔点为 -38.842℃，是常温下唯一为液态的金属，铯的熔点也仅为 28.40℃，低于人体温度。

从表 6-3 可以看出，金属单质的沸点变化大致与熔点的变化是平行的，钨也是沸点最高的金属。虽然金属单质的硬度数据不全，但自表 6-4 中仍可看出，硬度较大的也位于第Ⅵ族附近，铬是硬度最大的金属（莫氏硬度为 9.0），而位于第Ⅵ副族两侧的单质的硬度趋于减小。

金属单质的密度也存在着较有规律的变化。一般来说，各周期中开始的元素其单质的密度较小，而后面的元素的单质密度较大。

在工程上，可按金属的这些物理性质不同将金属划分为

1）轻金属：密度小于 $5g\cdot cm^{-3}$，包括 s 区（镭除外）金属以及钪、钇、钛和铝等。

重金属：密度大于 $5g\cdot cm^{-3}$ 的其他金属。

2）低熔点金属：ⓐ低熔点轻金属，多集中在 s 区。

ⓑ低熔点重金属，多集中在第Ⅱ副族及 p 区。

高熔点金属：ⓐ高熔点轻金属。

ⓑ高熔点重金属，多集中在 d 区。

一般说来，固态金属单质都属于金属晶体，排列在格点上的金属原子或金属正离子依靠金属键结合构成晶体；金属键的键能较大，可与离子键或共价键的键能相当。但对于不同的金属，金属键的强度仍有较大的差别，这与金属的原子半径、能参加成键的价电子数以及核对外层电子的作用力等有关。每一周期开始的碱金属的原子半径是同周期中最大的，价电子又最少，因而金属键较弱，所需的熔化热小，熔点低。除锂外，钠、钾、铷、铯的熔点都在 100℃以下，它们的硬度和密度也都较小。从第Ⅱ主族的碱土金属开始向右进入 d 区的副族金属，由于原子半径逐渐减小，参与成键的价电子数逐渐增加（d 区元素原子的次外层 d 电子也可能作为价电子）以及原子核对外层电子的作用力逐渐增强，金属键的键能将逐渐增大，因而熔点、沸点等也逐渐增高。第Ⅵ副族原子未成对的最外层 s 电子和次外层 d 电子的数目较多，可参与成键，又由于原子半径较小，因而金属单质的熔点、沸点又逐渐降低。部分 ds 区及 p 区的金属，其晶体类型有从金属晶体向分子晶体过渡的趋势，这些金属的熔点较低。

（2）导电性　金属都能导电，是电的良导体，处于 p 区对角线附近的金属，如锗导电能力介于导体与绝缘体之间，是半导体。一些单质的电导率数据见表 6-5。

表 6-2　单质的熔点

	ⅠA	ⅡA	ⅢB	ⅣB	ⅤB	ⅥB	ⅦB	Ⅷ			ⅠB	ⅡB	ⅢA	ⅣA	ⅤA	ⅥA	ⅦA	0
1	H_2 259.34																	He 271.2
2	Li 180.54	Be 1 278											B 2 079	C ~3 550	N_2 209.86	O_2 218.4	F_2 219.62	Ne 248.67
3	Na 97.81	Mg 618.8											Al 660.37	Si 1 410	P(白) 44.1	S(棱) 112.8	Cl_2 100.98	Ar 189.2
4	K 63.25	Ca 839	Se 1 541	Ti 1 660	V 1 890	Cr 1 857	Mn 1 244	Fe 1 535	Co 1 495	Ni 1 455	Cu 1083.4	Zn 419.58	Ca 29.78	Ce 937.4	As(灰) 817 *	Se(灰) 217	Br_2 7.2	Kr 156.6
5	Rb 38.89	Sr 769	Y 1 522	Zr 1 852	Nb 2 468	Mo 2 610	Te 2 172	Ru 2 310	Rh 1 966	Pd 1 554	Ag 961.93	Cd 320.9	In 156.61	Sn 231.968	Sb 630.74	Te 449.5	I_2 113.5	Xe 111.9
6	Cs 28.40	Ba 725	La 918	Hf 2 227	Ta 2 996	W 3 410	Re 3 180	Os 3 045	Ir 2 410	Pt 1 772	Au 1 064.43	Hg 38.842	Tl 303.3	Pb 327.502	Bi 271.3	Po 254	At 302	Rn 71

表 6-3　单质的沸点

	ⅠA	ⅡA	ⅢB	ⅣB	ⅤB	ⅥB	ⅦB	Ⅷ			ⅠB	ⅡB	ⅢA	ⅣA	ⅤA	ⅥA	ⅦA	0
1	H_2 −252.87																	He −268.934
2	Li 1 342	Be 2 970 *											B 2 550 **	C 3 830 *** ~3930	N_2 −195.8	O_2 −182.962	F_2 −219.62	Ne −246.048
3	Na 882.9	Mg 1 090											Al 2 467	Si 2 355	P(白) 280	S(棱) 444.674	Cl_2 −34.6	Ar −185.7
4	K 760	Ca 1 484	Se 2 836	Ti 3 287	V 3 380	Cr 2 672	Mn 1 962	Fe 2 750	Co 2 870	Ni 2 732	Cu 2 567	Zn 907	Ca 2 403	Ce 2 830	As(灰) 613 *	Se(灰) 684.9	Br_2 58.78	Kr 152.30
5	Rb 686	Sr 1 384	Y 3 338	Zr 4 377	Nb 4 742	Mo 4 612	Te 4 877	Ru 3 900	Rh 3 727	Pd 2 970	Ag 2 212	Cd 765	In 2 080	Sn 2 270	Sb 1 950	Te 989.8	I_2 184.35	Xe −107.1
6	Cs 669.3	Ba 1 640	La 3 464	Hf 4 602	Ta 5 425	W 5 660	Re 5 627	Os 5 027	Ir 4 130	Pt 3 827	Au 2 808	Hg 356.68	Tl 1 457	Pb 1 740	Bi 1 560	Po 962	At 337	Rn −61.8

表 6-4　单质的硬度

	ⅠA	ⅡA	ⅢB	ⅣB	ⅤB	ⅥB	ⅦB	Ⅷ			ⅠB	ⅡB	ⅢA	ⅣA	ⅤA	ⅥA	ⅦA	0
1	H_2																	He
2	Li 0.6	Be 4											B 9.5	C 10.0	N_2	O_2	F_2	Ne
3	Na 0.4	Mg 2.0											Al 2~2.9	Si 7.0	P 0.5	S 1.5~2.5	Cl_2	Ar
4	K 0.5	Ca 1.5	Se	Ti 4	V	Cr 9.0	Mn 5.0	Fe 4~5	Co 5.5	Ni 5	Cu 2.5~3	Zn 2.5	Ca 1.5	Ce 6.5	As 3.5	Se 2.0	Br_2	Kr
5	Rb 0.3	Sr 1.8	Y	Zr 4.5	Nb	Mo 6	Te	Ru 6.5	Rh	Pd 4.8	Ag 2.5~4	Cd 2.0	In 1.2	Sn 1.5~1.8	Sb 3.0~3.3	Te 2.3	I_2	Xe
6	Cs 0.2	Ba	La	Hf	Ta 7	W 7	Re	Os 7.0	Ir 6~6.5	Pt 4.3	Au 2.5~3	Hg	Tl 1	Pb 1.5	Bi 2.5	Po	At	Rn

表 6-5　单质的电导率

（$MS \cdot m^{-1}$）

	ⅠA	ⅡA	ⅢB	ⅣB	ⅤB	ⅥB	ⅦB	Ⅷ			ⅠB	ⅡB	ⅢA	ⅣA	ⅤA	ⅥA	ⅦA	0
1	H_2																	He
2	Li 10.8	Be 28.1*											B 5.6×10^{-11}	C 7.373×10^{-2}	N_2	O_2	F_2	Ne
3	Na 21.0	Mg 24.7											Al 37.74	Si 1.0×10^{-5}	P 1×10^{-15}	S 5×10^{-19}	Cl_2	Ar
4	K 13.9	Ca 29.8	Se 1.78	Ti 2.38	V 5.10	Cr 7.75	Mn 0.6944	Fe 10.4	Co 16.0	Ni 16.6	Cu 59.59	Zn 16.9	Ca 5.75	Ce 22×10^{-6}	As 3.00	Se 1.0×10^{-4}	Br_2	Kr
5	Rb 7.806	Sr 7.69	Y 1.68	Zr 2.38	Nb 8.00	Mo 18.7	Te	Ru 13	Rh 22.2	Pd 9.488	Ag 68.17	Cd 14.6	In 11.9	Sn 9.09	Sb 2.56	Te 3×10^{-4}	I_2 7.7×10^{-3}	Xe
6	Cs 4.888	Ba 3.01	La 1.63	Hf 3.023	Ta 7.7	W 19	Re 5.18	Os 11	Ir 19	Pt 9.43	Au 48.76	Hg 1.02	Tl 5.6	Pb 4.843	Bi 0.9363	Po	At	Rn

从表6-5中可以看出，银、铜、金、铝是良好的导电材料，而银与金较昂贵，资源稀少，仅用于某些电子器件连接点等特殊场合，铜和铝则广泛应用于电器工业中。金属铝的电导率为铜的60%左右，但密度不到铜的一半，铝的资源十分丰富，在相同的电流容量下，使用铝制电线比铜线质量更轻，因此常用铝代替铜来制造导电材料，特别是高压电缆。

钠的电导率仅为电导率最高的银的1/3，但钠的密度比铝的更小，钠的资源也十分丰富，目前国外已有试用钠导线的，价格仅为铜的1/7；因为钠十分活泼，用钠作导线时，表皮采用聚乙烯包裹，并用特殊装置连接。

应当指出，金属的纯度以及温度等因素对金属的导电性能影响相当重要。金属中杂质的存在将使金属的电导率大为降低，所以用作导线的金属往往是相当纯净的。例如按质量分数计，一般铝线的纯度均在99.5%以上。温度的升高，通常使金属的电导率下降，对于不少金属来说，温度每相差1K，电导率将变化约0.4%。金属的这种导电的温度特性也是有别于半导体的特征之一。

（3）导热性　金属传导热量的能力称为导热性。金属导热能力的大小常用热导率（亦称导热系数）λ表示。金属材料的热导率越大，说明其导热性越好。一般说来，金属越纯，其导热能力越大。合金的导热能力比纯金属差。金属的导热能力以银为最好，铜、铝次之。

导热性好的金属其散热性也好，如在制造散热器、热交换器和活塞等零件时，就要注意使用导热性好的金属。在制订焊接、铸造、锻造和热处理工艺时，也必须考虑材料的导热性，防止金属材料在加热或冷却过程中形成较大的内应力，以免金属材料发生变形或开裂。

（4）热膨胀性　金属材料随着温度的变化而膨胀、收缩的特性称为热膨胀性。一般来说，金属受热时膨胀而且体积增大，冷却时收缩而且体积缩小。热膨胀性的大小用线胀系数α_l和体胀系数α_V来表示。

体胀系数近似为线胀系数的3倍。在实际工作中考虑热膨胀性的地方颇多，如铺设钢轨时，在两根钢轨衔接处应留有一定的空隙，以便钢轨在长度方向有膨胀的余地；轴与轴瓦之间要根据膨胀系数来控制其间隙尺寸；在制订焊接、热处理、铸造等工艺时也必须考虑材料的热膨胀影响，做到减少工件的变形与开裂；测量工件的尺寸时也要注意热膨胀因素，做到减少测量误差。

（5）磁性　金属材料在磁场中被磁化而呈现磁性强弱的性能称为磁性。通常用磁导率μ(H/m)表示。根据金属材料在磁场中受到磁化程度的不同，金属材料可分为

1）铁磁性材料。在外加磁场中，能强烈地被磁化到很大程度，如铁、铬、镍、钴等。

2）顺磁性材料。在外加磁场中，呈现十分微弱的磁性，如锰、铬、钼等。

3）抗磁性材料。能够抗拒或减弱外加磁场磁化作用的金属，如铜、金、银、铅、锌等。

4）在铁磁性材料中，铁及其合金（包括钢与铸铁）具有明显的磁性。镍和钴也具有磁性，但远不如铁。铁磁性材料可用于制造变压器、电动机、测量仪表等；抗磁性材料则可用作要求避免磁场干扰的零件和结构材料。

2. 金属单质的化学性质

由于金属元素的电负性较小，在进行化学反应时倾向于失去电子，因而金属单质最突出的化学性质是还原性。

金属单质的活泼性。金属单质的还原性与金属元素的金属性虽然并不完全一致，但总体

的变化趋势还是服从元素周期律的。即在短周期中，从左到右一方面由于核电荷数依次增多，原子半径逐渐缩小，另一方面最外层电子数依次增多，同一周期从左到右金属单质的还原性逐渐减弱。在长周期中总的递变情况和短周期是一致的。但由于副族金属元素的原子半径变化没有主族的显著，所以同周期单质的还原性变化不甚明显，甚至彼此较为相似。在同一主族中自上而下，虽然核电荷数增加，但原子半径也增大，金属单质的还原性一般是增强的；而副族的情况较为复杂，单质的还原性反而是减弱的。

现就金属与氧的作用和金属的溶解分别说明如下。

（1）金属与氧的作用　s 区金属十分活泼，具有很强的还原性。它们很容易与氧化合，与氧化合的能力基本上符合周期表中元素金属性的递变规律。

s 区金属在空气中燃烧时除能生成正常的氧化物（如 Li_2O、BeO、MgO）外，还能生成过氧化物（如 Na_2O_2、BaO_2）。过氧化物中存在着过氧离子 O_2^{2-}，其中含有过氧键—O—O—。这些氧化物都是强氧化剂，遇到棉花、木炭或银粉等还原性物质时，会发生爆炸，所以使用它们时要特别小心。

钾、铷、铯以及钙、锶、钡等金属在过量的氧气中燃烧时还会生成超氧化物，如 KO_2、BaO_4 等。

过氧化物和超氧化物都是固体储氧物质，它们与水作用会放出氧气，装在面具中，可供在缺氧环境中工作的人员呼吸使用。例如，超氧化钾能与人呼吸时所排出气体中的水蒸气发生反应，即

$$4KO_2(s)+2H_2O = 3O_2(g)+4KOH(s)$$

呼出气体中的二氧化碳则可被氢氧化钾所吸收，即

$$KOH(s)+CO_2(g) = KHCO_3(s)$$

p 区金属的活泼性一般远比 s 区金属的要弱。锡、铅、锑等在常温下与空气不发生显著作用。铝较活泼，容易与氧化合，但在空气中铝能立即生成一层致密的氧化物保护膜，阻止氧化反应的进一步进行，因而在常温下，铝在空气中很稳定。

d 区（除第Ⅲ副族外）和 ds 区金属的活泼性也较弱。同周期中各金属单质活泼性的变化情况与主族的相类似，即从左到右一般有逐渐减弱的趋势，但这种变化远较主族的不明显。例如，对于第 4 周期的金属单质，在空气中一般能与氧气作用。在常温下，钪在空气中迅速被氧化；钛、钒对空气都较稳定；铬、锰能在空气中缓慢被氧化，但铬与氧气作用后，表面形成的三氧化二铬（Cr_2O_3）也具有阻碍进一步氧化的作用；铁、钴、镍也能形成氧化物保护膜；铜的化学性质比较稳定，而锌的活泼性较强，但锌与氧气作用生成的氧化锌薄膜也具有一定的保护性能。

（2）金属的溶解　金属的还原性还表现在金属单质的溶解过程中。这类氧化还原反应可以用电极电势予以说明。

s 区金属的标准电极电势的代数值一般很小，用 H_2O 作氧化剂即能将金属溶解（金属被氧化为金属离子）。铍和镁由于表面形成致密的氧化物保护膜而对水较稳定。

p 区（除锑、铋外）和第 4 周期 d 区金属（如铁、镍）以及锌的标准电极电势虽为负值，但其代数值比 s 区金属的要大，能溶于盐酸或稀硫酸等非氧化性酸中而置换出氢气。而第 5、6 周期 d 区、ds 区金属以及铜的标准电极电势则多为正值，这些金属单质不溶于非氧化性酸（如盐酸或稀硫酸）中，其中一些金属必须用氧化性酸（如硝酸）予以溶解（此时

氧化剂已不是H^+)。一些不活泼的金属如铂、金需用王水溶解，这是由于王水中的浓盐酸可提供配合剂Cl^-而与金属离子形成配离子，从而使金属的电极电势代数值大为减小。即

$$3Pt + 4HNO_3 + 18HCl = 3H_2[PtCl_6] + 4NO(g) + 3H_2O$$

$$Au + HNO_3 + 4HCl = H[AuCl_4] + NO(g) + 2H_2O$$

铌、钽、钌、铑、锇、铱等不溶于王水中，但可借浓硝酸和浓氢氟酸组成的混合酸予以溶解。

应当指出，p区的铝、镓、锡、铅以及d区的铬，ds区的锌等还能与碱溶液作用。例如

$$2Al + 2NaOH + 2H_2O = 2NaAlO_2 + 3H_2(g)$$

$$Sn + 2NaOH = Na_2SnO_2 + H_2(g)$$

小知识

第Ⅷ族的铂系金属钌、铑、钯、锇、铱、铂以及第Ⅰ副族的银、金，化学性质最为不活泼（银除外），统称为贵金属。

这些反应与金属的氧化物或氢氧化物保护膜具有两性有关，或者说由于这些金属的氧化物或氢氧化物保护膜能与过量NaOH作用生成离子。

第5和第6周期中，第Ⅳ副族的锆、铪，第Ⅴ副族的铌、钽，第Ⅵ副族的钼、钨以及第Ⅶ副族的锝、铼等金属不与氧、氯、硫化氢等气体反应，也不受一般酸碱的侵蚀，且能保持原金属或合金的强度和硬度。它们都是耐蚀合金元素，可提高钢在高温时的强度、耐磨性和耐蚀性。其中铌、钽不溶于王水中，钽可用于制造化学工业中的耐酸设备。

小知识

第Ⅲ副族的钪、钇和15种镧系元素合称为稀土元素。

这些金属在常温，甚至在一定的高温下不与氟、氯、氧等非金属单质作用；其中钌、铑、锇和铱甚至不与王水作用。铂即使在它的熔化温度下也具有抗氧化的性能，常用于制作化学器皿或仪器零件，例如铂坩、铂蒸发器、铂电极等。保存在巴黎的国际标准米尺也是用质量分数为10%的Ir和90%的Pt的合金制成的。铂系金属在石油化学工业中被广泛用做催化剂。

顺便指出，副族元素中的第Ⅲ副族，包括镧系元素和锕系元素单质的化学性质是相当活泼的。

稀土金属单质的化学活泼性与金属镁的活泼性相当。在常温下，稀土金属能与空气中的氧气作用生成稳定的氧化物。

（2）温度对单质活泼性的影响　上面所讨论的金属单质的活泼性主要强调了在常温下变化的规律。众所周知，金属镁在空气中能缓慢地氧化，使表面形成白色的氧化镁膜，当升高到一定温度（燃点）时，金属镁即能燃烧，同时发出耀眼的白光。这表明，升高温度将会有利于金属单质与氧气的反应。但高温时，金属单质的活泼性递变的规律究竟如何呢？由于标准电极电势是用来衡量金属在溶液中失去电子的能力，在高温下，金属的还原性需要从化学热力学以及化学动力学来予以阐明。现以高温时一些常见的金属单质与氧的作用，即与氧结合能力的强弱为例，作些简单说明。

对于单质与1mol O_2 反应的方程式的表达。在任意温度 T 下，反应的标准吉布斯函数变化 ΔG^θ 可近似地按下式进行估算，即

$$\Delta G^\theta \approx \Delta H - T\Delta S$$

例如，对于金属铅与氧气反应的方程式以及 ΔG^θ 的表达式为

$$\frac{4}{3}Al(s) + O_2 \xlongequal{\quad} \frac{2}{3}Al_2O_3(s)$$

$$\Delta G^\theta \approx (-1117 + 0.208T)\,kJ \cdot mol^{-1}$$

而金属铁与氧气作用生成氧化亚铁的反应为

$$2Fe(s) + O_2 \xlongequal{\quad} 2FeO(s)$$

$$\Delta G^\theta \approx (-533 + 0.145T)\,kJ \cdot mol^{-1}$$

可以看出，由于金属单质与氧气反应在一定的温度范围内生成固态氧化物，反应的 ΔG^θ 为负值，所以反应 ΔG^θ 的代数值随 T 的升高而变大。即从化学热力学的角度来说，在高温下金属与氧的结合能力比在常温下金属与氧的结合能力要弱。例如，在室温下，银与氧反应的 ΔG^θ 为负值，但当温度升高到408K以上时，其 ΔG^θ 为正值，在标准状态下，就不再生成氧化银了。但在通常的高温条件（金属单质及其氧化物均为固态）下，绝大多数金属（例如上述的铝和铁即是，而金、铂等则不然）与氧反应的 ΔG^θ 都是负值，这也是大多数金属，除能引起钝化的以外，无论是在干燥的大气中或是在潮湿的大气中都能引起腐蚀的原因。

此外，若对比上述铝和铁分别与氧的结合能力的强弱，将上述两反应相减，再乘以3/2，可得

$$2Al(s) + 3FeO(s) \xlongequal{\quad} Al_2O_3(s) + 3Fe(s)$$

$$\Delta G^\theta \approx (-876 + 0.095T)\,kJ \cdot mol^{-1}$$

在通常的高温条件下，该反应的 ΔG^θ 也是一个负值，表明该反应进行的可能性很大，并可能进行得相当彻底。所以金属铝能从钢铁中夺取氧而作为钢的脱氧剂。

按上述方法计算结果表明，在873K时，单质与氧气结合能力由强到弱的顺序大致为Ca、Mg、Al、Ti、Si、Mn、Na、Cr、Zn、Fe、H_2、C、Co、Ni、Cu。可以看出，这一顺序与常温时单质的活泼性递变情况并不完全一致。

温度不仅影响着单质与氧的反应可能性，从化学动力学的角度来说，高温时加快了反应速率。上述镁与氧气在高温时反应剧烈，主要是加快了反应速率。金属的高温氧化在设计气体透平机、火箭引擎、高温石油化工设备时都应当引起重视。

（3）金属的钝化　最容易产生钝化作用的有铝、铬、镍和钛以及含有这些金属的合金。

小知识

铝制品可作为炊具，铁制的容器和管道能被用于贮运浓 HNO_3 和浓 H_2SO_4，就是由于金属的钝化作用。

金属由于表面生成致密的氧化膜而钝化，不仅在空气中能保护金属免受氧的进一步作用，而且在溶液中还因氧化膜的电阻有妨碍金属失去电子的倾向，引起电化学极化，从而使金属的电极电势值变大，金属的还原性显著减弱。

金属的钝化必须满足两个条件。首先，金属所形成的氧化膜在金属表面必须是连续的，即所生成的氧化物的体积必须大于因氧化而消耗的金属的体积。s区金属（除铍外）氧化物的体积小于金属的体积，形成的氧化膜不可能是连续的，对金属没有保护作用，而大多数其他金属氧化物的体积大于金属的体积，有可能形成保护膜。

其次，氧化膜本身的特性是钝化的充分条件。氧化膜的结构必须是致密的，且具有较高的稳定性，氧化膜与金属的热膨胀系数相差又不能太大，使氧化膜在温度变化时不至于剥落下来。例如，钼的氧化物膜 MoO_2 在温度超过520℃时就开始挥发，钨的氧化物 WO_3 较脆，容易破裂，这些氧化膜也不具备保护性的条件。而铬、铝等金属，不仅氧化膜具有连续的致密结构，而且氧化物具有较高的稳定性。利用铬的这种优良的抗氧化性能而制成不锈钢（钢铁中含铬的质量分数超过12%）其原因也就在于此。

金属的钝化对金属材料的制造、加工和选用具有重要的意义。例如，钢铁在570℃以下经发黑处理所形成的氧化膜 Fe_3O_4 能减缓氧原子深入钢铁内部，而使钢铁受到一定的保护作用。但当温度高于570℃时，铁的氧化膜中增加了结构较疏松的 FeO，所以钢铁一般对高温抗氧化能力较差。如果在钢铁中加入铬、铝和硅等，由于它们能生成具有钝化作用的氧化膜，有效地减慢了高温下钢铁的氧化，一种称为耐热钢的材料就是根据这一原理设计制造的。

四、金属工艺性能

工艺性能是指金属材料在制造机械零件和工具的过程中，适应各种冷、热加工的性能。也就是金属材料采用某种加工方法制成成品的难易程度。它包括铸造性能、锻造性能、焊接性能、热处理性能及可加工性等。例如，某种材料采用焊接方法容易得到合格的焊件，就说明该材料的焊接工艺性能好。工艺性能直接影响到制造零件的加工质量，同时也是选择材料时必须考虑的因素之一。

1. 铸造性能

金属在铸造成形的过程中获得外形准确、内部健全铸件的能力称为铸造性能。铸造性能包括流动性、吸气性、收缩性的偏析等。在金属材料中灰铸铁和青铜的铸造性能较好。

2. 锻造性能

金属材料利用锻压加工方法成形的难易程度称为锻造性能。锻造性能的好坏主要与金属的塑性和变形抗力有关。塑性越好，变形抗力越小，金属的锻造性能越好。例如，黄铜和铝合金在室温状态下就有良好的锻造性能；非合金钢在加热状态下锻造性能较好；而铸铜、铸铝、铸铁等几乎不能锻造。

3. 焊接性能

焊接性能是指材料在限定的施工条件下焊接成按规定设计要求的构件，并满足预定服役要求的能力。焊接性能好的金属能获得没有裂缝、气孔等缺陷的焊缝，并且焊接接头具有良好的力学性能。低碳钢具有良好的焊接性能。而高碳钢、不锈钢、铸铁的焊接性能则较差。

4. 可加工性

可加工性是指金属在切削加工时的难易程度。可加工性好的金属对使用的刀具磨损量小，可以选用较大的切削用量，加工表面也比较光洁。可加工性与金属材料的硬度、热导性、冷变形强化等因素有关。若材料硬度在170～260HBW时，最易切削加工。铁、铜合金、铝合金及非合金都具有较好的可加工性，而高合金钢的可加工性较差。

模块二　钢铁分析

钢铁分析的概念有两种理解，广义的钢铁分析包括了钢铁的原材料分析，生产过程控制分析和产品、副产品及废渣分析等；狭义的钢铁分析，主要是钢铁中硅、锰、磷、碳、硫五元素分析和铁合金、合金钢中主要合金元素分析。

一、钢铁中杂质元素对钢铁性能影响及钢铁材料的分类

钢铁中除基本元素铁以外的杂质元素有碳、锰、硅、硫、磷等。对于铁合金或合金钢来说，随其品种的不同含有一定量的合金元素，如镍、铬、钨、钼、钡、钛、稀土等。钢铁中杂质元素的存在对钢铁的性能影响很大。

1. 碳

碳在钢铁中有的以固溶体状态存在，有的生成碳化物（Fe_3C、Mn_3C、Cr_3C_2、WC、MoC 等）。碳是决定钢铁性能的主要元素之一。一般含碳量高，硬度增高，延性及冲击韧度降低，熔点较低；含碳量低，则硬度较低，延性及冲击韧度增强，熔点较高。钢铁的分类常常以碳含量的高低为主要依据。含碳的质量分数低于 0.02% 的称为纯铁（或熟铁、低碳钢）；含碳的质量分数在 0.02% ~1.7% 的称为钢；含碳的质量分数高于 1.7%，即为生铁。当然，通常高炉冶炼出来的生铁的含碳的质量分数常常更高，在 2.5% ~4%。另外，碳在钢铁中的存在状态对钢铁的性质影响也较大，灰铸铁中含石墨碳较多，性质软而韧；白口铁中含化合碳较多，则性质硬而脆。

2. 锰

锰是炼钢时由铁和锰铁脱氧剂带入而残留在钢中的，锰的脱氧能力较好，能清除钢中的 FeO，降低钢的脆性。锰在钢铁中主要以 MnC、MnS、FeMnSi 或固溶体状态存在。生铁中一般含锰的质量分数为 0.5% ~6%；普通碳素钢中含锰的质量分数较低；含锰的质量分数 0.8% ~14% 的为高锰钢；含锰的质量分数 12% ~20% 的铁合金称为镜铁；含锰的质量分数 60% ~80% 的铁合金称为锰铁。锰能增强钢的硬度，减弱展性。高锰钢具有良好的弹性及耐磨性，用于制造弹簧、齿轮、铁路道岔、磨机的钢球、钢棒等。

3. 硅

硅也来源于生铁和硅铁脱氧剂。硅的脱氧能力比锰铁强，可有效地清除 FeO，改善钢的性能。硅在钢铁中主要以 FeSi、MnSi、FeMnSi 等形态存在，有时也形成固溶体或非金属夹杂物，如 $2FeO\cdot SiO_2$、$2MnO\cdot SiO_2$、硅酸盐。在高碳硅钢中有一部分以 SiC 状态存在，硅能增强钢的硬度、弹性及强度，并提高钢的抗氧化力及耐酸性。硅促使碳游离为石墨状态，使钢铁富于流动性，易于铸造。生铁中，一般含硅的质量分数 0.5% ~3%，当含硅的质量分数高于 2% 而锰的质量分数低于 2% 时，则其中的碳主要以游离的石墨状态存在，熔点较高，约为 1200℃，断口呈灰色，称为灰铸铁。因为含硅量较高，流动性较好，而且质软，易于车削加工，故灰铸铁多用于铸造。如果含硅的质量分数低于 0.5% 而含锰的质量分数高于 4%，则锰阻止碳以石墨状态析出主要以碳化物状态存在，熔点较低，约为 1100℃，断口呈银白色，易于炼钢。含硅的质量分数为 12% ~14% 的铁合金称为硅铁，含硅的质量分数为 12%、锰的质量分数为 20% 的铁合金称为硅锰铁，主要用作炼钢的脱氧剂。

4. 硫

硫是在炼钢时由生铁和燃料带入钢中的杂质。硫在钢铁中以 MnS、FeS 状态存在。FeS 的熔点低，最后凝固，夹杂于钢铁的晶格之间。当加热压制时，FeS 熔融，钢铁的晶粒失去连接作用而碎裂。硫的存在所引起的这种“热脆性”严重影响钢铁的性能。因此国家标准规定碳素钢中硫的质量分数不得超过 0.05%，高级优质钢中硫的质量分数应不超过 0.025%。

5. 磷

磷主要来源于炼钢原料生铁。磷在钢铁中以 Fe_2P、Fe_3P 的状态存在。磷化铁硬度较高，以致于钢铁难以加工，并使钢铁产生“冷脆性”，也属有害杂质。但是当钢铁中含磷的质量分数稍高时，能使流动性增强而易于铸造，并可避免在轧钢时轧辊与轧件黏合，所以在特殊情况下又常特意加入一定量的磷以达到此目的。

6. 氮、氧、氢

氮、氧、氢气体存在于钢中，对钢性能的危害更为严重。氮存在于钢中，常导致钢硬度和强度提高而塑性降低，使钢产生时效而变脆。为了防止氮在钢中的有害影响，在炼钢时采用 Al 和 Ti 脱氮，生成 AlN 和 TiN，从而减轻钢的时效倾向（即固氮处理），消除氮的脆效应。

氧对钢的性能产生不良影响，会使钢的强度和塑性降低，特别是氧化物（Fe_3O_4、FeO、MnO、SiO_2、Al_2O_3）等夹杂在钢中，加剧了钢的热脆现象，降低了钢的疲劳强度，因此氧是有害元素。

微量的氢在钢中会使钢的塑性剧烈下降，出现“氢脆”，造成局部显微裂纹，称“白点”。它是一种使钢产生突然断裂的根源。减少钢中含氢量的最有效方法是在炼钢时对钢进行真空处理。

7. 其他元素

镍能增强钢的强度和韧性，铬使钢的硬度、耐热性和耐蚀性增强，钨、钼、钒、钛等元素也能使钢的强度和耐热性得到改善。

碳、硅、锰、硫、磷是生铁及碳素钢中的主要杂质元素，俗称为“五大元素”。因为它们对钢铁的性能影响很大，一般分析都要求测定它们的含量。

钢铁的分类是依据钢铁中除基本元素铁以外的杂质的化学成分的种类与数量不同而区分的，一般分为生铁、铁合金、碳素钢、合金钢四大类。

生铁中，一般含碳的质量分数为 2.5% ~4%、锰的质量分数为 0.5% ~6%、硅的质量分数为 0.5% ~3% 以及少量的硫和磷。由于其中硅和锰含量的不同，碳的存在状态也不同，又可以分为铸造生铁（灰铸铁）和炼钢生铁（白口铁）。

铁合金依其所含合金元素不同分为锰铁、钒铁、硅铁、镜铁、硅锰铁、硅钙合金、稀土硅铁等。

碳素钢依据其含碳量不同，分为工业纯铁（或超低碳钢）（$w(C) \leqslant 0.03\%$）、低碳钢（$w(C) \leqslant 0.25\%$）、中碳钢（$w(C) \leqslant 0.25\% \sim 0.60\%$）和高碳钢（$w(C) > 0.60\%$）。

合金钢又称为特种钢，依据合金元素含量不同分为低合金钢（$w(Me) \leqslant 5\%$）、中合金钢（$w(Me) > 5\% \sim 10\%$）和高合金钢（$w(Me) > 10\%$）。

当然钢铁的分类，除了按化学成分分类外，还有按品质的分类方法，按冶炼方法的分类方法，按用途的分类方法等。

钢铁产品牌号综合考虑几种分类方法，按标准方法用缩写符号表示。例如，A_3F 表示甲类平炉 3 号沸腾钢；40CrVA 表示平均含碳量为 0.40%，同时含 Cr、V，但两者含量均小于 1.5% 的优质合金结构钢；Si45 为含硅量为 45% 的硅铁。

二、试样的采集、制备与分解方法

1. 试样的采集

任何送检试样的采集都必须保证试样对母体材料的代表性。因为钢铁在凝固过程中的偏析现象常常不可避免，所以，除特殊情况之外，为了保证钢铁产品的质量，一般是从质地均匀的熔融态取送检样，并依此制备分析试样。所谓特殊情况有两种：一种就是成品质量检验，钢铁成品本身是固态的，只能从固态中取样。另一种是铸造过程中必须添加的镇静剂（通常是铝），而又必须分析母体材料本身的镇静剂成分的情况。对于这种情况，需要在铸锭工序中适当的炉料或批量中取送检样。

1）常用的取样工具有钢制长柄取样勺，容积为 200mL；铸模 70mm × 40mm × 30mm（砂模或钢制模）；取样枪。

2）在出铁口取样，是用长柄取样勺臼取铁液，预热取样勺后重新臼出铁液，浇入砂模内，此铸件作为送检样。在高炉容积较大的情况下，为了得到可靠结果，可将一次出铁划分为初、中、末三期，在每阶段的中间各取一次作为送检样。

3）在浇包或混铁车中取样时，应在铁液装至 1/2 时取一个样或更严格一点在装入铁液的初、中、末期各阶段的中点各取一个样。

4）当用铸铁机生产商品铸铁时，考虑到从炉前到铸铁厂的过程中铁液成分的变化，应选择在从浇包倒入铸铁机的中间时刻取样。

5）从炼钢炉内的钢液中取样，一般是用取样勺从炉内臼出钢液，清除表面的渣子之后浇入金属铸模中，凝固后作为送检样。为了防止钢液和空气接触时，钢中易氧化元素的含量发生变化，有的采用浸入式铸模或取样枪在炉内取送检样。

6）从冷的生铁块中取送检样时，一般是随机地从一批铁块中取 3 个以上的铁块作为送检样。当一批的总量超过 30t 时，每超过 10t 增加一个铁块。每批的送检样由 3 ~ 7 个铁块组成。当铁块可以分为两半时，分开后只用其中一半制备分析试样。

7）钢坯一般不取送检样，其化学成分由钢水包中取样分析所决定。这是因为钢锭中会带有各种缺陷（沉淀、收缩口、偏析、非金属夹杂物及裂痕）。轧钢厂用钢坯，要进行原材料分析时，钢坯的送检样可以从原料钢锭 1/5 高度的位置沿垂直于轧制的方向切取钢坯整个断的钢材。

8）钢材制品，一般不分析，要取样可用切割的方法取样，但应多取一点，便于制样。

2. 分析试样的制备

试样抽取方法有钻取法、刨取法、车取法、捣碎法、压延法、锯、抢、锉取法等。针对不同送检试样的性质、形状、大小等采取不同方法抽取分析试样。

（1）生铁试样的制备

1）白口铁。由于白口铁硬度大，只能用大锤打下，砂轮机打光表面，再用冲击钵碎至过 100 号筛。

2）灰铸铁。由于灰铸铁中的碳主要以石墨的状态存在，故灰铸铁中含有较多的石墨碳。在制样过程中灰铸铁中的石墨碳易发生变化，要防止在制样过程中产生高温氧化。清除送检样表面的砂粒等杂质后，用 ϕ20 ~ ϕ25mm 的钻头（前刃角 130° ~ 150°）在送检样中央垂直钻孔（钻头转速为 80 ~ 150r/min），表面层的钻屑弃去。继续钻进 25mm 深，制成 50 ~ 100g 试样。选取 5g 粗大的钻屑供定碳用，其余的用钢研钵轻轻捣碎研磨至粒度过 20 号筛（0.84mm），供分析其他元素用。

（2）钢样的制备　对于钢样，不仅应考虑凝固过程中的偏析现象，而且要考虑热处理后表面发生的变化，如难氧化元素的富集、脱碳或渗碳等。特别是钢的标准范围窄，致使制样对分析精度的影响达到不可忽视的程度。

钢液中取来的送检样一般采用钻取方法，制取分析试样尽可能选取代表检样平均组成的部分垂直钻取，切取厚度不超过 1mm 的切屑。

半成品、成品钢材送检样的制样。

1）大断面钢材：用 $\phi\leqslant$12mm 的钻头，在沿钢块轴线方向断面中心点到外表面的垂线的中点位置钻取。

2）小断面钢材：可以从钢材的整个断面或半个断面上切削分析样，也可以用 $\phi\leqslant$6mm 的钻头在断面中心至侧面垂线的中点打孔取样。

3）薄卷板：垂直轧制方向切取宽度大于 50mm 的整幅卷板作送检样。经酸洗等处理表面后，沿试样长度方向对折数次。由 $\phi\geqslant$6mm 的钻头钻取，或用适当机械切削制取分析样。

3. 试样的分解方法

钢铁试样易溶于酸，常用的酸有盐酸、硝酸、硫酸等，也可用混合酸。有时针对某些试样，还需加 H_2O_2、氢氟酸或磷酸等。一般均用稀酸，而不用浓酸，防止反应过于激烈。对于某些难溶试样，则可用碱熔分解法。

对不同类型的钢铁试样有不同的分解方法，这里简略介绍如下：

1）对于生铁和碳素钢，常用稀硝酸分解，常用(1+1)~(1+5)的稀硝酸，也有用稀盐酸（1+1）分解的。

2）合金钢和铁合金比较复杂，针对不同对象须用不同的分解方法。

硅钢、含镍钢、钒铁、钼铁、钨铁、硅铁、硼铁、硅钙合金、稀土硅铁、硅锰铁合金：可以在塑料器皿中，先用浓硝酸分解，待剧烈反应停止后再加氢氟酸继续分解；或者用过氧化钠（或过氧化钠和碳酸钠组成的混合熔剂）于高温炉中熔融分解，然后以酸提取。

铬铁、高铬钢、耐热钢、不锈钢：为防止生成氧化膜而钝化，因此试样应于塑料器皿中用硝酸加氢氟酸分解，并用脱脂过滤除去游离碳。

高碳铬铁：宜用 Na_2O_2 熔融分解，酸提取。

钛铁：宜用硫酸（1+1）溶解，并冒白烟 1min，冷却后用盐酸（1+1）溶解盐类。

3）于高温炉中用燃烧法将钢铁中的碳和硫转变为 CO_2 和 SO_2，是钢铁中碳和硫含量测定的常用分解法。

三、钢铁中的五元素分析

1. 总碳

一般钢样只需测定总碳，而生铁类试样，有时还需区别出游离碳和化合碳的含量。化合碳含量由总碳量减去游离碳含量而求得，而游离碳因不与稀硝酸反应，可用稀硝酸溶解试样，将不溶物（包括游离碳）与化合碳分开。再用测总碳的方法测不溶物中的碳即为游离碳的含量。

测定钢铁总碳的方法有很多，有物理法、（结晶定碳法、红外吸收光谱法）、化学及物理化学法（燃烧-气体体积法、吸收重量法、电导法、真空冷凝法、库仑法）等。气体体积法目前仍为国内外标准方法，该法分析准确度高，应用较广泛，适合于测定含量在 0.1% ~ 5% 的钢铁试样。

燃烧-气体体积法（也称气体容量法）所用设备如图 6-15 所示。其原理是，将钢铁试样置于 1150 ~ 1250℃的高温管式炉内，通氧气燃烧，钢铁中的碳和硫被定量氧化为 CO_2 和 SO_2。

$$C + O_2 = CO_2 \uparrow$$

$$4Fe_3C + 13O_2 = 4CO_2 \uparrow + 6Fe_2O_3$$

$$Mn_3C + 3O_2 = CO_2 \uparrow + Mn_3O_4$$

$$4Cr_3C_2 + 17O_2 = 8CO_2 \uparrow + 6Cr_2C_2$$

$$4FeS + 7O_2 = 2Fe_2O_3 + 4SO_2 \uparrow$$

用脱硫剂（活性 MnO_2）吸收 SO_2

$$MnO_2 + SO_2 = MnSO_4$$

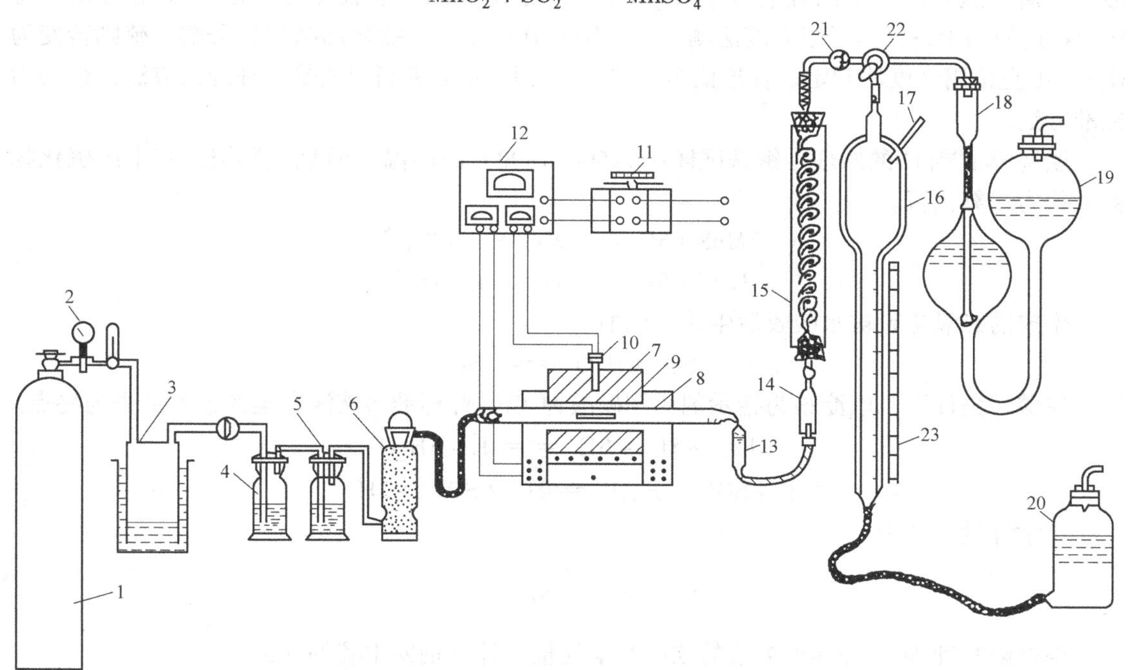

图 6-15　钢铁定碳仪示意图

1—氧气瓶　2—压力表　3—缓冲瓶　4、5—洗气瓶　6—干燥塔　7—卧式电炉　8—瓷管　9—瓷舟　10—热电偶　11—调压变压器　12—温度指示仪　13—过滤管　14—脱硫管　15—冷凝管　16—量气管　17—温度计　18—止逆阀　19—贮液瓶　20—水准瓶　21—旋塞　22—三通旋塞　23—标尺

然后测量生成的 CO_2 和过量 O_2 的体积，再将其与 KOH 溶液充分接触，CO_2 气体被 KOH 完全吸收。

$$CO_2 + 2KOH = K_2CO_3 + H_2O$$

再次测量剩余气体体积，两次体积之差 ΔV 为钢铁中总碳燃烧所生成的 CO_2 的体积，由此可计算出钢铁中总碳的含量。

本法中试样分解采用燃烧法，分解温度必须足够高，一般试样可控制在 1200 ~ 1250℃，难分解试样宜控制在 1250 ~ 1300℃。为使试样分解完全，常需加入一定的助熔剂：生铁、钨铁和钒铁可不加助熔剂；碳素钢、合金钢宜用 0.3 ~ 1.5g 锡粒作助熔剂；硅铁以 0.5g 锡粒加 5 倍称样量的纯铁粉为好；硅铬铁和其他铁合金可用纯铜和氧化铜各 0.5 ~ 1.0g 为助熔剂。另外，整个分析过程中必须保持炉温恒定。

本法以测量生成气体体积来确定碳含量，因此，工作前要检查整套装置是否具有良好的密封性，并作空白试验，计算试验结果时要注意进行温度、压力校正。

2. 硫

钢铁中硫的测定，其试样分解方法有两类：一类为燃烧法；另一类为酸溶解分解法。燃烧法分解后试样中的硫转化为 SO_2，SO_2 浓度可用红外光谱直接测定，也可使它被水或多种不同组成的溶液所吸收，然后用滴定法（酸碱滴定或氧化还原滴定）、光度法、电导法、库仑法测定，最终依据 SO_2 的含量计算样品中硫的含量。酸分解法可用氧化性酸（硝酸加盐酸）分解，这时试样中的硫转化为 H_2SO_4，可用 $BaSO_4$ 重量法测定，也可以用还原剂将 H_2SO_4 还原为 H_2S，然后用光度法测定。若用非氧化性酸（盐酸加磷酸）分解，硫则转变为 H_2S，可直接用光度法测定。在这诸多方法中，燃烧-碘酸钾滴定法是一种经典方法，被列为标准方法。

燃烧-碘酸钾法的原理是钢铁试样在 1250 ~ 1300℃ 的高温下通氧气燃烧，其中的硫化物被氧化为二氧化硫。

$$3MnS + 5O_2 \xlongequal{\quad} Mn_3O_4 + 3SO_2 \uparrow$$

$$3FeS + 5O_2 \xlongequal{\quad} Fe_3O_4 + 3SO_2 \uparrow$$

生成的二氧化硫被水吸收后生成亚硫酸

$$SO_2 + H_2O \xlongequal{\quad} H_2SO_3$$

在酸性条件下，以淀粉为指示剂，用碘酸钾-碘化钾标准溶液滴定至蓝色不消失为终点。

$$IO_3^- + 5I^- + 6H^+ \xlongequal{\quad} 3I_2 + 3H_2O$$

$$I_2 + SO_3^{2-} + H_2O \xlongequal{\quad} 2I^- + SO_4^{2-} + 2H^+$$

化学计量关系为

$$n_s = \frac{1}{3} n_{IO_3^-}$$

根据碘酸钾-碘化钾标准溶液的浓度和消耗量，计算钢铁中硫的含量。

燃烧-碘量法的最大缺点是回收率不高，其原因包括燃烧法 SO_2 发生率不高、SO_2 在管路中易被吸附和转化（转化为 SO_3）、水溶液吸收不完全以及水溶液中 H_2SO_3 不稳定等。但如果条件控制得当，其回收率是稳定的。为防止测定结果偏低，一般是采用与试样成分、含量相近的标准样品，按分析操作步骤标定标准溶液浓度，以减小误差。

燃烧-碘量法所用设备与燃烧-气体体积法所用设备大同小异，即去掉其除硫和测量 CO_2 体积部分的有关装置，加上如图 6-16 所示的滴定部分装置即可。

3. 磷

钢铁中磷的测定方法有多种，一般都是使磷转化为磷酸，再与钼酸作用生成磷钼酸，在此基础上分别用重量法（沉淀形式为 $MgNH_4PO_4 \cdot 6H_2O$）、滴定法（酸碱滴定）、磷钒钼酸光度法、磷钼蓝光度法等进行测定。磷钼蓝光度法不仅对钢铁中磷的测定而且对其他有色金属和矿物中微量磷的测定都有普遍应用，该法已列为标准方法。

磷钼蓝光度法用于测定钢铁试样中磷时必须注意两个问题。第一，试样中磷是以 Fe_3P、Fe_2P 的形式存在，为防止磷呈 PH_3 状态挥发损失，必须使用氧化性酸（硝酸或硝酸加其他酸）分解试样，并加 $KMnO_4$ 或 $(NH_4)_2S_2O_8$，氧化可能生成的亚磷酸。第二，为防止试液中大量 Fe^{3+} 消耗还原剂，影响磷钼黄的还原，必须加入一定量 NaF，使 Fe^{3+} 形成 FeF_6^{3-} 而被掩蔽。

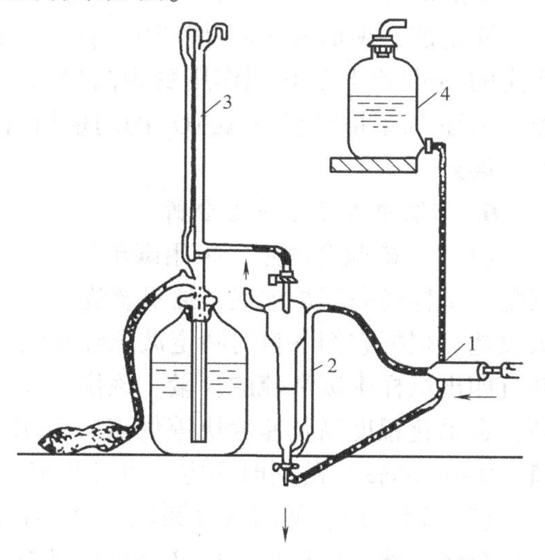

图 6-16　钢铁定硫仪滴定部分装置

4. 硅

硅的测定方法有重量法、滴定法（氟硅酸钾法）、光度法等。对含量很低的钢铁中的硅的测定，多用硅钼蓝光度法。

所不同的是试样溶解后，加入 $KMnO_4$ 氧化 Fe^{2+}，防止基体 Fe^{2+} 过早还原所生成的硅钼黄。同时还有分解碳化物的作用。

由于体系中含有大量基体 Fe^{3+}，会降低 Fe^{2+} 的还原能力。为此，加入草酸以络合 Fe^{3+}，降低 Fe^{3+}-Fe^{2+} 电对的电极电位，提高 Fe^{2+} 的还原能力，同时不仅可掩蔽 Fe^{3+} 黄色对测定的干扰，而且有助于破坏磷和砷的杂多酸，防止其干扰。

5. 锰

钢铁中锰的测定方法根据含量分为滴定法（氧化还原滴定法、配位滴定法）和光度法等。这里介绍过硫酸铵滴定法。

过硫酸铵滴定法的原理是，试样经硝酸、硫酸溶解，锰转化为 Mn^{2+}，然后在 Ag^+ 的催化作用下，用过硫酸铵氧化 MnO_4^-，然后用亚砷酸钠-亚硝酸钠标准溶液滴定。

$$3MnS + 14HNO_3 = 3Mn(NO_3)_2 + 3H_2SO_4 + 8NO\uparrow + 4H_2O$$

$$MnS + H_2SO_4 = MnSO_4 + H_2S\uparrow$$

$$3Mn_3C + 28HNO_3 = 9Mn(NO_3)_2 + 10NO\uparrow + 3CO_2\uparrow + 14H_2O$$

在催化剂 $AgNO_3$ 的作用下，$(NH_4)_2S_2O_8$ 对 Mn^{2+} 的催化氧化过程为

$$2Ag^+ + S_2O_8^{2-} + 2H_2O = Ag_2O_2 + 2H_2SO_4$$

$$5Ag_2O_2 + 2Mn^{2+} + 4H^+ = 10Ag^+ + 2MnO_4^- + 2H_2O$$

所产生的 MnO_4^- 用还原剂亚砷酸钠-亚硝酸钠标准溶液滴定，发生定量反应：

$$5AsO_2^- + 2MnO_4^- + 6H^+ = 5AsO_3^- + 2Mn^{2+} + 3H_2O$$

$$5NO_2^- + 2MnO_4^- + 6H^+ = 5NO_3^- + 2Mn^{2+} + 3H_2O$$

在溶解试样中还需加入磷酸，这主要是因为它能与 Fe^{3+} 络合为无色的 $Fe(PO_4)_2^{3-}$ 消除 Fe^{3+} 黄色影响终点观察。另一作用是防止在高温下 MnO_4^- 与 Mn^{2+} 生成 $MnO(OH)_2$ 沉淀，这是因为 H_3PO_4 与中间态的 Mn（Ⅲ）形成络合物 $Mn(PO_4)_2^{3-}$，使过硫酸铵将低价锰直接氧

化成 MnO_4^-，不使产生其他中间价态的锰而造成误差。

过硫酸铵的量约为锰量的1000倍，在锰氧化完毕后，须加热煮沸使多余的过硫酸铵分解，但煮沸时间不宜过长，否则 MnO_4^- 也将分解。

滴定前，须加入 NaCl 使产生 AgCl 沉淀消除对 Ag^+ 滴定的干扰。因在 Ag^+ 存在下，滴定产生的 Mn^{2+} 会与氧化剂作用变为高价锰。同时，会因生成 $AgAsO_3$ 沉淀消耗滴定剂造成误差。NaCl 的用量必须与 $AgNO_3$ 的用量相当，如果 NaCl 用量过多也会造成 Cl^- 与 MnO_4^- 反应产生误差。

6. 钢铁中五元素快速分析

（1）碳硫联合测定　采用碳硫红外分析仪可以快速进行碳和硫的联合测定。该法的原理是，试样经高频炉加热，通氧燃烧，碳和硫分别转化为 CO_2 和 SO_2，并随氧气流流经红外吸收池，根据它们各自对特定波长红外线的吸收与其浓度的关系，经计算机处理运算显示，并打印出试样中碳和硫的含量。该仪器装有机械手和电子天平，具有试样分解完全，转化率高，自动化程度高及速度快等优点。适用于钢、铁、铁合金等试样中碳（1%～3.5%）和硫（0～0.35%）的同时测定，也可测定矿石中的硫等，仪器通道依不同对象加以选定。

（2）硅、锰、磷的联合测定　试样在过量 $(NH_4)_2S_2O_8$ 的存在下，用稀的硫酸-硝酸混合液分解，然后机械分取试液分别以硅铜蓝光度法、$Ag^+-(NH_4)_2S_2O_8$ 氧化光度法和磷钼蓝光度法同时测定硅、锰、磷，经计算机处理数据自动打印出试样中硅、锰、磷的含量。

四、钢铁中合金元素的分析

钢铁中合金元素很多，随铁合金或合金钢种类不同，合金元素的种类及其含量也不同。这里选择介绍几种合金元素的主要测定方法。

1. 铬

普通钢中的 $w(Cr)<0.3\%$，一般铬钢 $w(Cr)0.5\%\sim2\%$，镍铬钢 $w(Cr)1\%\sim4\%$，高速工具钢含 $w(Cr)=5\%$，不锈钢 $w(Cr)$最高可达20%。钢铁试样中高含量铬常用滴定法测定，低含量铬一般用光度法测定。

铬的滴定法大多是基于铬的氧化还原特性，先用氧化剂将 Cr(Ⅲ)氧化至 Cr(Ⅵ)，然后再用还原剂（常用 Fe^{2+} 来滴定）。氧化剂可以是过硫酸铵、高锰酸钾及高氯酸等。用 $(NH_4)_2S_2O_8$ 氧化时，可加硝酸银作催化剂，也可以不加催化剂硝酸银。

铬的光度法有三类：第一类是基于 Cr(Ⅵ)先将显色剂氧化，然后再配位生成有色配合物，如二苯偕肼光度法；第二类是基于 Cr^{3+} 与显色剂直接进行显色反应，Cr^{3+}-EDTA、Cr^{3+}-CAS、Cr^{3+}-XO 等；第三类为铬的三元配合物，包括 Cr(Ⅲ)和 Cr(Ⅵ)两种价态均灵敏的多元配合物显色体系。杨武等综述的81个高灵敏显色体系绝大多数都是三元或四元配合物体系，其中约有1/4以钢铁中微量铬的测定为应用对象进行研究。

（1）银盐-过硫酸铵氧化滴定法　试样用硫-磷混合酸分解，以硝酸破坏碳化物。在硫-磷酸介质中，用银盐-过硫酸铵将 Cr(Ⅲ)氧化为 Cr(Ⅵ)，直接用亚铁滴定，求得铬量。或者加过量标准亚铁溶液使 Cr(Ⅵ)还原为 Cr(Ⅲ)，然后用 $KMnO_4$ 回滴过量亚铁，间接求算出铬量。主要反应：

$$Cr_2(SO_4)_3+3(NH_4)_2S_2O_8+8H_2O = 2H_2CrO_4+3(NH_4)_2SO_4+6H_2SO_4$$

$$2H_2CrO_4+6(NH_4)_2Fe(SO_4)_2+6H_2SO_4 = Cr_2(SO_4)_3+3Fe_2(SO_4)_3+6(NH_4)_2SO_4+8H_2O$$

$$10(NH_4)_2Fe(SO_4)_2+2KNO_3+6H_2SO_4 = 5Fe_2(SO_4)_3+10(NH_4)_2SO_4+K_2SO_4+6H_2O$$

试样分解时一般用 16% H_2SO_4 与 8% H_3PO_4 的混合液，对于高碳钢宜用 12% H_2SO_4 和 40% H_3PO_4 混合液。氧化时酸度可控制为 3% ~8% 的 H_2SO_4 介质，因为硫酸浓度过大时，铬氧化迟缓；硫酸浓度过小时，锰易析出二氧化锰沉淀。用亚铁直接滴定时钒会产生干扰；用亚铁还原 Cr（Ⅵ）为 Cr（Ⅲ），再以 $KMnO_4$ 反滴定，则钒不干扰。锰的干扰，可用亚硝酸钠或 Cl^-（以 HCl 或 NaCl 形式加入）还原除去。

（2）二苯偕肼光度法　试样用硝酸溶解后，用硫磷酸冒烟以破坏碳化物和驱尽硝酸，然后用过硫酸铵-硝酸银将 Cr（Ⅲ）氧化为 Cr（Ⅵ），用亚硝酸钠还原 MnO_4^-，加入 EDTA 掩蔽铁，在 0.4mol · L^{-1}酸度下，二苯偕肼被氧化并生成一种可溶性的紫红色络合物，在其最大吸收波长 540nm 处，其与铬量在一定范围内符合比耳定律，以此进行铬的测定。反应的灵敏度为 0.002μg · cm^{-2}。主要反应为

溶解反应：$Cr + 4HNO_3 = Cr(NO_3)_3 + NO\uparrow + 2H_2O$

$$3CrC + 52HNO_3 = 12Cr(NO_3)_3 + 3CO_2\uparrow + 16NO\uparrow + 26H_2O$$

$$2Cr_3C_2 + 9H_2SO_4 = 3Cr_2(SO_4)_3 + 4C + 9H_2\uparrow$$

氧化反应：

$$Cr_2(SO_4)_3 + 3(NH_4)_2S_2O_8 + 8H_2O = 2H_2CrO_4 + 3(NH_4)_2SO_4 + 6H_2SO_4$$

Cr（Ⅵ）与二苯偕肼的反应：Cr（Ⅵ）将二苯偕肼氧化为二苯基氮碳酰肼，则本身被还原为 +2 价和 +3 价。

$$Cr(Ⅵ) + O{=}C\begin{cases}NHNHC_6H_5\\NHNHC_6H_5\end{cases} \longrightarrow Cr^{2+}(或\ Cr^{3+}) + O{=}C\begin{cases}N{=}NC_6H_5\\NHNHC_6H_5\end{cases}$$

Cr^{3+} 与二苯基偶氮碳酰肼的反应：

$$Cr^{3+} + 2O{=}C\begin{cases}N{=}N{-}C_6H_5\\NH{-}NH{-}C_6H_5\end{cases} \longrightarrow \left[O{=}C\begin{matrix}N{=}N(C_6H_5)\\NH{-}N(C_6H_5)\end{matrix}\rightarrow Cr \leftarrow \begin{matrix}N(C_6H_5){-}NH\\N{=}N(C_6H_5)\end{matrix}C{=}O\right]^+ + 2H^+$$

显色酸度以 0.012 ~0.15mol · L^{-1} H_2SO_4 介质为宜，酸度低显色慢，酸度高色泽不稳定。

2. 镍

镍在普通钢中的质量分数一般都小于 0.2%，结构钢、弹簧钢、滚球轴承钢中要求 $w(Ni)$ 小于 0.5%，而不锈钢、耐热钢中镍含量从百分之几到百分之几十。

镍的测定方法有很多，特别是镍的滴定法和光度法的体系很多。纵观镍的各种测定方法可以发现具有以下特点：①镍试剂（丁二酮肟）是测定镍的有效试剂，依据镍与丁二酮肟的反应，可以用重量法、滴定法、光度法测定高、中、低含量的镍，而且被列为标准方法的几种方法均与该反应有关。②在测定镍的许多方法中，钴常常容易产生干扰，有的可以较为方便消除，大多难以消除。③适应于低含量测定的灵敏度高的光度法，大多数是多元配合物光度法。

这里介绍基于镍与丁二酮肟反应生成丁二肟镍的重量法、滴定法和光度法的原理。

（1）重量法　在 pH=6~10.2 的醋酸盐或氨性介质中，Ni^{2+} 与丁二酮肟反应可生成酒红色的丁二肟镍晶形沉淀，沉淀经过滤、洗涤，可烘干称重或灼烧成 NiO 后称量。

丁二酮肟与镍的沉淀反应为

$$Ni^{2+}+2\begin{matrix}H_3—C—C{=}NOH\\ |\\ H_3—C—C{=}NOH\end{matrix} \Longrightarrow \left[\begin{matrix}H_3—C—C{=}NOH\\ |\\ H_3—C—C{=}NO\end{matrix}\right]_2 Ni\downarrow +2H^+$$

由于丁二酮肟在水溶液中随 pH 不同而存在下列平衡：

$$C_4H_8N_2O_2 \underset{H^+}{\overset{OH^-}{\longrightarrow}} [C_4H_7N_2O_2]^- \underset{H^+}{\overset{OH^-}{\longrightarrow}} [C_4H_6N_2O_2]^{2-}$$

而沉淀反应是 Ni^{2+} 与 $[C_4H_7N_2O_2]^-$ 的反应，因此，pH 过高或过低都会使沉淀溶解度增大，不易沉淀完全。

另外，钴与丁二酮肟也有类似反应，在 pH=6~7 的醋酸缓冲液中沉淀镍时，钴不沉淀，或者将 Co^{2+} 氧化为 Co^{3+} 也不干扰。

（2）滴定法　按前述方法得到丁二肟镍沉淀后，用 HNO_3+HClO_4 将沉淀分解，在 pH=10 的氨性缓冲溶液中，以紫脲酸铵为指示剂，用 EDTA 滴定。

（3）光度法　试样用酸分解，在碱性（或氨性）介质中，当有氧化剂存在时，Ni^{2+} 被氧化成 Ni^{4+}，然后与丁二酮肟生成红色络合物。络合物的组成及稳定性与显色酸度密切相关，若在酸性介质中显色，氧化剂氧化丁二酮肟后的生成物与镍生成鲜红色络合物，但很不稳定。在 pH<11 的氨性介质中生成镍∶丁二酮肟=1∶2 的络合物，λ_{max}=400nm，但稳定性差，放置过程中组成会发生改变，λ_{max} 不断变化，难以应用。当 pH≥12 时（强碱性），络合物组成比为 1∶3，λ_{max}=460~470nm，此络合物稳定性好，可稳定 24h 以上。

铁、铝、铬在碱性介质中易生成氢氧化物沉淀而干扰测定，过去采用酒石酸盐或柠檬酸盐来掩蔽，铁的酒石酸盐和柠檬盐络合物均有一定颜色，影响测定的灵敏度和准确度。现在改用焦磷酸盐来作掩蔽剂，获得良好效果。

3. 钼

钼在钢中主要以固溶体及碳化物 Mo_2C、MoC 的形态存在。钼可增加钢的淬透性、热硬性、热强性，防止回火脆性，改善磁性等。普通钢中 w(Mo) 在 1% 以下，不锈钢和高速工具钢中可达 5%~9%。

由于碳化钼常难溶于酸，试样不能用稀盐酸或稀硫酸来分解，但可溶于硝酸并使碳化物破坏。

钼的测定方法有很多，包括重量法、滴定法和光度法。由于钼在钢中的含量常常较低。光度法研究和应用最为普遍。这里介绍被推荐为国家标准和 ISO 标准的硫氰酸盐光度法。

试样经硝酸分解后，用硫酸（或硫-磷混合酸）或高氯酸蒸发冒烟，以进一步破坏碳化物和控制一定酸度。在酸性性质中，用 $SnCl_2$ 还原 Fe^{3+} 和 Mo（Ⅵ），Mo（Ⅴ）与硫氰酸盐生成橙红色络合物，于 470nm 处测定吸光度。主要反应为

$$2H_2MoO_4+16NH_4CNS+SnCl_2+12HCl = 2[3NH_4CNS\cdot Mo(CNS)_5]+SnCl_4+10NH_4Cl+8H_2O$$

还原剂除 $SnCl_2$ 外，也可以用抗血酸或硫脲。不同还原剂需酸度不同，用 $SnCl_2$ 作还原

剂时，宜控制 $c(1/2H_2SO_4)$ 在 0.7 ~ 2.5mol · L^{-1}；用抗坏血酸作还原剂时，宜控制 $c(1/2H_2SO)$ 在 1 ~ 3mol · L^{-1}；用硫脲时宜控制显色酸度为 8% ~10% 的盐酸或硫酸介质。

该显色体系反应速度快，但稳定性较差，特别是受温度影响较大，在 25℃ 时可稳定 30min 以上，大于 25℃ 时褪色较快，在 32℃ 以上会因硫氰酸盐分解而迅速褪色。

如果将显色产物用氯仿或乙酸丁酯萃取后在有机相中测定吸光度，稳定性增强。

4. 钒

钢中一般 $w(V)$ = 0.02% ~0.3%，某些合金钢 $w(V)$ 高达 1% ~4%。钒能使钢具有一些特殊力学性能，如提高钢的抗张强度和屈服点，尤其是能明显提高钢的高温强度。

钒在生铁中形成固溶体，在钢中主要形成稳定的碳化物，如 V_4C_3、V_2C 等或更复杂的碳化物。钒也可以与氧、硫、氮形成极稳定的化合物。钒的碳化物稳定，几乎不溶于硫酸或盐酸，试样要用氧化性较强的 HNO_3、$HNO_3 + HCl$、$HClO_4$ 等溶解。

钒的测定方法主要是滴定法和光度法。滴定法主要是基于氧化还原反应的滴定，常用 $KMnO_4$ 或 $(NH_4)_2S_2O_8$ 氧化剂将钒氧化到 +5 价，然后用亚铁滴定；也可直接用硝酸或硝酸铵氧化后用亚铁滴定，方法简便、迅速。钒的光度分析方法有很多，特别是多元配合物光度法研究很活跃，杨武等综述的 50 多个灵敏度分光光度法中绝大多数为三元、四元化合物，有的摩尔吸光系数在 10^6 以上。然而实际工作中应用较多的还是钽试剂-氯仿萃取光度法。

（1）高锰酸钾氧化-亚铁滴定法　试样用硫-磷混合酸经高温加热到冒白烟，使试样分解完全，然后在室温下用 $KMnO_4$ 将钒（Ⅳ）氧化为钒（V），用 $NaNO_2$ 除去过量 $KMnO_4$，尿素除去过剩的 $NaNO_2$，以 N-苯基邻氨基苯甲酸作指示剂，用 Fe^{2+} 滴定 V（V）。主要反应为

$$5V_2O_2(SO_4)_2 + 2KMnO_4 + 22H_2O = 10H_3VO_4 + K_2SO_4 + 2MnSO_4 + 7H_2SO_4$$

$$2KMnO_4 + 5NaNO_2 + 3H_2SO_4 = 5NaNO_3 + K_2SO_4 + 2MnSO_4 + 3H_2O$$

$$2HNO_2 + (NH_2)_2CO = CO_2\uparrow + 2N_2\uparrow + 3H_2O$$

$$2H_3VO_4 + 2FeSO_4 + 3H_2SO_4 = V_2O_2(SO_4)_2 + Fe_2(SO_4)_3 + 6H_2O$$

高锰酸钾氧化 V（Ⅳ）到（V），宜在 3% ~8% 硫酸介质中进行。同时注意控制温度在 30℃ 以下，$KMnO_4$ 用量为滴加至微红色不褪即可。温度太高或 $KMnO_4$ 用量过大，Cr^{3+} 被氧化而产生干扰。用亚铁滴定时酸度宜控制在 $c(H^+)$ = 6 ~8.8mol · L^{-1}。

（2）钽试剂-氯仿萃取光度法　试样经混合酸分解，硫-磷酸发烟，在冷溶液中，用 $KMnO_4$ 将钒氧化到 +5 价，用亚硝酸钠或盐酸还原过量的 $KMnO_4$。在酸性介质中，钽试剂（N-苯甲酰-N-苯基羟胺）与 V（V）生成一种可被氯仿萃取的紫红色螯合物，在 535nm 波长下测其吸光度，可测得钒含量。

主要反应：

$$(C_2H_5)_2OH^+ + FeCl_4^- \rightleftharpoons (C_2H_5)_2OH \cdot FeCl_4\text{(盐)}$$

反应必须在酸性介质中进行，且保证钒呈 +5 价。萃取的介质可以是 HCl-$HClO_4$、H_2SO_4-H_3PO_4、H_2SO_4-H_3PO_4-HCl 等，有人认为以 H_2SO_4-H_3PO_4-HCl 介质为好。

5. 钛

钛在钢中不仅可以以固溶体形式存在，而且还可以以 TiC、TiO_2、TiN 等化合态存在。

它有稳定钢中碳和氮的作用，可以防止钢中产生气泡。它可以提高钢的硬度、细化晶粒，又能降低钢的时效敏感性、冷脆性和耐蚀性，从而改善钢的品质和力学性能。通常认为 w(Ti)大于0.025%就称为合金元素。不锈钢 w(Ti)为0.1% ~2%，部分耐热合金、精密合金中 w(Ti)可高达2% ~6%。

钛可溶解于盐酸、浓硫酸、王水及氢氟酸中。但钢中钛的氮、氧化物非常稳定，只有在浓 H_2SO_4 加热冒烟时才被分解，或者用 $HNO_3 + HClO_4$，并加热至冒 $HClO_4$ 白烟来分解。同时钛的试样分解时，若产生紫色 Ti（Ⅲ）不太稳定，易被氧化为 Ti（Ⅳ），而 Ti（Ⅳ）在弱酸性溶液中易水解而生成白色偏钛酸沉淀或胶体，难溶于酸或水。这一点在操作中要注意。

钛的测定方法有很多，变色酸光度法和二安替比林甲烷光度法是测定钢铁中钛的国家标准方法。

6. 钢铁中合金元素系统快速分析

在钢铁产品检验中要对钢铁中的多种合金元素进行测定时，采用系统分析方法可加快速度，降低成本，提高效率。这里介绍两个系统分析实例。

（1）生铁快速分析系统 试液制备：生铁试样加入预热的硫-硝混合酸及过硫酸铵，加热至近沸点的温度，使试样分解完全，再加30%过硫酸铵溶液4mL，并煮沸2 ~3min（若有 MnO_2 析出或溶液呈褐色，则滴加10%的 $NaNO_2$ 溶液使高价锰恰好还原，继续煮沸0.5 ~1min），冷却，转到100mL容量瓶中加水稀释至刻度，用快速滤干过滤除去不溶解的碳。

各元素的测定：分取试液用磷钼蓝光度法测定磷、硅钼蓝光度法测定硅、过硫酸铵氧化光度法测定锰、二苯偕肼光度法测定铬、丁二酮肟光度法测定镍、硫氰酸盐光度法测定钼、双环己酮草酰二腙光度法测定铜。

（2）碳钢及低合金钢的快速分析系统 试液的制备：试样用 $HClO_4 + HNO_3$ 加热分解，并蒸至冒 $HClO_4$ 白烟，冷却，用少量水溶解盐类，移入100mL容量瓶中加水稀释至刻度，摇匀备用。

各元素的测定：分取试液用硅钼蓝光度法测定硅、磷钼蓝光度法测定磷、过硫酸铵氧化光度法测定锰、二苯偕肼光度法测定铬、硫氰酸盐光度法测定钼、PAR光度法测定钒、丁二酮肟光度法测定镍、变色酸光度法测定钛。

模块三 锰及锰合金分析

一、概述

锰是钢铁材料中最常见的元素，在钢铁生产中常用于脱氧除硫，能显著提高钢铁铁素体的强度和硬度。锰在铁中主要以MnS状态存在，剩余的锰可以生成 Mn_3C、MnSi、FeMnSi等形式存在。有色金属中少量锰的存在能提高其压力加工性能及耐磨、耐蚀性，是各类铜合金、铝合金、镍锰合金的主要成分之一。

二、溶样和分离技术

锰易溶于硫酸、稀硼酸形成二价离子，因而测定锰时样品一般都用酸溶，或用碱溶解后酸化（铝合金）。

光度法测锰一般都是依据氧化-还原反应原理，将二价锰氧化至七价再进行测定，方法选择性比较高，因而实际操作中较少使用预分离步骤。除非样品中的锰含量极低，或无法用一般测定方法进行测定的情况下才需要进行分离和富集。方法有：

1）在中性或微酸性介质中二价锰以硫化物的形式与三价铁或镧共沉淀。

2）以8-羟基喹啉作沉淀剂和三价铁作载体分离痕量的锰。

3）在 pH = 6 ~ 8 时以氯仿、乙酸乙酯或戊醇的四氯化碳溶液萃取 $Mn(DDTC)_3$ 以分离锰等。

另外，也可以采用离子交换法分离锰。

三、分析方法

1. 滴定法

（1）亚砷酸钠-亚硝酸钠滴定法　试样用酸溶解后，锰以二价形态存在，在 2 ~ 4mol·L^{-1}的硫酸溶液中，以硝酸银为催化剂，用过硫酸铵将二价锰氧化成七价（此时试液呈紫红色），然后以亚砷酸钠-亚硝酸钠的混合溶液滴定，将七价锰还原为二价锰（此时紫红色消褪）。

如果单独使用亚砷酸钠溶液滴定，只能将 Mn^{7+} 还原为 $Mn^{3.3+}$（平均化合价），终点呈黄绿色，很难判断；如果单独使用亚硝酸钠溶液滴定，虽然能将 Mn^{7+} 完全还原为 Mn^{2+}，但作用缓慢，且终点不明显。如果两者混用，则可互补其短。实验证明两者按 1:1 的混合比较适合。

（2）三价锰-硫酸亚铁铵滴定法　在 160 ~ 250℃ 的磷酸溶液中，固体硝酸铵能定量氧化二价锰至三价锰，反应如下：

$$MnHPO_4 + NH_4NO_3 + H_3PO_4 \rightarrow NH_4MnH_2(PO_4)_2 + NH_4NO_2 + HNO_2 + H_2O$$

过量的硝酸铵立即与产生的亚硝酸盐进行反应：

$$NH_4^+ + NO_2^- \rightarrow N_2 + 2H_2O$$

使反应中生成的亚硝酸盐完全分解，从而使二价锰完全氧化为三价。然后以 N-苯代邻氨基苯甲酸为指示剂，用硫酸亚铁铵标准溶液滴定。或加入过量的硫酸亚铁标准溶液，用高锰酸钾标准溶液返滴定。

2. 光度法

经常使用的分光光度法测定锰是以二价锰离子在酸性溶液中被强氧化剂氧化成紫色的高锰酸根离子为基础的，它具有很高的选择性但却不灵敏，用甲醛肟的方法则可得到较高的灵敏度，1-（2-吡啶偶氮）-2-萘酚（PAN）萃取光度法甚至更灵敏。最常用的强氧化剂是高碘酸钾和过硫酸铵，反应如下：

$$2Mn^{2+} + 5IO_4^- + 3H_2O \xlongequal{\quad} 2MnO_4^- + 5IO_3^- + 6H^+$$

$$2Mn^{2+} + 5S_2O_8^{2-} + 8H_2O \xlongequal{\quad} 2MnO_4^- + 10HSO_4^- + 6H^+$$

锰的氧化反应在硝酸或硫酸的溶液中进行得较快，但碘酸铁在硝酸溶液中很难溶解。因而需加入磷酸与三价铁生成无色的络合物，掩蔽三价铁的干扰，并防止碘酸锰或过硫酸锰沉淀。

3. 电位滴定法

在中性介质中（pH = 7 左右），用高碘酸钾将二价锰氧化为三价锰，滴定终点根据溶液电位的突变来确定。以氧化锌沉淀铁、铬、铝、钒、铜、钼、钨、钛等，并以焦磷酸盐络合掩蔽其他干扰元素。

4. 火焰原子吸收光谱法

用适当的酸溶解试料，以高氯酸蒸发至冒烟。用盐酸（1+1）溶解盐类，若有残渣则过滤。以锰空心阴极灯作为光源，吸喷试液到空气-乙炔火焰中，测定279.5nm或403.1nm波长处的吸光度。

四、分析实例

1. 三价锰-硫酸亚铁铵滴定法测定铜合金中的锰

（1）方法提要　试料用硝酸溶解，在磷酸介质中，用固体硝酸铵将锰氧化为三价，以苯代邻氨基苯甲酸为指示剂，用硫酸亚铁铵标准溶液滴定。测定范围：2.5%～15%（质量分数）。

（2）试剂

1）硝酸铵。

2）磷酸（$\rho=1.69g/mL$）。

3）硝酸（1+1）。

4）硫酸（1+9）。

5）苯代邻氨基苯甲酸溶液（2g/L）：称取0.2g苯代邻氨基苯甲酸置于150mL烧杯中，加入100mL碳酸钠溶液（2g/L），加热溶解完全。

6）重铬酸钾标准溶液[$c(1/6K_2Cr_2O_7)=0.01500mol/L$]：称取0.7355预先经140～150℃烘至恒重并置于干燥器中冷却至室温的基准重铬酸钾，置于300mL烧杯中，以水溶解。移入1000mL容量瓶中，加水稀释至刻度，混匀。

7）硫酸亚铁铵标准溶液[$c(NH_4)_2Fe(SO_4)_2=0.015mol/L$]：称取5.88g硫酸亚铁铵，置于400mL烧杯中，加入250mL硫酸（1+1）溶解。移入1000mL容量瓶中，加水稀释至刻度，混匀。

（3）标定方法：移取25.00mL重铬酸钾标准溶液[$c(1/6K_2Cr_2O_7)=0.01500mol/L$]，加入20mL水、10mL硫酸和磷酸的混合酸（1+1）、2～4滴苯代邻氨基苯甲酸溶液(2g/L)，用硫酸亚铁铵标准溶液[$c(NH_4)_2Fe(SO_4)_2=0.015mol/L$]滴定溶液至亮黄色为终点。按下式计算硫酸亚铁铵标准溶液的实际浓度：

$$c=\frac{0.01500V_1}{V_0}$$

式中　c——硫酸亚铁铵标准滴定溶液的实际浓度，单位为mol/L；

V_1——移取重铬酸钾滴定溶液的体积，单位为mL；

V_0——标定时消耗硫酸亚铁铵标准滴定溶液的体积，单位为mL。

取3份进行标定，其标定所消耗的硫酸亚铁铵标准滴定溶液体积的差不超过0.10mL，取其平均值。

（4）分析步骤　称取0.4000g（锰的质量分数为2.5%～8.0%）或0.2000g（锰的质量分数为8.0%～15.0%）试料，置于300mL锥形瓶中，加入5mL硝酸（1+1），加热至溶解完全，加入15mL磷酸（1+9），混匀。置于高温电炉上加热至刚有磷酸烟冒出，取下。放置20～30s，加入1～2g硝酸铵固体，立即摇动并吹气排除氮的氧化物。放置1～2min，加入30mL硫酸（1+9），用流水冷却至室温。用硫酸亚铁铵标准滴定溶液滴定溶液至微红色，加入2～4滴苯代邻氨基苯甲酸溶液（2g/L），继续滴定至亮黄色为终点。

（5）分析结果的计算　按下式计算锰的质量分数：

$$w_{\mathrm{Mn}}=\frac{cV\times 54.94\times 10^{-3}}{m_0}\times 100\%$$

式中　w_{Mn}——锰的质量分数；

c——硫酸亚铁铵标准滴定溶液的实际浓度，单位为 mol/L；

V——滴定时消耗硫酸亚铁铵标准滴定溶液的体积，单位为 mL；

m_0——试样的质量，单位为 g；

54.94——锰的摩尔质量，单位为 g/mol。

2. 高碘酸钾（钠）光度法测定钢铁中的锰

（1）方法提要　试样经酸溶解后，在硫酸、磷酸介质中，用高碘酸钾（钠）将锰氧化至七价，测量其吸光度。测定范围：0.010%～2.00%（质量分数）。

（2）试剂

1）氢氟酸（ρ=1.15g/mL）。

2）盐酸（ρ=1.19g/mL）。

3）硝酸（ρ=1.42g/mL）。

4）硝酸（1+4）。

5）硝酸（2+98）。

6）硫酸（1+1）。

7）磷酸-高氯酸混合酸：3份磷酸（ρ=1.69g/mL）和1份高氯酸（ρ=1.67g/mL）混匀。

8）高碘酸钾（钠）溶液（50g/mL）：称取5g高碘酸钾（钠），置于250mL烧杯中，加60mL水、20mL硝酸（ρ=1.42g/mL），温热溶解后，冷却。用水稀释至100mL，混匀。

9）锰标准溶液：称取1.4383g基准高锰酸钾，置于600mL烧杯中，加300mL水溶解，加10mL硫酸（1+1），滴加过氧化氢（ρ=1.10g/mL）至红色恰好消失，加热煮沸5～10min，冷却。移入1000mL容量瓶中，用水稀释至刻度，混匀。此溶液1mL含500μg锰。

10）不含还原物质的水：将去离子水（或蒸馏水）加热煮沸，每升用10mL硫酸（1+3）酸化，加几粒高碘酸钾（钠），继续煮沸几分钟，冷却后使用。

11）亚硝酸钠溶液（10g/L）。

（3）分析步骤　见表6-6，称取试样，置于150mL锥形瓶中，加15mL硝酸（1+4），低温加热溶解。

表6-6　分析实例

锰的质量分数(%)	0.01～0.1	0.1～0.5	0.5～1.0	1.0～2.0
称样量/g	0.5000	0.2000	0.2000	0.1000
锰标准溶液浓度/(μg/mL)	100		500	
移取锰标准溶液的体积/mL	0.50 2.00 3.00 4.00 5.00	2.00 4.00 6.00 8.00 10.00	2.00 2.50 3.00 3.50 4.00	
比色皿/cm	3	2	1	

加10mL磷酸-高氯酸混合酸，加热蒸发至冒高氯酸烟，稍冷，加10mL硫酸（1+1），用水稀释至约40mL。加10mL高碘酸钾（钠）溶液，加热至沸并保持2～3min（防止试液溅出），冷却至室温。移入100mL容量瓶中，用不含还原性物质的水稀释至刻度，混匀。

按表6-6将部分显色溶液移入吸收皿中，向剩余的显色液中，边摇边滴加亚硝酸钠溶液（10g/L）至紫红色刚好褪去，将此溶液移入另一吸收皿为参比溶液，用分光光度计在波长530nm处测量其吸光度。根据测得的试液吸光度，从工作曲线上查出相应的锰含量。

（4）工作曲线的绘制　按表6-6移取锰标准溶液分别置于150mL锥形瓶中，按操作步骤进行，测量其吸光度。以锰量为横坐标，吸光度为纵坐标，绘制工作曲线。

（5）分析结果的计算　按下式计算锰的质量分数：

$$w_{Mn}=\frac{m_1\times10^{-6}}{m_0}\times100\%$$

式中　w_{Mn}——锰的质量分数；

m_1——从工作曲线上查出的锰含量，单位为μg；

m_0——试样的质量，单位为g。

模块四　铬及铬合金分析

一、概述

铬是合金钢中最重要的合金元素之一，常与镍、钒、钼等元素同时加入钢中，形成各种性能的钢。铬在钢中能提高钢的机械强度，增加钢的耐磨性、耐蚀性、抗磁性、弹性及增加钢的硬度、淬透性，是耐酸钢及耐热钢中不可缺少的元素。

小知识

钢中铬的质量分数大于12%时，称为不锈钢。

二、溶样和分离技术

铬在钢中的存在形式有金属状态（存在于铁固溶体中）、多种碳化物（如Cr_3C_2、Cr_7C_3、$Cr_{23}C_6$）、氮化物（CrN、Cr_2N）、硅化物（Cr_3Si）、氧化物（CrO_3）等。通常处于固溶体的铬易溶于盐酸、稀硫酸或高氯酸中，但铬的碳化物或氮化物要以浓硫酸或高氯酸加热至冒硫酸烟、高氯酸烟才能破坏，有时甚至需在冒硫酸烟时滴加硝酸才能破坏。浓硝酸能使钢样钝化，故不能单独用来溶解样品。通常普碳钢、低合金钢、部分易溶的高合金钢等可采用硫磷混合酸溶解，然后再用硝酸分解氧化；难溶的高合金钢则采用王水溶解、高氯酸氧化或用盐酸-过氧化氢溶解，高氯酸冒烟氧化；生铁、普碳钢亦可用稀硝酸溶解、高氯酸分解氧化；铝合金采用碱溶解，再酸化；其他非铁金属（如铬青铜）采用盐酸-过氧化氢溶解、高氯酸氧化。

铬的分离与富集可采用以下各种方法：

1. 沉淀法

1）碳酸钠能沉淀Fe^{3+}、Mn^{2+}、Ni^{2+}、Cu^{2+}等离子，$Cr_2O_7^{2-}$转化为CrO_4^{2-}，保留在溶液中而与这些元素分离。

2）Cr^{3+}可在氨水-氯化铵介质中以氢氧化物的形式沉淀，而与镍、钴、铜、钨、钼等元素分离。因氢氧化铬为两性化合物，沉淀时应控制溶液的酸度。另外，虽然铬可以完全沉淀，但因沉淀具有强烈的胶体性质，分离时应加入大量的铁或铝作载体。

3）在草酸、酒石酸或柠檬酸存在的条件下，Cr^{3+}可形成稳定的络合物，在氨水-氯化铵介质中不会被沉淀，而与能生成沉淀的镍、钴、锌、锰等元素分离。

4）在体积分数为10%的稀硫酸溶液中，铬不被铜铁试剂沉淀而与铁、钛、钒、铌、钽、钨、钍、锡、铪和铜等能被沉淀的元素分离，但铍、锰、镍、铝与铬一起留在溶液中。

5）含铬试样以碱熔融时，在氧化剂的存在下，Cr^{3+}被氧化成铬酸根，当用水浸出时（$pH>11$），铁、锰、钛、锆、镍、钴、镁、铜等形成沉淀而与铬分离。

2. 萃取法

1）采用异戊醇、氯仿、己醇或环己醇等萃取Cr^{6+}与二苯碳酰二肼的化合物。铁和铜的干扰可用铜铁试剂络合并萃取分离，钒的干扰可在$pH=4$时加8-羟基喹啉后用氯仿萃取分离。

2）用MIBK从$1\sim3mol\cdot L^{-1}$盐酸溶液中萃取Cr^{6+}。该方法中多数元素如钒、铁、锰和镍等能完全与铬分离，只有较大量的锑、汞、钨、稀土等被共萃取。

3. 离子交换法

1）采用离子交换法，如在酸性溶液中，含铬酸根的溶液通过强碱性阴离子交换树脂时，Cr^{6+}被树脂吸附而与其他所有阳离子分离。

2）用$0.02\sim12mol\cdot L^{-1}$盐酸作洗涤液时，因$Cr^{3+}$不保留在阴离子交换树脂上而与其他金属离子分离。

3）强碱性阴离子能从$pH=2.5\sim3$的醋酸盐溶液中保留铬、钒和钼，再用$8mol\cdot L^{-1}$的盐酸将铬洗涤下来，从而与其他元素分离。

其他元素分析中大量铬干扰的消除可采用挥发去铬，即在高氯酸介质中，加热至冒烟，将铬氧化为六价后，分次加入盐酸或固体氯化钠，铬生成氯化铬酰挥发除去，但溶液中仍有少量铬残存。

三、分析方法

1. 氧化还原滴定法

测定铬的方法中应用最广的是氧化还原滴定法，其原理是先用氧化剂将铬（Ⅲ）氧化为铬（Ⅵ），再用还原剂将其还原滴定为铬（Ⅲ），根据所消耗还原剂的量来计算铬量。

常用的氧化剂有$(NH_4)_2S_2O_8$、$HClO_4$、$KMnO_4$、PbO_2、$KClO_3$等。其中应用最多的是$(NH_4)_2S_2O_8$，其次是$HClO_4$和$KMnO_4$。常用的还原剂是亚铁溶液。可直接滴定，或加入过量的亚铁溶液再进行返滴定。指示剂可选用N-苯代邻氨基苯甲酸或二苯氨磺酸钠。

（1）过硫酸铵氧化滴定法　试样用酸溶解，经硫磷酸冒烟后，以硝酸银作催化剂，用过硫酸铵将铬（Ⅲ）氧化为铬（Ⅵ），同时锰亦被氧化为高锰酸根而使溶液呈红色，还原高锰酸根后，加入指示剂N-苯代邻氨基苯甲酸，指示剂被铬（Ⅵ）氧化而呈现红色，以硫酸亚铁铵标准溶液滴定至亮绿色。

$$Cr_2(SO_4)_3+3(NH_4)_2S_2O_8+7H_2O=H_2Cr_2O_7+3(NH_4)_2SO_4+6H_2SO_4$$

$$2MnSO_4+5(NH_4)_2S_2O_8+8H_2O=HMnO_4+5(NH_4)_2SO_4+7H_2SO_4$$

$$2H_2CrO_4+6(NH_4)_2Fe(SO_4)_2+6H_2SO_4=Cr_2(SO_4)_3+3Fe_2(SO_4)_3+6(NH_4)_2SO_4+8H_2O$$

氧化剂硫酸的酸度以1～1.25mol/L为最佳。酸度过高降低氧化速度，$(NH_4)_2S_2O_8$还会分解而使$Cr_2O_7^{2-}$被还原为$Cr_2(SO_4)_3$；酸度过低则高锰酸易析出二氧化锰沉淀。硝酸银的用量一般认为与铬相近，氧化剂的用量一般为4g左右，至少为铬量的100倍。

经过硫磷酸冒烟，可破坏铬的碳化物和氮化物，磷酸的存在还可防止在煮沸时析出二氧化锰沉淀，并且当试样含钨时可使钨形成可溶性的$H_3PO_4 \cdot 12WO_3$络合物而存在于溶液中，避免因钨酸析出而带下部分铬。此时应以二苯氨磺酸钠代替N-苯代邻氨基苯甲酸作指示剂，使滴定终点较为明显。

高锰酸先于铬（Ⅵ）被亚铁滴定而干扰铬的滴定，因而需先将高锰酸还原，可加入稀盐酸或氯化钠溶液煮沸还原，并除去银，煮沸时间不可过长，否则铬（Ⅵ）也可能被还原。

$$2HMnO_4 + 14HCl \xlongequal{} 2MnCl_2 + 5Cl_2\uparrow + 8H_2O$$

或用亚硝酸钠还原高锰酸，多余的亚硝酸钠用尿素分解。

$$2HMnO_4 + 5NaNO_2 + 2H_2SO_4 \xlongequal{} 2MnSO_4 + 5NaNO_3 + 3H_2O$$

$$(NH_4)_2CO + 2NaNO_2 + H_2SO_4 \xlongequal{} CO_2\uparrow + 2N_2\uparrow + Na_2SO_4 + 3H_2O$$

钒也定量参与该反应，试样中含钒时，所得为铬钒合量。可采用校正系数法予以校正，1%（质量分数）的钒相当于0.34%（质量分数）的铬；或用高锰酸钾返滴定的方法消除，即先用过量的硫酸亚铁铵将铬（Ⅵ）还原为铬（Ⅲ），同时五价钒也被还原为四价。

$$(VO_2)_2SO_4 + 2(NH_4)_2Fe(SO_4)_2 + 2H_2SO_4 \xlongequal{} V_2O_2(SO_4)_2 + Fe_2(SO_4)_3 + 2H_2O$$

当用高锰酸钾标准溶液返滴定亚铁时，四价钒又被氧化为五价，二者所消耗的亚铁和高锰酸钾是等化学计量的，从而消除钒的干扰。

$$5V_2O_2(SO_4)_2 + 2KMnO_4 + 2H_2O \xlongequal{} 5(VO_2)_2SO_4 + K_2SO_4 + 2MnSO_4 + 2H_2SO_4$$

也可以在滴定铬、钒总量后连续测定钒，然后从总量中扣除滴定钒的体积，方法是：在滴定铬后的溶液中加入高锰酸钾溶液，使钒重新氧化。此时，指示剂被分解，补加一定量的硫酸、尿素，再加亚砷酸钠溶液使七价锰还原至二价，此时溶液仍呈红色，以亚铁标准溶液滴定，从滴定铬的亚铁毫升数中减去滴定钒的结果。

（2）高氯酸氧化滴定法　试样用酸溶解后，加入高氯酸，加热至高氯酸冒烟，并将铬（Ⅲ）氧化为铬（Ⅵ）。以N-苯代邻氨基苯甲酸为指示剂，用硫酸亚铁铵标准溶液滴定至亮绿色。

$$Cr_2O_3 + 2HClO_4 \xlongequal{} 2CrO_3 + H_2O + Cl_2\uparrow + 2O_2\uparrow$$

（3）高锰酸钾氧化滴定法　试样用酸溶解后，具有强氧化能力的高锰酸钾将铬（Ⅲ）氧化为铬（Ⅵ），其氧化能力略弱于过硫酸铵。过量的高锰酸钾加入硫酸锰煮沸分解为二氧化锰，加入氯化铵煮沸还原为二氧化锰。

$$5Cr_2(SO_4)_3 + 6KMnO_4 + 11H_2O \xlongequal{} 5H_2Cr_2O_7 + 3K_2SO_4 + 6MnSO_4 + 6H_2SO_4$$

$$2KMnO_4 + 3MnSO_4 + 2H_2SO_4 + 2H_2O \xlongequal{} 5MnO_2 + K_2SO_4 + 4H_2SO_4$$

$$MnO_2 + 2NH_4Cl + 2H_2SO_4 \xlongequal{} MnSO_4 + (NH_4)_2SO_4 + Cl_2\uparrow + 2H_2O$$

在氧化过程中，高锰酸钾必须过量以保证氧化完全，但过量太多会使还原时煮沸时间过长，使铬部分被还原而导致分析结果偏低。

2. 光度法

铬常用高灵敏度和特效的二苯碳酰二肼光度法测定，此方法比那些基于铬酸盐或重铬酸盐离子颜色的方法灵敏100多倍，因而特别适合于测定低含量的铬。测定高含量的铬用铬酸

盐法或基于有色的 Cr^{3+}-EDTA 络合物的方法。

二苯碳酰二肼又名二苯卡巴肼、二苯偕肼，能与铬（Ⅵ）在微酸性介质中反应生成紫红色络合物，其最大吸收在540nm 处。其反应过程为铬（Ⅵ）将二苯碳酰二肼氧化为二苯基偶氮碳酰肼，本身还原为 Cr^{3+}，然后两者形成紫红色络合物。

$$2CrO_4^{2-}+3H_2(RH)+8H^+ = [Cr_3R_2]^+ + Cr^{3+}_{水相}+RH+8H_2O$$

$H_2(RH)$表示二苯碳酰二肼，RH 表示二苯基偶氮碳酰肼。紫红色的络合物$[Cr_3R_2]^+$能被异丙醇、戊醇等有机试剂萃取，仍有一半铬（Ⅲ）留在水相中不被萃取。

因在硝酸介质中显色反应的稳定区域很窄，一般采用在硫酸或高氯酸介质中显色，且盐酸不应存在。显色反应的酸度以 pH≈1(0.05～0.1mol/LH_2SO_4)为最佳，反应在 1min 内即可完成。显色酸度过低，反应速度慢；过高，则色泽不稳定。此外，显色的颜色强度亦受显色剂质量的影响。

3. 火焰原子吸收光谱法

以酸溶解试样，硝酸氧化，将试液喷入氧化亚氮-乙炔火焰，以铬空心阴极灯作光源，在原子吸收光度计 357.8nm 处测量吸光度。铝合金以盐酸和过氧化氢溶解，采用氧化亚氮-乙炔（空气-乙炔）富燃性火焰进行测定。可用于钢铁和铝合金中铬的测定。

四、分析实例

1. 过硫酸铵氧化滴定法测定钢铁及合金中的铬量

（1）方法提要　试样用酸溶解后，在硫酸、磷酸介质中，以硝酸银为催化剂，用过硫酸铵将铬氧化成六价，用硫酸亚铁铵标准溶液滴定。含钒试样以亚铁-邻菲啰啉为指示剂，加过量硫酸亚铁铵标准溶液，以高锰酸标准溶液回滴。试样中含铈 2mg 以下不干扰测定。

本方法适用于碳钢、合金钢中铬的测定。测定范围：0.10%～30.0%（质量分数）。

（2）试剂

1）硫酸-磷酸混合酸：700mL 水中加硫酸（$\rho=1.84$g/mL）150mL、磷酸（$\rho=1.69$g/mL）150mL。

2）硝酸（$\rho=1.42$g/mL）。

3）硝酸银溶液（10g/L）。

4）过硫酸铵溶液（300g/L）。

5）硫酸（1+1）。

6）N-苯代邻氨基苯甲酸溶液（2g/L）：称取 0.20gN-苯代邻氨基苯甲酸和 0.20g 无水碳酸钠，溶于少量水，加热溶解，用水稀释至 100mL，摇匀。

7）硫酸溶液（5+95）。

8）硫酸亚铁铵标准溶液（0.01mol/L、0.02mol/L）：分别称取硫酸亚铁铵$[(NH_4)_2Fe(SO_4)_2\cdot 6H_2O]$4.0g，用硫酸溶液（5+95）溶液，稀释至1000mL，摇匀。

硫酸亚铁铵标准溶液对铬的滴定度的标定：用重铬酸钾标准溶液或按下面的方法测定。

称取 3 份相似、相近的标准物质，按分析步骤操作，进行滴定。根据所消耗的硫酸亚铁铵标准溶液的体积（mL），求其对铬的滴定度（T）。

$$T=\frac{w_{Cr标}m}{(V+B)}$$

式中　T——硫酸亚铁铵标准溶液对铬的滴定度，单位为 g/L；

$w_{Cr标}$——标准物质中铬的质量分数；

m——标准样品的称样量，单位为 g；

V——滴定所消耗的硫酸亚铁铵标准溶液体积，单位为 mL；

B——指示剂的校正值，单位为 mL。

9）亚铁-邻菲啰啉溶液：称取 1，10-菲啰啉 1.49g、硫酸亚铁铵 0.98g 于少量水中，加热溶解，用水稀释至 100mL，摇匀。

10）乙酸钠（固体）。

11）高锰酸钾溶液（0.002mol/L、0.004mol/L）：分别称取高锰酸钾 0.48g、0.95g 各置于 400mL 烧杯中，加磷酸（$\rho=1.69$g/mL）5mL，用水稀释至 1000mL，摇匀。

高锰酸钾溶液的标定：移取硫酸亚铁铵标准溶液 25.00mL 3 份，分别置于 250mL 锥形瓶中，以相应浓度的高锰酸钾溶液滴定至溶液呈粉红色，并保持 1min 不消失为终点。3 份硫酸亚铁铵标准溶液消耗高锰酸钾溶液体积的极差值不超过 0.05mL，取其平均值。根据消耗高锰酸钾溶液的体积（mL）计算出相当于硫酸亚铁铵标准溶液的体积比（K）。

$$K=\frac{25.00}{V}$$

式中 K——高锰酸钾相当于硫酸亚铁铵标准溶液的体积比；

25.00——移取硫酸亚铁铵标准溶液的体积，单位为 mL；

V——滴定所用高锰酸钾标准溶液的体积，单位为 mL。

亚铁-邻菲啰啉溶液消耗高锰酸钾标准溶液的校正：在上面测完体积比（K）的 2 份溶液中，一份加 10 滴亚铁-邻菲啰啉溶液，另一份加 20 滴亚铁-邻菲啰啉溶液，各用与滴定液相同浓度的高锰酸钾溶液滴定，两者消耗高锰酸钾溶液的体积差即为 10 滴亚铁-邻菲啰啉溶液的校正值。此值应从过量硫酸亚铁铵标准溶液所消耗的高锰酸钾标准溶液的体积中减去。

12）铬标准溶液：称取基准铬酸钾（$K_2Cr_2O_7$）（预先在 150℃烘干 1h 后，于干燥器中冷却至室温）5.6578g，置于烧杯中，用水溶解，移入 1000mL 容量瓶中，用水稀释至刻度，混匀。此溶液 1mL 含 2mg 铬。

移取上述溶液 20.00mL 于容量瓶中用水稀释至刻度，混匀。此溶液 1mL 含 0.2mg 铬。

N-苯代邻氨基苯甲酸指示剂的校正：移取重铬酸钾标准溶液（0.2mg/mL）20.00mL 加硫酸-磷酸混合酸 25mL，加水约 100mL，用硫酸亚铁铵标准溶液滴定至淡黄色；加 N-苯代邻氨基苯甲酸指示剂 3 滴，继续用硫酸亚铁铵标准溶液滴定至亮绿色为终点，所用体积为 V_1。在此溶液中再加入重铬酸钾标准溶液（0.2mg/mL）20.00mL，用硫酸亚铁铵标准溶液滴定至亮绿色，所用硫酸亚铁铵标准溶液的体积为 V_2。

指示剂校正值 $B=V_2-V_1$。需重复标定 2 次，其重复的极差不超过 0.05mL。硫酸亚铁铵标准溶液对铬的滴定度（T）按下式计算：

$$T=\frac{VC}{V_0}$$

式中 T——硫酸亚铁铵标准溶液对铬的滴定度，单位为 g/mL；

V——移取铬标准溶液的体积，单位为 mL；

C——铬标准溶液的浓度，单位为 g/mL；

V_0——滴定所用硫酸亚铁铵标准溶液的体积，单位为 mL。

13）氯化钠溶液（50g/L）。

（3）分析步骤 不含钒钢中铬的测定：称取0.1000～1.0000g试样（含铬量控制在2～10mg范围）置于250mL锥形瓶中，加硫酸-磷酸混合酸25mL，加热溶解，加硝酸（ρ = 1.19g/mL）氧化，破坏碳化物。取下稍冷，加水100mL、硝酸银溶液（10g/L）5mL、过硫酸铵溶液300g/L）10mL，煮沸至高锰酸根紫红色出现并继续煮沸5min；加氯化钠溶液（50g/L）5mL，继续加热至高锰酸根的红色褪去［如试样含锰过高，则再加氯化钠溶液（50g/L）5mL，直至红色完全褪去］并继续煮沸1min；取下，放置，待氯化银沉淀凝聚下沉，溶液清澈后，冷却；加硫酸（1+1）5mL，用硫酸亚铁铵标准溶液滴定至溶液呈淡黄色；加N-苯代邻氨基苯甲酸指示剂2滴，继续滴定至由玫瑰红转为亮绿色为终点，根据滴定消耗硫酸亚铁铵标准溶液的体积（mL）计算铬量。

含钒钢中铬的测定：与前面不含钒钢中铬的测定分析步骤相同，待到用硫酸亚铁铵标准溶液滴定时，按下面步骤操作：

先用适当的硫酸亚铁铵标准溶液滴定，待到铬（Ⅵ）的黄色转为亮绿前，加5滴亚铁-邻菲啰啉溶液，继续滴定至溶液呈稳定的红色并过量5.00mL，记下滴入硫酸亚铁铵标准溶液的总体积V_1。

再加亚铁-邻菲啰啉溶液5滴后，以相近浓度的高锰酸钾标准溶液滴定至淡蓝色（铬高时呈蓝绿色）为终点。记下消耗高锰酸钾标准溶液的体积，再减去10滴亚铁-邻菲啰啉溶液对高锰酸钾标准溶液的校正值之差为V_2。

（4）分析结果的计算 不含钒钢中铬的质量分数按下式计算：

$$w_{Cr} = \frac{TV}{m_0} \times 100\%$$

式中 w_{Cr}——铬的质量分数；

T——硫酸亚铁铵标准溶液对铬的滴定度，单位为g/mL；

V——滴定所消耗硫酸亚铁铵标准溶液的体积，单位为mL；

m_0——试样的质量，单位为g。

不含钒钢中铬的质量分数按下式计算：

$$w_{Cr} = \frac{T(V_1 - V_2K)}{m_0} \times 100\%$$

式中 w_{Cr}——铬的质量分数；

T——硫酸亚铁铵标准溶液对铬的滴定度，单位为g/mL；

V_1——滴定所消耗硫酸亚铁铵标准溶液的体积，单位为mL；

V_2——滴定过量硫酸亚铁铵标准溶液所消耗高锰酸钾标准溶液的体积，单位为mL；

K——高锰酸钾标准溶液相当于硫酸亚铁铵标准溶液的体积比；

m_0——试样的质量，单位为g。

2. 碳酸钠分离——二苯碳酰二肼光度法测定钢铁及合金中的铬量

（1）方法提要 在硫酸溶液中以高锰酸钾氧化铬至六价，Cr^{6+}与二苯碳酰二肼生成紫红色络合物，测量其吸光度。预先用碳酸钠沉淀分离铁等共存元素。

当共存400mg铁，60mg镍，40mg钴，1mg铜，2mg钼、铝，12mg钨经分离后对测定铬无影响。本方法适用于钢铁及合金中0.0050%～0.50%铬含量的测定。

(2) 试剂

1) 盐酸 ($\rho=1.19g/mL$)。

2) 硝酸 (1+3)。

3) 硫酸 (1+1)。

4) 硫酸 (1+6)。

5) 高锰酸钾溶液 (10g/L)。

6) 碳酸钠溶液 (200g/L)。

7) 尿素溶液 (200g/L)。

8) 二苯碳酰二肼溶液 (2.5g/L): 称取2.5g二苯碳酰二肼溶于94mL无水乙醇和6mL冰乙酸 ($\rho=1.05g/mL$) 中，贮存于棕色瓶中。

9) 亚硝酸钠溶液 (20g/L)。

10) 铬标准溶液：称取0.2829g预先经150℃烘干至恒重的重铬酸钾（基准级）溶于水后移入1000mL容量瓶中，以水稀释至刻度，混匀。此溶液1mL含100μg铬。

移取20.00mL上述铬标准溶液置于1000mL容量瓶中，以水稀释至刻度，混匀。此溶液1mL含2μg铬。

(3) 分析步骤　称取0.2000g试样，置于200mL烧杯中，加10mL硝酸 (1+3) 加热溶解[如不溶可加盐酸($\rho=1.19g/mL$)助溶]，加5mL硫酸 (1+1) 加热蒸发至冒烟，稍冷，加30mL水加热溶解盐类。

加2mL高锰酸钾溶液 (10g/L) 煮沸至二氧化锰全部沉淀，用水稀释至80~90mL，在搅拌下分次缓慢加入30mL碳酸钠溶液 (200g/L)，缓缓加热煮沸2~3min。流水冷却至室温，移入250mL容量瓶中，以水稀释至刻度，混匀。

用双层中速滤纸过滤，弃去最初滤液。移取适量滤液（铬量控制在2~20μg）置于100mL容量瓶中，加4.0mL硫酸 (1+6)。

用水稀释约90mL，加3.0mL二苯碳酸二肼溶液 (2.5g/L)，混匀，以水稀释刻度，混匀。

将部分溶液移入2~3cm吸收皿中，以水为参比，在分光光度计上于波长540nm处，测量其吸光度，减去随同试样空白溶液吸光度后，从工作曲线上查出显色液中相应的铬量。

(4) 工作曲线的绘制　移取0、1.00、2.00、4.00、7.00、10.00mL铬标准溶液（1mL含2μg铬）分别置于100mL容量瓶中，加4.0mL硫酸 (1+6)，按上述方法显色，以试剂空白为参比测量其吸光度，以吸光度为纵坐标，相应的铬含量为横坐标，绘制工作曲线。

(5) 分析结果的计算　按下式计算铬的质量分数：

$$w_{Cr}=\frac{mV\times10^{-6}}{m_0V_1}\times100\%$$

式中　w_{Cr}——铬的质量分数；

V_1——分取试液体积，单位为mL；

V——试液总体积，单位为mL；

m_0——试样的质量，单位为g。

单 元 小 结

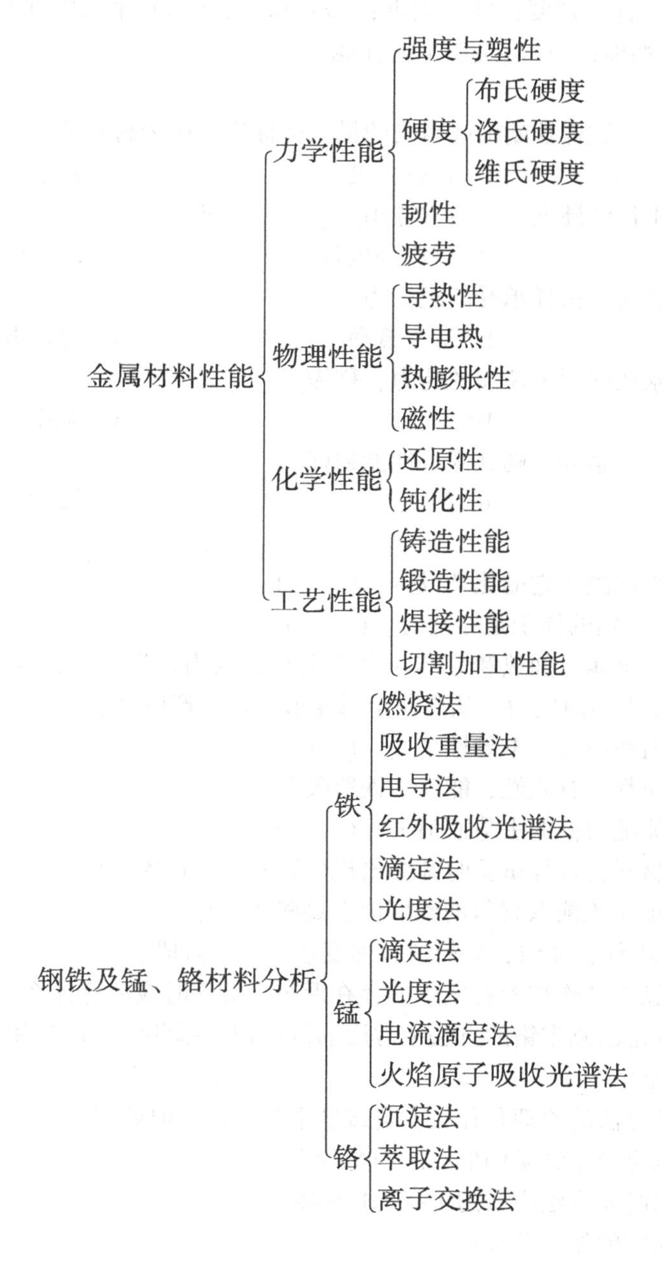

综 合 训 练

1. 总结归纳钢铁中除基体元素以外，其他主要有利和有害的杂质元素有哪些？对钢铁性质的影响如何？生铁、碳素钢和合金钢在化学成分上的主要区别是什么？

2. 简述金属材料一般采制样的原则和方法。

3. 综述钢铁试样、铝及铝合金试样的分解方法。

4. 名词解释

(1) 金属力学性能；(2) 强度；(3) 屈服点；(4) 抗拉强度；(5) 断后伸长率；(6) 塑性；(7) 冲击韧度；(8) 硬度；(9) 疲劳；(10) 金属物理性能；(11) 金属化学性能；(12) 金属工艺性能。

5. 选择题

(1) 拉伸试验时，试样拉断前能承受的最大标称应力称为材料的______。

A. 屈服点　　B. 抗拉强度　　C. 弹性极限

(2) 测定淬火钢件的硬度，一般常选用______来测试。

A. 布氏硬度计　　B. 洛氏硬度计　　C. 维氏硬度计

(3) 作疲劳试验时，试样承受的载荷为______。

A. 静载荷　　B. 冲击载荷　　C. 循环载荷

(4) 金属抵抗永久变形和断裂的能力，称为______。

A. 硬度　　B. 塑性　　C. 强度

(5) 金属的______越好，则其锻造性能越好。

A. 强度　　B. 塑性　　C. 硬度

6. 判断题

(1) 合金的熔点取决于它的化学成分。(　　)

(2) 1kg 钢和 1kg 铝的体积是相同的。(　　)

(3) 导热性差的金属，加热和冷却时会产生较大的内外温度差，导致内外金属不同的膨胀或收缩，产生较大的内应力，从而使金属变形，甚至产生开裂。(　　)

(4) 金属的电阻率越大，电导性越好。(　　)

(5) 所有的金属都具有磁性，能被磁铁所吸引。(　　)

(6) 塑性变形能随载荷的去除而消失。(　　)

(7) 所有金属材料在拉伸试验时都会出现显著的屈服现象。(　　)

7. 采用布氏硬度试验测取材料的硬度值有哪些优缺点？

8. 画出低碳钢力-伸长曲线，并简述拉伸变形的几个阶段。

9. 简述铬在钢铁中的作用及在钢中的存在形态，溶解时应注意什么？

10. 氧化还原滴定法测定铬的方法中常用的氧化剂有哪些？一般选用什么指示剂？若试样中含钨该如何处理？

11. 过硫酸铵氧化法的原理是什么？若试样中含钒该如何处理？

12. 用高氯酸氧化滴铬结果偏低的原因是什么？

13. 二苯碳酰二肼光度法中铁的干扰如何消除？

14. 简述锰在钢中的作用及存在形态。

15. 常用的测定锰的滴定法有哪些？其原理是什么？干扰元素如何消除？

16. 光度法测定锰的原理是什么？

17. 光度法测定锰主要方法有哪几种？并写出有关的反应式。

18. 光度法测定锰时，磷酸的作用是什么？

第七单元　非铁金属及其合金分析

【学习目标】 掌握铝及铝合金的分析方法；掌握铜及铜合金的分析方法；掌握钛及钛合金的分析方法及具体应用；掌握锌及锌合金的分析方法及具体应用。

非铁金属在工业及民用领域有着广泛的应用，具有钢铁所不具备的质轻、强度高、耐腐蚀、导电性好等独特性能。铝、铜、镁、钛、锌、锡等及其合金统称为非铁金属或有色金属。

模块一　铝及铝合金分析

铝是自然界中分布最广、最重要的非铁金属之一。工业上使用的纯铝中铝的质量分数为98%～99.7%，含有Fe、Si、Cu、Zn、Mg等杂质，其中常见的杂质为Fe与Si。纯铝为银白色、具有金属光泽的金属，其密度为2.7g/cm^3，熔点低（660.4℃），沸点高（2477℃），导电、导热性优良。纯铝化学性质活泼，在大气中易与氧作用，在表面生成一层结合牢固、致密的氧化膜，从而使其在大气和淡水中具有良好的耐蚀性。但在碱和盐的水溶液中，表面的氧化膜易被破坏，使铝很快被腐蚀。在铝中加入合金元素即得到铝合金，这是提高纯铝强度的有效途径。

铝是铜、镁、锌、镍、钛等合金及某些钢种的重要合金元素。铝作为合金元素对金属材料的性能影响不一，如机器制造钢中如有铝存在，则对力学性能有着不良的影响；铝能使含高碳的工具钢的淬火性恶化并增加其淬火脆性；低碳钢中加入质量分数为0.5%～1%的铝后，对钢的强度和硬度有所帮助；铝作为一种合金元素加入要渗氮的铬钼钢或铬钢时，可使钢成为一种非常耐磨的钢；耐热钢中加入质量分数为8%～10%的铝后，能大大增强钢对生成铁鳞的抵抗性，但它很脆，不能锻造和切削。在铝镍或铝-镍-钴的磁性合金钢中，加入质量分数为12%～15%的铝，可作为永久磁铁。

一、铝及铝合金试样的分解

铝在空气中表面生成致密的氧化膜，起到隔绝空气的作用，进而提高其耐蚀性。铝易受酸、碱、盐的腐蚀，但不溶于极稀和很浓的硝酸或硫酸中。铝易溶于盐酸，生成的$AlCl_3$在过热状态下易蒸发损失。铝是两性金属，溶于酸生成相应酸的盐，溶于强碱则生成铝酸盐。

铝的存在形式主要有酸溶铝和酸不溶铝两种形式。所谓酸溶铝指铝主要是以金属固熔体状态或化合物形式存在，如金属铝和氮化铝。酸不溶铝主要指氧化铝。在一般情况下，利用不同存在形式的铝对无机酸溶解度不同的特性而加以分离测定。用酸溶解时，不溶的氧化铝，经过滤即能分离。酸不溶铝的含量少，测定简便，测定时用酸将试样溶解后过滤，不溶物质用焦硫酸钾（钠）熔融处理成溶液后用分光光度法测定。若要求测定全铝的含量，则把酸不溶铝经过溶解处理后的溶液与酸溶铝溶液合并即可。应该指出，酸溶铝与酸不溶铝的区分很难说有严格的界限，因为氧化铝不是绝对不溶于酸中，而氮化铝也未必完全溶于酸中，只能在特定条件下作相对理解。实验证明，酸溶铝经冒烟处理，所得结果最好。

二、铝与其他合金分离方法

铝与铁、铬、钛等元素经常在一起，另外铝是具有两性的元素，因此，在分离和测定铝时具有一定困难。铝与其他元素的分离方法主要有沉淀法、萃取法、汞阴极电解法和离子交换分离法。

1. 沉淀法

（1）氨水沉淀　有铵盐存在时，经氨水两次沉淀，利用铝的两性特性可从碱金属、碱土金属、Ag、Cu、Mo、Ni、Co、Zn、V、Mn及W中分离铝，Pb、Sb、Bi、Fe、Cr、Ti、U、Zr、Th、Ce、In、Ga、Nb及Ta等元素生成沉淀。初始加入氨水时，pH值应控制在6.5～7.5，如氨水过量将使Al（OH）$_3$的溶解度增大，影响测定结果；生成的Al（OH）$_3$沉淀中包含少量铜、镉和钴，而磷、砷及硅等元素发生共沉淀，加入乙硫醇酸可以掩蔽铁。过滤后，在沉淀中加氨水，在pH＝4～5的溶液中，用柠檬酸铵和草酸铵络合铁、铬、镍、锰等元素，用氰化钠将铝沉淀而与共存元素分离。此方法常用于钢铁、高温合金及精密合金中铝的测定。

（2）有机试剂沉淀　苯甲酸铵沉淀分离铝的效果比氨水好。Al、Cr（Ⅲ）、Zr、Fe（Ⅲ）、Ti（Ⅳ）、Th、Ce（Ⅳ）、Bi及Sn可定量沉淀，U（Ⅵ）、Be、Pb、Cu、Sn（Ⅱ）及Ti部分沉淀，Co、Ni、Mn、Zn、Cd、V、Sr、Ba、Mg、Fe（Ⅱ）、Ce（Ⅲ）、Hg及RE不沉淀。Fe（Ⅱ）在测定条件下能被氧化而沉淀，加入盐酸羟胺、乙硫醇酸可使铁还原，后者可掩蔽大量的铁。

（3）铜铁试剂沉淀　在（1＋9）H_2SO_4介质中，铜铁试剂可以沉淀Fe、Ti、Zr、Nb、V、Ga、Ta及W等元素，而Al、Be、P、Mn、Ni、Co、Zn、In及Cr等元素在溶液中，Th及RE部分沉淀。也可用氯仿进行萃取，再调节酸度，铝在pH＝2～5的溶液中也能被铜铁试剂沉淀或被氯仿萃取，进一步与残留元素分离。

在pH＝3.5～4的乙酸缓冲溶液中，铜铁试剂（二乙基二硫代氨基甲酸钠，DDTC）可以沉淀Fe、Ni、Co、Cu、Mo、Nb、W、Mn、Ti等，滤纸中保留全部Al、RE、Ca、Mg及残留的Mn、Ti。

（4）8-羟基喹啉沉淀　8-羟基喹啉沉淀可用于从其他元素中分离铝。在微酸性溶液中可从碱金属、碱土金属中分离；在氨性溶液中可从P、As、F、B中分离；在含H_2O_2的氨性溶液中，可从Mo、Ti、Nb、Ta中分离，以及在$(NH_4)_2CO_3$溶液中可从铀中分离出铝。在含酒石酸及氢氧化钠的氨性溶液中，8-羟基喹啉可以沉淀Cu、Cd、Zn及Mg，而Al、Fe留于溶液中。

2. 萃取法

当盐酸的浓度为6mol/L时，用乙醚、甲基异丁酮、二异丙醚或二乙醚等有机溶液萃取，可以从大量铁中分离出铝，少量铁可以用戊醇萃取硫氰酸铁使之与铝分离。

在含乙硫醇酸、六偏磷酸钠、KCN及H_2O_2的$(NH_4)_2CO_3$溶液（pH＝8～9.5）中，钽试剂可以选择性地萃取铝。

3. 汞阴极电解法

汞阴极电解是有效的分离方法，可以从许多金属元素中分离铝，电解液中的元素有Al、

Mg、Ca、Ti、Zr、V 及 P 等。

三、铝的分析方法

铝的分析测定方法有重量法、滴定法和分光光度法等。

1. 重量法

氢氧化铝沉淀灼烧成 Al_2O_3 称量法和 8-羟基喹啉吸附沉淀烘干后称量法是测定铝的两种重量法。8-羟基喹啉从乙酸盐缓冲溶液（pH = 5 ~ 6）中沉淀铝，于 120 ~ 150℃干燥后称量，此方法将铝沉淀后，沉淀为结晶形，具有易过滤、不吸湿的特点，比 $Al(OH)_3$ 沉淀法优越。

2. 滴定法

在 pH = 2 ~ 4 的范围内，三价铝离子与 EDTA 形成中等强度的螯合物。此外，在 90℃左右加热 1 ~ 3min，铝可与 EDTA 达到定量络合。因此，可用 EDTA 来直接或返滴定测定铝。

（1）直接滴定法　以 Cu-PAN 作指示剂，在 pH = 3 的煮沸溶液中可以用 EDTA 标准溶液直接滴定铝。碱土金属及 30mg 锰不干扰滴定，Fe（Ⅲ）可以在 pH = 1.0 ~ 1.5 时用 EDTA 预先滴定而实现铝、铁连测。大量 SO_4^{2-} 的存在妨碍终点颜色变化。

（2）返滴定法　用返滴定法可以提高滴定的准确度，即在 pH = 3 ~ 5 的溶液中加入一定过量的 EDTA，以 PAN 为指示剂，用铜标准溶液滴定过量的 EDTA，或在 pH = 6 时，以二甲酚橙（XO）为指示剂，用锌标准溶液滴定过量的 EDTA，根据定量关系可以计算出铝量。此时碱金属不干扰，而钙干扰测定。Co、Cu、Zn、Ni、Cd、Mn 可用邻菲啰啉掩蔽，此时应用铅标准溶液返滴定。此外，Th、Bi、Ti、Sn、RE、Fe、Cr 等也干扰滴定。

（3）氟化钠释放法滴定　采取氟化钠释放法可以提高 EDTA 滴定法测铝的选择性。即先在试样溶液中加入过量的 EDTA 标准溶液，其加入量使在此酸度条件下能与 EDTA 络合的元素全部络合，然后加热并调节酸度至 pH = 5 左右，煮沸使铝络合完全、冷却。以二甲酚橙为指示剂，用锌标准溶液滴定过量的 EDTA（不计消耗标准溶液的量）。加入固体氟化钠并煮沸，使原来已与 EDTA 络合的铝与 F^- 生成 AlF_6^{3-}，释放出等摩尔 EDTA，用锌标准溶液滴定释放出的 EDTA，从而间接求得铝量。

Ti、Sn、RE、Th、Zr 及 Mn 等与 F^- 形成络合物的元素会干扰测定。Sn（Ⅳ）将定量参与反应，锡共存量较高时，可在硝酸溶液中使之形成偏锡酸沉淀而过滤分离，含锡较低时（如 0.5%左右）偏锡酸常不容易沉淀完全，甚至不会析出，这样就会使铝的结果偏高。因此，凡遇含锡低或共存合金元素较多的试样，不宜进行直接滴定，而采用 DDTC 沉淀或苯甲酸铵沉淀分离法。Mn（Ⅱ）在 pH = 5 时与 EDTA 形成螯合物使滴定终点辨别困难，为了避免锰的干扰，可将滴定时溶液的酸度改为 pH > 6；Fe（Ⅲ）超过 3mg 时，氟化钠加入量要控制或加入硼酸抑制过量氟化钠，如果氟化钠过量易造成指示剂的“封闭”，因为铁存在量大时，加入氟化物，使 Fe-EDTA 有部分解离导致结果偏高。因此对含 RE、Th、Zr、Ti 和含锰高的试样，须在盐酸羟胺存在下用苯甲酸铵沉淀分离铝，然后将铝的沉淀用盐酸溶解并进行螯合滴定；或采用 DDTC 沉淀分离法将 Al（Ⅲ）与大量 Cu、Ni、Zn、Sn、Fe、Pb 等元素相分离。为了防止铝在低酸度条件下的水解和被沉淀吸附而损失，应在溶液中保持较高浓度的乙酸盐（约 2mol/L），因为乙酸盐对铝（Ⅲ）有保护作用，在 pH = 2 ~ 7 的酸度范围内，铝与 EDTA 都能达到定量螯合。

3. 分光光度法

分光光度法测定铝的显色试剂较多，如铬天青 S、铬天青 R、磺铬、铝试剂、哌唑及 8-

羟基喹啉、三氯甲烷等，但标准方法及日常分析使用较多的是铬天青 S（CAS）。在 pH =4 ~6 的弱酸性介质中，铬天青 S 主要以 $HCAS^{3-}$ 离子状态存在。在此条件下，铝与试剂反应生成摩尔比为 1:2 和 1:3 的紫红色络合物，两种络合物的最大吸收峰不同，分别位于 545nm 和 585nm 处。用 545nm 波长测定时，检量线不通过原点。如取两络合物的等吸收点 567.5nm 作为测定波长，检量线可通过原点，但灵敏度不如前者高。

酸度对铝与铬天青 S 的络合反应影响很大。在 pH <4 时，CAS 与 Al（Ⅲ）几乎不反应，一般酸度应控制在 pH =4.6 ~5.8 的范围内，在 pH <5.6 时，试剂本身吸收将增大，因此选择在 pH =5.7 左右的酸度条件下显色。一般采用加入缓冲溶液的方法控制溶液的酸度，常用的缓冲溶液有乙酸铵、乙酸钠、六次甲基四胺等，以六次甲基四胺效果最好，乙酸盐与铝有络合作用，使铝的吸光度降低。

铝在酸度较低的溶液中常以 $Al(OH)_2^+$、$Al(OH)_3$ 等水解状态存在，均不利于与铬天青 S 络合反应的进行。因此应在 pH <3 的溶液中先加入显色剂，再加缓冲溶液调节酸度至 pH 为 5.7 左右。

在 pH =4.7 ~6.0 的溶液中测定铝时主要干扰元素有 Fe（Ⅲ）、Cu、Ga、Mo、Ti、V（Ⅳ）、Cr（Ⅲ）、Be 等。对于组成较为复杂的样品，在显色前需要进行分离，具体操作方法：在 pH =4 左右加入铜试剂分离除去大部分干扰离子，然后采用适当的掩蔽剂，用硫脲或 $Na_2S_2O_2$ 可掩蔽 Cu^{2+}，用抗坏血酸还原成 Fe^{2+} 而消除 Fe^{3+} 干扰，溶样时加入磷酸降低 Mo（Ⅳ）、Ti（Ⅳ）等干扰，Cr（Ⅲ）、V（Ⅳ）将它们氧化到高价减少干扰。硅不干扰测定，但硅量高时往往结果偏低，可加高氯酸冒烟使硅酸脱水析出除去。

用 Zn-EDTA 及甘露醇作掩蔽剂，可直接用铬天青 S 测定钢中的铝。此时最好用同类标准样品绘制曲线。

4. AAS 法

铝容易形成难离解的耐熔氧化物，必须在强还原性空气-乙炔火焰中进行测定，最好在氧化亚氮-乙炔高温火焰中进行，并严格控制火焰条件，因为稍许偏离最佳条件，都会导致灵敏度相当大的降低，即使在最佳条件下测定，灵敏度也不高。用盐酸、过氧化氢溶解试样。采用电热原化器，于石墨炉原子吸收分光光度计 309.3nm 处测量铝的吸光度。分析过程应使用二次蒸馏水和优级纯盐酸，可以测定锌及锌合金 0.0005% ~0.5% 的铝（GB/T12689.13—1990）。

四、铝及铝合金中其他元素的测定

1. 铝的测定——EDTA 滴定法测定铝及铝合金中的铝含量

（1）方法提要　试料分解后分取部分试液，在微酸性介质中加入过量的 EDTA 溶液，煮沸，使试液中的铝及铁、锌、镍、铜等离子与其络合。以二甲酚橙为指示剂，用锌标准滴定溶液滴定过量的 EDTA。加入氟化钠，氟离子选择性地与铝络合而释放出等物质的量的 EDTA，再以锌标准滴定溶液滴定 EDTA，计算铝的质量分数。

（2）试剂

1）氟化钠。

2）氢氧化钠溶液，200g/L。

3）硝酸，1 +1。

4）乙酸钠-乙酸缓冲溶液，pH =5.7。每升缓冲溶液中含 200g 乙酸钠（每个分子含三个结晶水）和5mL冰乙酸（$\rho=1.05g/mL$）。

5）对-硝基酚指示剂溶液，1g/L。

6）二甲酚橙指示剂溶液，2g/L。

7）EDTA溶液，20g/L。

8）铝标准溶液，1.00mg/mL。

9）乙酸锌标准滴定溶液，0.025mol/L。分取25.00mL铝标准溶液，按分析步骤操作，标定乙酸锌标准滴定溶液对铝的滴定度T（mg/mL）。

（3）分析步骤

1）试样称取：称取0.30g试样，精确至0.0001g。

2）试样分解：将试样置于聚四氟乙烯烧杯中，加20mL氢氧化钠溶液（200g/L），低温加热至试样溶解。冷却，加水至约50mL，加入35mL硝酸（1+1），加热至沸，冷却至室温（如试液有棕色二氧化锰沉淀，加数滴亚硝酸钠溶液（10g/L）还原锰，或加少许尿素）。将溶液移入250mL容量瓶中，加水稀释至刻度，混匀。

3）测量：分取25.00mL试液于500mL锥形瓶中，加25mL水配置EDTA溶液（1.0mL该溶液相当于1.45mg铝），加2～3滴对-硝基酚指示剂溶液，用氨水（1+1）中和至黄色，立即以盐酸（1+1）回滴至无色，加20mL乙酸钠-乙酸缓冲溶液（pH=5.7），煮沸3min，用流水冷却至室温。

加2滴二甲酚橙指示剂溶液，用乙酸锌标准滴定溶液滴定至微红色，不计滴定毫升数。加2g氟化钠，煮沸3min，用流水冷却至室温。补加1～2滴二甲酚橙指示剂溶液，用乙酸锌标准滴定溶液滴定至微红色为终点。

（4）计算

按下式计算铝的质量分数：

$$w(\mathrm{Al})=\frac{VT}{1000m}\times100\%$$

式中　V——滴定分取液消耗乙酸锌标准滴定溶液的体积，单位为mL；

T——乙酸锌标准滴定溶液对铝的滴定度，单位为mg/mL；

m——分取液中的试样质量，单位为g。

2. 硅钼蓝光度法测定铝及铝合金中的硅含量

（1）方法提要　试料以氢氧化钠溶解，用硝酸酸化，使各被测量元素以离子状态存在于溶液中，将试液定容后作为母液，可用于硅、铁、锰、铜、镍、钛和铬等元素的测定。在0.1～0.2mol/L的酸度中，硅酸与钼酸铵生成硅钼杂多酸，在草酸存在下，以硫酸亚铁铵将其还原成硅钼蓝，测量吸光度，计算硅的质量分数。

（2）试剂

1）氢氧化钠溶液，400g/L，在塑料杯中配制并贮存于塑料瓶中。

2）硝酸，1+1。

3）过氧化氢，$\rho=1.10g/mL$。

4）钼酸铵溶液，50g/L，贮于塑料瓶中。

5）草酸溶液，50g/L。

6）硫酸亚铁铵溶液，60g/L，每100mL溶液加3滴硫酸（$\rho=1.84g/mL$）。

7）硅标准溶液，10.0μg/mL 及 50.0μg/mL，贮存于试料瓶中。

（3）分析步骤

1）称取试样。根据元素含量称取 0.1000 ~ 0.5000g 试样。

2）空白试验。随同试料进行空白试验。

3）试料分解和试液制备。将试料置于聚四氟乙烯烧杯中，加 10mL 配制氢氧化钠溶液，水浴加热溶解，用水冲洗杯壁，滴加约 10 滴过氧化氢，继续加热使硅化物分解完全，蒸发至糖浆状，冷却。

加水至约 50mL，加入 35mL 配制硝酸，加热煮沸，冷却至室温（如试液有棕色二氧化锰沉淀，加数滴亚硝酸钠溶液（10g/L）还原锰，加少许尿素）。将溶液移入 200mL 容量瓶中，以水稀释至刻度，混匀。此溶液称为母液，可用于硅、铁、锰、铜、镍、钛和铬等元素的测定。

（4）显色

1）移取 10.00mL 或 5.00mL 试液两份于 100mL 容量瓶中（移取 5.00mL 试液时补加 5.0mL 空白试验溶液），加 50mL 水，混匀。

2）显色液：加 5mL 钼酸铵溶液（50g/L），于室温放置 10 ~ 20min（或在沸水浴上加热 30s）。加 10mL 草酸溶液（50g/L）、10mL 硫酸亚铁铵溶液（60g/L），加水稀释至刻度，混匀。

3）参比液：加 10mL 草酸溶液（50g/L）、5mL 钼酸铵溶液（50g/L）、10mL 硫酸亚铁铵溶液，加水稀释至刻度，混匀。

（5）测量

将显色液移入适当的吸收皿中，于 680nm 或 810nm 处测量吸光度。试液吸光度减去空白试验溶液的吸光度，于工作曲线上计算硅的质量分数。

（6）工作曲线的绘制

分取 0.00mL、1.00mL、2.00mL、3.00mL、4.00mL、5.00mL 硅标准溶液（10.0μg/mL 或 50.0μg/mL）于 100mL 容量瓶中，各加 10mL 空白试验溶液，以水稀释至约 60mL，以下按显色液操作。以试剂空白（不加硅标准溶液者）为参比，测量吸光度，绘制工作曲线。

3. 铜的测定

（1）BCO 分光光度法

1）方法提要：在 pH = 8.6 ~ 9.3 的范围内，铜离子与双环己酮草酰二腙生成蓝色络合物，以分光光度法测定铜含量，用柠檬酸掩蔽铁、铝、锰。

2）试剂：

（a）氢氧化钠溶液 10%；

（b）混合酸 浓硝酸 + 浓硫酸 + 水 = 1 + 2 + 10；

（c）柠檬酸溶液 25%；

（d）氢氧化铵溶液 1 + 1；

（e）双环己酮草酰二腙（简称 BCO）溶液 0.05%；称 0.5gBCO 溶于 100mL 乙醇和 200mL 热水中加水稀释至 1L，不溶物用脱脂棉过滤；

（f）铜标准溶液 0.1mg/mL。

3）分析步骤：

（a）试样称取：称取0.1g试样于锥形瓶。

（b）试样分解及试液制备：在盛放试样的锥形瓶中加氢氧化钠溶液10mL，溶解完毕后取下冷却。加混合酸中和至沉淀溶解并过量10mL，煮沸1～2min，冷却，移入100mL容量瓶中以水稀释至刻度。

（c）测量：移取母液5mL于50mL容量瓶中，加入柠檬酸溶液2mL，准确加入氨水5mL，BCO溶液20mL，以水稀释至刻度。放置3min，在波长600处，用0.5～2cm比色皿，水为参比液，测定吸光度。然后从标准曲线上查得铜的含量。

4）工作曲线的绘制：称取纯铝0.1g5份，分别置于150mL锥形瓶中，依次加入铜标准溶液（3mL相当0.1mg铜）0.5mL、1.0mL、3.0mL、5.0mL、7.0mL，按试样分析步骤溶解。显色后测量各溶液的吸光度，绘制工作曲线。

（2）萃取分光光度法

1）方法提要：试样以碱溶解，混酸中和，在pH=8.5～9.5的介质中，以柠檬酸铵掩蔽铝、铁，EDTA掩蔽镍、锰及钴。二价铜离子与DDTC生成$[(C_2H_5)_2NCS_2]_2Cu$黄色络合物，以三氯甲烷萃取，其颜色深浅与铜含量成正比，用分光光度法测定铜量。

2）主要反应：

$$Cu(NO_3)_2+2(C_2H_5)_2NCS_2Na=[(C_2H_5)_2NCS_2]_2Cu+2NaNO_3$$

3）试剂：

（a）氢氧化钠溶液　20%；

（b）过氧化氢　30%；

（c）氢氧化铵溶液　1+1；

（d）混酸：硝酸+硫酸+水=1+2+10；

（e）柠檬酸铵溶液　20%；

（f）EDTA　6%；

（g）三氯甲烷　二级；

（h）二乙氨基二硫代甲酸钠（DDTC）0.2%：取DDTC 0.2g溶解于100mL无离子水中过滤，贮存于有色瓶中；

（i）标准铜溶液　1.0mg/mL。

4）分析步骤：

（a）试样称取：铜的质量分数0.005%～0.010%称2g；0.01%～0.05%称1g；0.2%～0.3%称0.1g；0.8%～5%称0.05g于250mL锥形瓶中。

（b）试样溶解及试液制备：于称样锥形瓶中加氢氧化钠溶液5～25mL。加热溶解，以混酸中和至沉淀溶解，并过量10mL，煮沸1～2min，冷却后移入100mL容量瓶中，稀释至刻度，混匀。

（c）萃取试液：移取试样2～10mL于125mL分液漏斗中，加柠檬酸铵溶液10mL，氢氧化铵溶液10mL，EDTA溶液1～2mL，摇匀，加DDTC溶液5mL，摇匀，然后准确加入三氯甲烷20mL，剧烈振荡250次，静置分层，以滤纸过滤。

（d）测量：以空白溶液为参比液，萃取液用比色皿在波长420毫微米处测定吸光度。

5）工作曲线的绘制：将含铜量不同的标样与试样同条件操作，测定吸光度，绘制工作曲线。

如无标样，可取标准铜溶液（1mg/mL）0.0mL、0.2mL、0.4mL、0.6mL、0.8mL、1.0mL，分别移入250mL锥形瓶中，加硫硝混酸10mL，加热煮沸，冷却后移入100mL容量瓶中，以后操作与试样分析步骤同。然后根据铜含量和相应吸光度，绘制工作曲线。

4. 硫氰酸盐吸收光度法测定铁含量

（1）方法提要　三价铁与硫氰酸盐在酸性溶液中，生成橙红色的硫氰酸铁，以吸收光度法测定铁的含量。

（2）主要反应

$$Fe(NO_3)_3 + 3NaSCN = Fe(SCN)_3 + 3NaNO_3$$

（3）试剂

1）氢氧化钠溶液　30%。

2）硝酸溶液　1+33。

3）过氧化氢　30%。

4）硫氰酸钠溶液　25%。

5）铁标准溶液　1mL相当于100μg铁。

（4）分析步骤

1）试样称取：称样0.05g于250mL锥形瓶。

2）试样溶解及试液制备：于称样锥形瓶中加氢氧化钠溶液5mL，低温加热溶解后，加入硝酸溶液20mL，煮沸约20s，冷却后加水65mL、过氧化氢1滴、硫氰酸钠溶液10mL，放置6min。

3）测量：以空白溶液为参比液，在波长500nm处，测定吸光度，在标准曲线上查出铁的含量。

4）空白：以水代试样，同试样平行操作。

（5）工作曲线的绘制　称取纯铝（w(Fe) <0.003%）0.005g六份，分别加入铁标准溶液（1mL相当于100μg铁）0.00mL、0.25mL、0.50mL、1.00mL、2.00mL、3.00mL，操作同试样分析步骤，测吸光度，绘制工作曲线。

5. 镁的测定

（1）EDTA容量法

1）方法提要：试样用氢氧化钠溶解，使铝、锌转入溶液并与铜、锰、铁、镁等氢氧化物沉淀分离。将沉淀以酸溶解调整酸度近中性，用DDTC分离铜、铁、锰。然后在pH=10的氨性溶液中，以铬黑T为指示剂，用EDTA标准溶液直接滴定镁。

2）试剂：

（a）氢氧化钠溶液　20%，3%；

（b）混酸：盐酸+硝酸+水=100+5+200；

（c）铜试剂　固体；

（d）氨性缓冲溶液　pH=10；

（e）铬黑T　1%：取指示剂0.5g溶解于25mL三乙醇胺及25mL乙醇中；

（f）盐酸溶液　5%；

（g）氢氧化铵溶液　1+1；

（h）EDTA标准溶液　0.01M或0.025M。

3）分析步骤

（a）试样称取：称样0.5～1.0g，于300mL锥形瓶。

（b）试样溶解及试液制备：于称样锥形瓶中加20%氢氧化钠溶液20mL，加热溶解完全后，加热水100mL，搅匀，静置。待不溶物大部分沉淀后，立即过滤，用3%氢氧化钠溶液洗涤沉淀5～6次，用15mL热混酸将不溶物溶于250mL容量瓶中，滤纸用热盐酸洗涤5～6次，然后用热水洗至无酸性（或用pH试纸检查为中性），滴加氢氧化铵至出现少量氢氧化铁沉淀，溶液微显浑浊为止（或用刚果红试纸检查呈紫红色）。不断摇动下，加铜试剂2g。以水稀释至刻度，摇匀，用干滤纸过滤。

（c）滴定测量：分取25mL或50mL试液于300mL锥形瓶中，加氨性缓冲溶液10mL，铬黑T指示剂3～4滴，用EDTA标准溶液滴至纯蓝色为终点。

（d）计算

按下式计算镁含量：

$$w(\mathrm{Mg})=\frac{0.02432VM}{m}\times 100\%$$

式中　V——试样消耗EDTA标准溶液的体积，单位为mL；

M——EDTA标准溶液物质的量浓度；

m——试样的质量，单位为g；

0.02432为1mL 1M的EDTA标准溶液相当于镁的克数。

（2）酒石酸-DDTC联合掩蔽络合滴定法

1）方法提要：试样用盐酸溶解，用三乙醇胺掩蔽铝，用酒石酸-DDTC联合掩蔽锰、锌、铁、铜等杂质元素，在pH=10时以铬黑T为指示剂，用标准EDTA溶液滴定镁。

2）试剂：

（a）盐酸　浓；

（b）过氧化氢　浓；

（c）盐酸羟胺　固体；

（d）氢氧化铵溶液　1+1；

（e）三乙醇胺溶液　1+1；

（f）酒石酸钠溶液　20%；

（g）铜试剂溶液　2%；

（h）乙醇　分析纯；

（i）氨性缓冲溶液　pH=10；

（j）铬黑T指示剂溶液1%：取指示剂0.5g溶解于25mL三乙醇胺及25mL乙醇中；

（k）EDTA标准溶液　0.025M。

3）分析步骤：

（a）试样称取：称样0.05g，于300mL锥形瓶。

（b）试样溶解及滴定溶液制备：于称样锥形瓶加浓盐酸10mL，滴加过氧化氢2mL，待试样溶完后，煮沸分解过氧化氢并蒸至近干。冷却后，加水5mL，盐酸羟胺少许，待溶完以氨水中和至刚出现沉淀，加1+1盐酸溶液2mL，酒石酸钠溶液15mL，三乙醇胺溶液20mL，氨性缓冲溶液20mL，乙醇10mL，铜试剂溶液2mL，氨水10mL，冷却至室温。

（c）滴定测定：加盐酸羟胺0.1g，铬黑T3～4滴，用EDTA标准溶液滴定至溶液由红紫色变为纯蓝色为终点。计算方法同前。

（3）磷酸盐快速法

1）方法提要：试样用氢氧化钠溶解，使镁以$Mg(OH)_2$沉淀形式存在，过滤分离后，以柠檬酸或酒石酸与铁、锰等形成络合物，于氨性溶液中加入磷酸氢二铵成磷酸铵镁沉淀，再以盐酸滴定。

2）化学反应：

$$Mg + 2HCl = MgCl_2 + H_2 \uparrow$$

$$MgCl_2 + (NH_4)_2HPO_4 + NH_4OH = Mg(NH_4)PO_4 + 2NH_4Cl + H_2O$$

$$Mg(NH_4)PO_4 + 2HCl = MgCl_2 + NH_4H_2PO_4$$

3）试剂：

（a）氢氧化钠溶液　30%；

（b）盐酸溶液　1+1；

（c）柠檬酸溶液　50%；

（d）氢氧化铵溶液　1+1；2%；

（e）磷酸氢二铵溶液　30%；

（f）中性酒精溶液　取酒精5mL加水5mL，然后加入红蓝石蕊试纸各一张，如其颜色与原来的颜色不变，则为中性；

（g）甲基橙指示剂溶液　0.5%；

（h）盐酸标准溶液　0.1N。

4）分析步骤：

（a）试样称取：称样（含镁量8%～10%，称0.2～0.4g；1%～8%，称0.4～0.8g；0.5%～1%，称0.8～1.5g；≤0.5%，称1.5～3g），于400mL烧杯中。

（b）试样溶解及滴定液制备：于称样烧杯中加30%氢氧化钠25～30mL（须分次加入），待剧烈作用停止后，加热溶解（勿煮沸），加80～100mL蒸馏水，放置2～3min，迅速过滤，以热水洗涤8～10次，加热盐酸20mL溶解沉淀，收集滤液于原烧杯中，再用热水洗涤3～5次，稀释体积至100～150mL。加入柠檬酸5mL。用氨水调至微碱性，然后加热至70℃。加入磷酸氢二铵溶液10mL和浓氨水10mL，在不断搅拌下放置约30min（低含量镁的测定需适当延长放置时间或过夜），待沉淀完全后过滤。用2.5%氨水洗2～3次，然后用中性酒精洗至无碱性（检验碱性：用0.1N盐酸标准溶液0.1mL，以水稀释至50mL加甲基橙1滴，再滴入洗液2～3滴。若红色不变，则可不再洗）。

（c）滴定测量：将滤纸与沉淀移放于原烧杯中，加入中性水（新蒸馏水或经煮沸20min除尽二氧化碳）。强烈振荡使滤纸破碎，加入甲基指示剂溶液2～3滴，用0.1N盐酸标准溶液滴至红色出现为终点。

（d）计算：

按下式计算镁含量：

$$w_{Mg} = \frac{0.0122NV}{m} \times 100\%$$

式中　N——盐酸标准溶液物质的量浓度；

V——消耗盐酸标准溶液的体积，单位为 mL；

m——试样质量，单位为 g；

0.0122——1mL 1N 的盐酸标准溶液相当于镁的克数。

模块二　铜及铜合金分析

纯铜中铜的质量分数为98% ~99.99%，铜合金中铜是主体元素，一般均不低于50%，不超过98%。

纯铜外观呈紫红色，故又称紫铜，其密度为8.9g/cm^3，熔点为1083℃，具有很好的化学稳定性，在大气、淡水及冷凝水中均有优良的耐蚀性。在海水中的耐蚀性较差，易被腐蚀。

纯铜在含有 CO_2 的潮湿空气中，表面将产生碱性碳酸盐的绿色薄膜，又称为铜绿。工业纯铜的力学性能较低。为满足结构件的要求，需对纯铜进行合金化，形成铜合金。铜合金化原理类似于铝合金，主要通过合金化元素的作用，实现固溶强化、时效强化和过剩相强化，提高合金的力学性能。

铜合金是机械工业的常用材料，铜在其他非铁金属（如铝合金、锌合金、铅基合金、锡基合金等）中是主要的合金成分。在钢中加入少量铜能提高其屈服点和疲劳强度，改善冲击韧性和耐大气腐蚀性能等，但铜在钢中通常是有害杂质，使钢的力学性能降低，当加热时导致金属表面氧化，有时会引起钢在锻轧热加工时发生热脆现象，出现鱼鳞状开裂并影响焊接性能。

一、铜及铜合金溶解与分离方法

用酸溶法溶解含铜的非铁金属及钢铁试样，但必须在氧化的条件下进行，铝合金不宜用硝酸溶解，可用盐酸加适量过氧化氢或用盐酸加适量硝酸溶解。

分离铜的方法主要有电解法、沉淀分离法和萃取分离法。

1. 硫化物沉淀分离法

在0.3mol/L 的盐酸或0.15mol/L 的硫酸溶液中通入硫化氢气体可使铜生成硫化铜沉淀，从而使铜与铁、镍、钴、锰、锌等元素分离，但砷、锑、锡、钼、硒、碲、金、铂、钯、汞、铅、铋、镉等元素与铜同时生成硫化物沉淀。如果在氢氧化钠碱性溶液中加入硫化钠使铜生成硫化铜沉淀，砷、锑、锡等元素以硫代酸盐状态保留在溶液中，因而可与铜分离。必须加入5~10mgPb^{2+}作为载体可使微克量的铜以硫化物状态定量析出，沉淀物放置较长的时间（最好放置过夜）后才能过滤。溶液中氯化物盐类浓度太大会使铜沉淀不完全。

也可用硫代乙酰胺代替硫化氢作为铜的沉淀剂，因为在酸性溶液中硫代乙酰胺水解而产生硫化氢：

$$CH_3CSNH_2 + 2H_2O = CH_3COONH_4 + H_2S\uparrow$$

沉淀可在3mol/L 以下的硫酸或2mol/L 以下的盐酸或0.5mol/L 以下的硝酸溶液中进行。

2. DDTC 沉淀分离法

用酒石酸从 EDTA 掩蔽铁、铬、镍等离子，在 pH = 10 左右的氨性溶液中铜离子与 DDTC 定量地生成沉淀。利用此法可分离钢铁等合金中0.1%以上的铜。

3. 二苯硫腙萃取分离法

在0.1mol/L的酸性溶液中，铜（Ⅱ）离子与二苯硫腙形成能被三氯甲烷、四氯化碳等有机溶剂萃取的螯合物。利用此法可使微量铜与钴、镍、钼、铅、锌、镉等元素分离，但铋、汞、钯、金、银、铂也被萃取。加入适量0.1mol/L的溴化物或碘化物，可掩蔽少量汞、银和铋。也可用等体积2%碘化钾和0.01mol/L盐酸混合液洗涤有机相以除去已被萃取入有机相的汞、银及铋。大量铁（Ⅲ）离子共存时则先用甲基异丁酮在盐酸介质中萃取除去。

二、铜的分析方法

铜的化学分析方法主要有电解重量法、碘量法、EDTA滴定法、分光光度法及原子吸收光谱法。

1. 电解重量法

电解重量法适用于测定试样中作为主要组分存在的铜，具有操作简便、结果准确等优点。目前常用的有恒电流电解法和控制阴极电位电解法两种。

恒电流电解法测定铜，通常在硝酸或硫硝混合酸介质中进行电解，也可在氨性介质中或以铜（Ⅱ）的氰化络合物状态进行电解。但不宜在盐酸介质中进行电解，因为在盐酸介质中电解析出的铜呈海绵状，极易脱落，而且盐酸对铂电极有一定的腐蚀作用，使电极受损。电解的电流密度一般控制在1~2A/dm^2，配以适当搅拌。砷、锑、锡、铋、钼、金、银、汞、硒、碲等元素在电解时能与铜一起在阴极上还原，因而干扰铜的测定。当上述各元素的共存量较大时应预先分离除去；而共存量很少时可采取掩蔽、氧化等不同的方法消除其干扰。

控制阴极电位电解法测定铜具有更好的选择性，与铜的电位电势相差较大的元素不与铜析出。例如，分析锡青铜时可不分离锡直接进行铜的电解。

无论用恒电流法或控制电位法测定铜，电解后的溶液中一般还残留有痕量铜，可采用光度法或原子吸收光谱法测定其含量，并加到电解重量法的结果之中。

2. 碘量法

碘量法测定铜具有快速、简便的特点，在条件合适的情况下可获得较准确的结果。该方法的基本反应为铜（Ⅱ）与I^-定量反应生成碘化亚铜和游离碘，随即用硫代硫酸钠标准溶液滴定所释放出的碘，即可间接计算试样中铜的含量。

$$2Cu^{2+}+4I^-=2CuI\downarrow+I_2$$

$$2S_2O_3^{2-}+I_2=S_4O_6^{2-}+2I^-$$

上述反应的适宜酸度范围为pH=3~5，砷、锑、铁、钼、钒等元素干扰铜的测定。当溶液的酸度较高（pH<3）时，砷、锑也参与反应会使测量结果偏高，由于空气的氧化作用使滴定终点反复。当溶液的pH>5时，有沉淀生成使结果偏低。加入适量氟化氢铵作为缓冲剂可使溶液的酸度控制在pH=3.4~4.0之间，而且还能络合共存的铁（Ⅲ）而避免其干扰。

碘化钾的加入量与最终溶液的体积有关，一般应为铜量的20倍，如滴定40mg铜，溶液体积50mL时，碘化钾的加入量为0.6~1.0g，约为铜量的15~25倍。如果溶液体积增至100mL时，碘化钾的加入量应为3~5g，相当于铜量的75~125倍。

滴定过程中共存的碘化亚铜沉淀表面将吸附一定量的碘，故在滴定将近终点应加入硫氰酸盐使碘化亚铜转化为硫氰酸亚铜，从而释放出所吸附的碘。如将碘化钾的加入量增加至1.7mol/L，并用乙酸盐作缓冲控制溶液的pH为4.4±0.1，可使铜（Ⅰ）与碘离子生成$[CuI_2]^-$络阴离子而不生成沉淀，从而避免了碘化亚铜沉淀对游离碘的吸附。

3. EDTA 滴定法

铜（Ⅱ）与 EDTA 形成稳定的蓝色螯合物，所以，在 pH＝2.5～10 的酸度范围内进行螯合滴定。由于铜-EDTA 螯合物呈较深的蓝色，采用目视滴定指示剂时试样中铜的绝对量不宜太多，以免铜-EDTA 螯合物的色泽影响对指示剂变色的辨认。

EDTA 滴定法测定铜的滴定方式有直接滴定和返滴定两类。存在干扰元素或共存干扰元素可用一定的方法掩蔽时才可采用直接滴定法，否则以用返滴定法为宜。在应用于实样分析时常采用如下方法来提高测定的选择性：

（1）硫脲掩蔽差减滴定法　取相同量的试液两份，于一份试液中加入硫脲将铜掩蔽而另一份试液中不加硫脲，分别在 pH＝5～6 的条件下用 EDTA 标准溶液滴定试液中金属离子的总量，两份试液滴定所耗 EDTA 标准溶液毫升数的差值即相当于试样中铜的含量。此方法的滴定方式属直接滴定法。

（2）硫脲置换解蔽返滴定法　于试液中加入过量的 EDTA 溶液，将包括铜在内的所有可被螯合的金属离子螯合，在 pH＝5～6 的条件下用标准溶液滴定过量的 EDTA。然后加入硫脲、抗坏血酸和 1，10—菲啰啉将铜（Ⅱ）从 EDTA 螯合物中置换并掩蔽，再用铅标准溶液滴定置换释放出的 EDTA，从而计算试样的含量，此方法属返滴定法。

（3）硫脲掩蔽氧化解蔽直接滴定法　于试液中先加硫脲将铜掩蔽，然后加入过量 EDTA 将其他可螯合的共存金属离子螯合，用锌标准溶液在 pH＝5～6 的条件下返滴定。加入过氧化氢或其他氧化剂破坏铜与硫脲的络合物而使铜解蔽。用 EDTA 标准溶液直接滴定解蔽释放出的铜。此方法采用了返滴定和直接滴定两种方式。

上述滴定方法中可采用的金属指示剂主要有 PAN、[1-(2-噻唑偶氮)-2-萘酚](TAN)、XO 等。PAN、TAN 适用于直接滴定，由于指示剂与铜（Ⅱ）的螯合物在水溶液中的溶解度较小，须加适量乙醇并加热以利终点的观测，也可加入非离子表面活性剂使铜与指示剂螯合物增溶。这样便可不加乙醇。用铅或锌标准溶液返滴定时 XO 是较好的指示剂，但此指示剂不宜用于铜的直接测定，因铜（Ⅱ）离子易与 XO 形成不被 EDTA 取代的稳定螯合物，从而使指示剂"封闭"而不能指示滴定终点。

4. 光度法

（1）IDTC 光度法　氨基二硫代甲酸的衍生物是一类重要的显色剂，例如，二乙氨基二硫代甲酸钠（NaDDTC）作为铜（Ⅱ）的显色剂迄今仍被广泛应用。由于 Cu-（DDTC)$_2$ 螯合物在水溶液中不溶解，故须加入保护胶体方能在水溶液中作光度测定。当然也可用氯仿等溶剂将 Cu（DDTC)$_2$ 萃取入有机相后进行光度测定。氨基二乙酸二硫代甲酸盐（简写为 IDTC）的显色剂用作测定铜的显色剂，具有显色反应条件容易掌握，所形成的螯合物为水溶性，不需加保护胶，灵敏度较高和干扰元素容易掩蔽等优点。

铜（Ⅰ、Ⅱ）与 IDTC 在 pH＝3～11 的酸度范围内形成水溶性的棕黄色螯合物，其吸收峰在 440nm 处，吸光度在 24h 内稳定不变。但当有 EDTA 存在时，螯合物的稳定性随溶液的酸度不同而不同。在 pH＝3 时，螯合物只能稳定 20min；在 pH＝4.5 时，可稳定 45min；而在 pH＝5.7～6.5 范围内，可稳定 3h。

镍（Ⅱ)、钴（Ⅱ)、铁（Ⅲ)、钼（Ⅵ)、银（Ⅰ)、铋（Ⅲ）等元素与 IDTC 反应生成有色螯合物，因而干扰铜的测定。锌（Ⅱ)、锰（Ⅱ)、镉（Ⅱ)、镁（Ⅱ)、钙（Ⅱ)、铝（Ⅲ)、锡（Ⅳ)、稀土（Ⅲ)、钍（Ⅳ)、锆（Ⅳ)、钛（Ⅳ)、钨（Ⅳ）等元素或不与

IDTC 反应或与 IDTC 反应，但在铜螯合物的测定波长处无吸收，故对铜的测定无影响。铅的存在抑制铜的显色。在 pH =5 ~6 时加入 EDTA 可消除镍、铁、铅的干扰。钼（Ⅳ）在 pH 为5左右不显色。银、铋、钴与 IDTC 的螯合物在 pH 为3时不被 EDTA 所破坏而铜的螯合物可以被破坏，利用这一差别可实现在银、铋、钴的存在下测定铜。铬（Ⅳ）、钒（Ⅴ）及其他氧化性物质能破坏 IDTC 试剂，故不允许存在。加入抗坏血酸使铬、钒还原后可消除其干扰。氨水及六次甲基四胺等试剂抑制铜与 EDTA 的反应，因此不宜用以调节酸度。其他常见的阴离子均无干扰。

（2）双环己酮草酰二腙光度法　双环己酮草酰二腙（简称 BCO）与铜离子在碱性溶液中生成蓝色络合物。BCO 试剂在水溶液中有互变异构作用。

铜（Ⅱ）只与 BCO 试液的烯醇式 I 状态反应生成蓝色络合物。而在 pH =7 ~10 的条件下 BCO 主要以烯醇式 I 的状态存在，因此铜与 BCO 的显色反应的适宜酸度条件也应为 pH =7 ~10。当 pH <6.5 时螯合物不形成，而当 pH >10 时，螯合物的蓝色迅速消褪。此外，适宜的酸度范围受共存元素及缓冲体系的不同等因素的影响。在柠檬酸铵、氢氧化钠、硼酸钠缓冲介质中，显色反应的适宜酸度为 pH =8.5 ~9.5，此反应的灵敏度为 1.6×10^4L/(mol·cm)，略高于 Cu-DDTC 的反应。铜螯合物的吸收峰值在 595 ~600nm 波长处。铜浓度在 0.2 ~4μg/mL 之间遵守比耳定律。BCO 试剂的加入量一般应为铜量的 8 倍以上。如试样含镍则 BCO 的加入量要相应增加，否则铜的结果将偏低而且色泽不稳定。加入 BCO 试剂后需放置 3 ~5min 反应完全。大量柠檬酸盐的存在使显色反应的速度减慢。

（3）2，9-二甲基-1，10-菲啰啉（简称新亚铜灵，L）光度法　新亚铜灵为 1，10-菲啰啉的甲基衍生物。由于在 1，10-菲啰啉分子的 2，9 位置上引入了甲基后产生空间位阻，使分子中的配位氮原子不能接近铁（Ⅱ）而与铜（Ⅰ）形成 1:2 正一价的螯合物，它与溶液中阴离子 X 结合为 L_2CuX 形式的盐，可用戊醇、异戊醇、正丁醇或氯仿等溶剂萃取。显色反应的适宜酸度为 pH =3 ~8，但在较大量的基体元素存在且加入较多的柠檬酸作掩蔽剂时，采用 pH =3 ~5 的酸度条件较好。反应的灵敏度不高，在最大吸收波长 455nm 处的摩尔吸光系数仅为 7950。铜浓度在 0.4 ~8μg/mL 的范围内遵守比耳定律。在一定量的乙醇存在下，可在水溶液中显色。因此，应用此方法测定 20μg 以上的铜且取样量较少时可在水溶液中测定。

当测定的铜含量较低（如 0.001% 左右）而需取较多试样时（如 0.5g 以上）则宜采用萃取光度法，此法的突出优点是选择性较好。

（4）原子吸收分光光度法　原子吸收分光光度法是测定痕量铜的有效方法。铜的化合物容易离解，而且不形成难挥发性化合物，试样的组成对铜的测定影响较小，仅存在总含盐量和有机溶剂效应这类非选择性干扰，方法具有良好的选择性。一般来说，使用空心阴极灯光源测定铜时，选用较小的灯电流是有利的。

三、铜及铜合金中其他元素测定

1. 铜的测定——电解法测定不含锡和硅铜合金中的铜含量

（1）方法提要　试样以硝酸溶解，并煮沸除尽氮的氧化物，在硫酸酸性溶液中，以铂网为电极进行电解，一部分铜在阴极上析出。电解液中残余的铜用 BCO 光度法或原子吸收法测定，阴极网增加的重量及电解液中残余的铜总量即为铜的量。

（2）试剂

1）硫酸-硝酸混合酸　1L 混合酸中含 200mL 硫酸（$\rho \approx 1.84$g/mL）和 140mL 硝酸（$\rho \approx 1.42$g/mL）。

2）过氧化氢　1+9。

3）柠檬酸溶液　250g/L。

4）中性红指示剂　1g/L。

5）硼酸钠缓冲溶液 1L 溶液中含 26.9g 硼酸和 2.4g 氢氧化钠。

6）双环己酮草酰二腙（BCO）溶液　2g/L，取 1gBCO 溶于 250mL 乙醇中，用水稀释至 500mL。

7）铜标准溶液　20μg/mL。

（3）主要反应

阴极：$Cu^{2+} + 2e^- \rightarrow Cu \downarrow$

阳极：$2OH^- - 2e^- \rightarrow 1/2O_2 \uparrow + H_2O$

（4）分析步骤

1）试样称取：称样 2.000g 于 250mL 烧杯中。

2）试样溶解及电解液制备：于称样烧杯中加硫酸-硝酸混酸 50mL，低温溶解，盖上表面皿，继续加热 2min，驱除氮的氧化物，加 5mL 过氧化氢（1+9），用水冲洗表面皿及杯壁，以水稀释至 120mL。

3）电解测量：将已知重量的网状铂金阴极置于电解液中，在室温下进行电解，电流密度为 1.5～3.0A/100cm^2，电压 2.0～2.5V，电解至溶液无蓝色铜离子时，继续电解 1h 左右，加 20mL 水，再电解 5～10min，至增高液面处铂网电极上无铜析出为止。在不切断电流的情况下，停止搅拌，移下烧杯，迅速用水吹洗电极，切断电源，并依次插入两个盛水的烧杯和两个盛酒精的烧杯内浸洗。然后取下电极在 100～105℃ 干燥 5min，冷却，称至恒重。

4）电解后试液中铜的测定：将电解后的溶液移入 250mL 容量瓶，用水稀释至刻度，混匀，待用。分别取 5.00～10.00mL 于 50mL 容量瓶中，加 2mL 柠檬酸溶液（250g/L），滴加氨水（1+1）至中性指示剂刚变为黄色，加 5mL 硼酸钠缓冲溶液，混匀，加 5mL BCO 溶液（2g/L），用水稀释至刻度，混匀。

用适当的吸收皿以空白试验溶液为参比，于 600nm 处测量吸光度，在工作曲线上计算电解后试液中的铜量。

（5）工作曲线的绘制　分取铜标准溶液（20μg/mL）0.00mL、1.00mL、2.00mL、3.00mL、4.00mL、5.00mL 于一组 50mL 容量瓶中，加 2mL 柠檬酸溶液（250g/L），操作同试样分析步骤 4），测吸光度，绘制工作曲线。

（6）计算　按下式计算铜含量：

$$w_{Cu} = \frac{W_1 - W_0 + W_2}{m} \times 100\%$$

式中　W_1——铂网加铜的质量，单位为 g；

W_0——铂网的质量，单位为 g；

W_2——电解液中残留铜的质量，单位为 g；

m——试样的质量，单位为 g。

2. 碘量法测定铜的含量

(1) 方法提要 试样以盐酸-过氧化氢溶解，以氟化钠掩蔽铁，在磷酸溶液中，加碘化钾与铜作用生成Cu_2I_2，同时析出定量的游离碘，以标准硫代硫酸钠滴定。然后根据硫代硫酸钠消耗量算出铜的含量。

(2) 主要反应

$$Cu + H_2O_2 = CuO + H_2O$$
$$CuO + 2HCl = CuCl_2 + H_2O$$
$$2CuCl_2 + 4KI = Cu_2I_2\downarrow + I_2 + 4KCl$$
$$I_2 + 2Na_2S_2O_3 = Na_2S_4O_6 + 2NaI$$
$$Cu_2I_2 + 2NaSCN = Cu(SCN)_2\downarrow + 2NaI$$

(3) 试剂

1) 盐酸溶液 1+1。

2) 氢氧化铵溶液 1+1。

3) 过氧化氢 30%。

4) 磷酸 浓。

5) 碘化钠 固体。

6) 碘化钾 固体。

7) 淀粉溶液 0.5%。

8) 硫氰酸钠溶液 10%。

9) 硫代硫酸钠标准溶液 0.1N。

(4) 分析步骤

1) 试样称取：称样0.2g，于500mL锥形瓶中。

2) 试样溶解及滴定溶液制备：于称样锥形瓶中加盐酸溶液5mL，过氧化氢5mL，加热溶解，并煮沸2~3min，(若试样含硅，则在溶解过程中滴加氢氟酸至全部溶解，加1+1硫酸溶液10mL，蒸发至冒白烟)，冷却，加水30mL，以氢氧化铵中和至有氢氧化铜沉淀出现，滴加磷酸至沉淀恰溶解，过量5mL，冷至室温。

3) 滴定测定：加氟化钠0.5~1.0g溶解后，加碘化钾2g，稍摇动，加水100mL，立即以0.1N硫代硫酸钠标准溶液滴定至浅黄色时，加淀粉2~3mL，继续滴定至蓝色消失。再加硫氰酸钠溶液10mL，继续滴至蓝色恰好消失为终点。

(5) 计算

$$w_{Cu} = \frac{0.06355VN}{m} \times 100\%$$

式中 V——试样所消耗标准$Na_2S_2O_3$溶液体积，单位为mL；

N——硫代硫酸钠标准溶液物质的量浓度；

m——称样质量，单位为g；

0.06355——1mL1N硫代硫酸钠标准溶液相当铜的克数。

3. 铜合金中铅含量的测定

(1) 方法提要 试样以硝酸溶解，在醋酸存在下，加重铬酸钾使铅呈铬酸铅沉淀。分离后将沉淀溶于氯化钠-盐酸溶液中，加入碘化钾析出游离碘，以淀粉作指示剂，硫代硫酸钠标准溶液滴定。

（2）主要反应

$$Pb+4HNO_3=Pb(NO_3)_2+2NO_2\uparrow+2H_2O$$

$$Pb(NO_3)_2+2HAc=Pb(Ac)_2+2HNO_3$$

$$2Pb(Ac)_2+K_2Cr_2O_7+H_2O=2KAc+2HAc+2PbCrO_4\downarrow$$

$$2PbCrO_4+6KI+16HCl=2PbCl_2+2CrCl_3+6KCl+8H_2O+3I_2$$

$$I_2+2Na_2S_2O_3=Na_2S_4O_6+2NaI$$

（3）试剂

1）硝酸溶液　1+1。

2）柠檬酸溶液　25%。

3）氢氧化铵　浓。

4）醋酸　浓。

5）重铬酸钾饱和溶液。

6）醋酸铵溶液　5%。

7）氯化钠-盐酸混合液　于1L氯化钠饱和溶液中加浓盐酸200mL。

8）淀粉溶液　0.5%。

9）碘化钾溶液　10%。

10）硫代硫酸钠标准溶液　0.05N。

（4）分析步骤

1）试样称取：称样1g于500mL锥形瓶中。

2）试样溶解及滴定溶液制备：于称样锥形瓶中加硝酸30mL溶解试样并加热煮沸驱尽氮的氧化物，冷却。加水50～60mL，加柠檬酸溶液15mL，用浓氢氧化铵中和至溶液出现蓝色后加浓醋酸10mL，以水稀释至100mL左右，加热至90℃，加饱和重铬酸钾溶液15mL，煮沸5～10min，于低温处保温1h。用致密滤纸过滤，沉淀及滤纸用醋酸铵洗涤至无铬酸根为止（用碘化钾淀粉检查）。

将沉淀及滤纸一并移至原沉淀锥形瓶中，加氯化钠盐酸混合液35mL，剧烈振荡至滤纸呈纸浆状，用水冲洗漏斗及瓶壁，并以水稀至约80mL左右。

3）滴定测定：加碘化钾20mL，在暗处放置2min后用硫代硫酸钠标准溶液滴至溶液由棕黄色变为浅黄色。加淀粉5mL，继续以硫代硫酸钠标准溶液滴定至蓝色消失为终点。

（5）计算

按下式计算铅含量：

$$w_{Pb}=\frac{0.06907VN}{m}\times100\%$$

式中　V——试样所消耗标准$Na_2S_2O_3$溶液体积，单位为mL；

N——硫代硫酸钠标准溶液物质的量浓度；

m——称样质量，单位为g；

0.06907——1mL1N硫代硫酸钠标准溶液相当铅的克数。

4. 络合滴定法测定铜合金中的锡含量

（1）方法提要　试样以盐酸硝酸溶解，加氯化钾使四价锡生成六氯锡酸钾复盐。蒸发除去过量的酸，在酸性溶液中，加过量 EDTA 络合锡、铜等金属离子，以硫脲掩蔽铜，在 pH =5 ~6 溶液中，过量的 EDTA 以锌标准溶液滴定，然后加入氟化钠夺取 SnY 中锡形成四氟化物而释放出 EDTA，再以锌标准溶液滴定。根据加氟化钠后消耗锌标准溶液量，计算锡的含量。

（2）主要反应

$$Sn^{4+} + H_2Y^{2-} = SnY + 2H^+$$

$$SnY + 4F^- + 2H^+ = SnF_4 + H_2Y^{2-}$$

$$H_2Y^{2-} + Zn^{2+} = ZnY^{2-} + 2H^+$$

（3）试剂

1）盐酸溶液　1 +1。

2）硝酸溶液　1 +1。

3）氯化钾　固体。

4）硫脲　饱和溶液。

5）百里香酚蓝　0.1% 乙醇溶液。

6）六次甲基四胺溶液　30%。

7）二甲苯酚橙指示剂溶液　0.2%。

8）氟化钠　固体。

9）醋酸锌标准溶液　0.025M。

10）EDTA　0.050M（可不校正）。

（4）分析步骤

1）试样称取：称样 0.3 ~1g，于 300mL 锥形瓶中。

2）试样溶解及滴定溶液制备：加盐酸 15mL，硝酸 10mL，氯化钾 2g，加热溶解并浓缩至 5 ~6mL，冷却。加水 50mL，EDTA　25mL，煮沸 4 ~5min，冷却。

3）滴定测量：加饱和硫脲至铜消失后过量几滴，滴加百里香酚蓝指示剂 2 滴，以六次甲基四胺调至红色恰好消失，过量 15mL，加二甲苯酚橙 8 ~10 滴，以醋酸锌溶液滴定过量 EDTA，至溶液由黄色转变为微红色为止。然后加氟化钠 1 ~1.5g，摇动 1min 继续以醋酸锌溶液滴至溶液由黄色转为微红色为终点。

（5）计算　按下式计算锡含量：

$$w_{Sn} = \frac{0.1187VM}{m} \times 100\%$$

式中　V——加氟化钠后用去醋酸锌标准溶液的体积，单位为 mL；

M——醋酸锌标准溶液的克分子浓度；

m——称样质量，单位为 g；

0.1187——1mL1M 醋酸锌标准溶液相当锡的克数。

5. EDTA 容量法测定铜合金中的锌含量

（1）方法提要　试样以盐酸、过氧化氢溶解，在微酸性溶液中以氯化钡溶液和硫酸钠溶液沉淀掩蔽铅，氟化钠掩蔽铁和铝，硫脲掩蔽铜。在 pH =5 ~6 介质中，以二甲酚橙为指示剂。用 EDTA 标准溶液滴定锌，然后根据 EDTA 标准溶液消耗量，计算出锌的含量。

（2）主要反应

$$Zn^{2+} + H_2Y^{2-} = ZnY^{2-} + 2H^+$$

（3）试剂

1）盐酸溶液　1+1。

2）过氧化氢　30%。

3）氯化钡溶液　1%。

4）硫酸钠溶液　10%。

5）氟化钠　固体。

6）硫脲溶液　30%。

7）甲基橙溶液　0.1%。

8）六次甲基四胺溶液　30%。

9）二甲酚橙溶液　0.5%。

10）EDTA 溶液　0.025M。

（4）分析步骤

1）试样称取：称取试样 0.2g 于 250mL 锥形瓶中。

2）试样溶解及滴定试样制备：于称取锥形瓶中加稀盐酸 5mL，过氧化氢 2mL，加热溶解，蒸发近干。加水 50mL，加氯化钡溶液 5mL 硫酸钠溶液 10mL，加氟化钠 1.5g 溶解后，加饱和硫脲 15mL。

3）滴定测量：滴加甲基橙指示剂 1 滴，以六次甲基四胺调节至红色恰好消失后，并过量 10mL。加二甲酚橙指示剂 3 滴，即以 0.025M 的 EDTA 溶液滴定至红色恰好消失转为黄色为终点。

（5）计算　按下式计算锌含量：

$$w_{Zn} = \frac{0.06537VM}{m} \times 100\%$$

式中　V——滴定消耗 EDTA 标准溶液的体积，单位 mL；

M——EDTA 溶液的克分子浓度；

m——称样质量，单位为 g；

0.06537——1mL1M EDTA 溶液相当于锌的克数。

模块三　钛及钛合金分析

钛是银白色金属，熔点为 1680℃，密度为 4.5g/cm³，比铝密度大，比钢密度小。钛强度约为铝的 6 倍，比强度（强度/相对密度）在材料中很高。钛是比不锈钢更易钝化的金属，在氧化介质中，其耐腐蚀性比大多数不锈钢更为优良。除高温、高浓度的盐酸和硫酸、干燥的氯气、氢氟酸和高浓度的磷酸等少数介质外，在大多数介质中都耐蚀，是制作化工容器、火箭高压容器等极好的材料。钛在海水中有优良的耐蚀性，且不产生孔蚀及应力腐蚀，是制作用海水作介质的热交换器的极佳材料。

在钛中加入合金元素形成钛合金，能使工业纯钛的强度提高。钛在钢中除了以固溶体的形态存在外，还能和氮、氧、碳等形成化合物 TiN、TiO_2、TiC，从而防止钢中产生气泡及改善钢的品质，提高钢的强度；不锈钢中钛的质量分数为碳的 4～8 倍时，可防止不锈钢的晶间腐蚀；含钒、钛和稀土的合金铸铁则具有良好的耐磨性；在铜、铝和镍等有色合金中，加入钛能改进其物理、机械特性及耐蚀性；由于钛具有很高的强度和质量比（比铁和铝高）和在很广的温度范围内保持优良的力学性能，现广泛地被应用于航空工业。此外，钛基合金常被用于要求具有高抗蠕变能力、抗疲劳能力和耐腐蚀性能力的金属材料中。

一、钛及钛合金分解及分离方法

钛能溶于盐酸、浓硫酸、王水和氢氟酸中，但在金属中（主要指钢铁中）由于其存在形式不同，溶于各种酸的能力也不同。当其以金属状态固溶于钢铁中时，用（1+1）盐酸即可溶解；而当其以 TiN、TiC 的形态存在时则必须有氧化性酸（如硝酸、高氯酸等）存在下才能溶解；当其以 TiO_2 的形式存在时，则难溶于稀酸中，如需将之迅速溶解，则可用焦硫酸钾熔融，此时生成 $Ti(SO_4)_2$ 而迅速溶解于稀酸中，亦可以硫酸铵及浓硫酸加热溶解。

钛的分析以光度法为主，在掩蔽剂的存在下方法选择性较好，一般无需进行分离，只有当分析微量钛时需进行分离富集。分离的方法很多，但有些方法分离不彻底，需采用多次的、复合的分离才能达到单独分离出钛的目的。比较理想的分离方法有：

1）在 pH =2.0 ~4.5 的酸度下，以2-(3-羟基-3-甲基三氮烯）苯甲酸沉淀钛，常见的存在于钢铁中的合金元素离子（包括铝和钽）均不干扰，只有 Fe^{3+}、V^{5+}、F^- 和 PO_4^{3-} 有干扰。其中 Fe^{3+} 可加入 EDTA 予以掩蔽，F^- 可以加入 Be^{2+} 予以掩蔽，PO_4^{3-} 可加入酒石酸予以消除。

2）在三乙醇胺溶液中，以稀土为共沉淀剂，用氢氧化钠沉淀富集钛。

3）于浓度大于 4mol/L 的盐酸或 10 ~12mol/L 的硫酸介质中，用 N-苯基肉桂基羟肟酸沉淀钛。

4）于含微量钛的溶液中加入适量的 Fe^{3+} 或 Zr^{4+} 离子，然后加入铜铁试剂，此时钛与铁（或锆）和铜铁试剂形成共沉淀析出而与其他元素分离。

5）当溶液 pH =8 ~9，并存在适量 EDTA 时，以三氯甲烷萃取钛与 8-羟基喹啉的络合物，如于水相中加入氰化钾则分离效果更为理想。

6）于 3mol/L 的高氯酸溶液中，以 0.05mol/L 的钽试剂萃取钛，再用体积分数为 3% 的过氧化氢及硫酸的混合液进行反萃取，这样除锆和锗以外其他干扰元素均可分离。

7）在体积分数 0.1% 的盐酸溶液中，以苯萃取钛的钽试剂络合物、微量钛可被萃取，锆和铪伴随萃取。

此外，分离钛也可以采用离子交换法。

二、钛的分析方法

由于二价钛及六价钛均极不稳定，在日常化学分析中接触到的多数为三价和四价钛，其中三价钛离子为紫色，易被空气和氧化剂氧化为四价。四价钛离子是无色的，在弱酸性溶液中极易水解生成白色偏钛酸沉淀或胶状物，不易再次溶于酸中，因此，在分析的过程中应注意保持溶液的酸度，防止水解。钛的分析方法介绍如下：

1. 二安替吡啉甲烷光度法

二安替吡啉甲烷光度法具有灵敏度高、选择性好的特点，主要是由于四价钛与二安替吡啉甲烷在 0.5 ~4mol/L 的盐酸、盐酸-硫酸混合酸介质中，形成黄色可溶性络合物，在波长 380 ~430nm 处吸收最大。

反应时溶液的温度和二安替吡啉甲烷的浓度影响络合物的形成速度。一般当室温在 1 ~

20℃时，显色反应需10min完成；而室温在30℃以上时只需2min即可完成，但显色溶液中磷酸的存在会使显色速度大大降低，约需放置45min以上才能完成。二安替吡啉甲烷试剂在显色溶液总体积中的浓度必须达到2×10^{-4}mol/L以上才能使显色完全。在方法所选条件下，钛浓度在10mg/L以下遵循比耳定律。

在酸性溶液中，Fe^{3+}与二安替吡啉甲烷能生成水溶性的棕色络合物而干扰测定，可用抗坏血酸或硫脲等将Fe^{3+}还原为Fe^{2+}。存在大量Fe^{3+}时，用抗坏血酸较好。

大量铝、铍、钙、镉、镁、锰、钇、锌，以及硼酸根、草酸根、硝酸根、硫酸根、EDTA、1mg氟、10mg磷酸根和5mg铜、镍、锡不干扰测定。钨、钼、铌的干扰可加入适量的酒石酸消除。大量铌、钽存在时，可在草酸铵-盐酸介质中进行测定而不必预先分离。高氯酸因能与试剂生成白色沉淀而不应大量存在。

若试样中硅的含量较高（质量分数大于5%），则显色溶液中存在大量的硅酸盐会使二安替吡啉甲烷析出，使溶液浑浊，可加入适量的乙醇避免浑浊现象的产生。二价铁与二安替吡啉甲烷形成棕色络合物，可加入抗坏血酸将三价铁还原为二价来消除干扰。

由于该方法具有许多优点，钢铁、有色金属及一些矿石中的钛均可采用此法测定。

2. 变色酸光度法

在弱酸性条件下钛与变色酸生成橙红色络合物，在pH=2~3时灵敏度较高，因而在实际操作中一般控制显色酸度为pH=2.5。

此方法中Cr^{6+}、V^{5+}、Mo^{6+}、W^{5+}、Fe^{3+}等离子能与变色酸生成有色络合物而干扰测定，可在草酸存在时，加抗坏血酸还原为低价以消除之。钨的质量分数小于3%时可过滤除去。试样中铬的质量分数大于25%时应挥铬。F^-和PO_4^{3-}与钛络合，有严重干扰，应避免。

3. 过氧化氢光度法

四价钛与过氧化氢在2mol/L硫酸介质中反应生成黄色络合物。镍、钴、铁及三价铬等有色离子因本身具有较深的色泽而干扰测定，可采用不加过氧化氢的试液为参比的方法予以消除。三价铁用磷酸络合消除，但磷酸会削弱钛络合物的色泽强度，因而应保持绘制工作曲线时的磷酸用量与分析试样一致。V^{5+}、Mo^{6+}、Nb^{5+}，特别是V^{5+}的干扰严重，在含钒的钛的显色液中取一部分加入氟化钠以破坏钛的络合物色泽，将此溶液作参比以消除钒的干扰。该方法有一定的局限性。

该方法较前面两种方法灵敏度低，钒的干扰难以消除，故测得量为钒钛合量。

4. 原子吸收光谱法

以适当的酸溶解试样，加三氯化铝作为干扰抑制剂，吸喷溶液到氧化亚氮-乙炔火焰中，以钛空心阴极灯为光源，测定363.4nm波长处的吸光度。可用于钢铁中钛的测定。

此外，还有重量法和硫酸高铁滴定法，多用于测定较高含量钛的测定，因干扰离子较多，分离操作比较繁琐、费时，现在已较少使用。含钛量较高的试样也有采用二安替吡啉甲烷示差光度法进行测定的。

三、钛及钛合金中其他元素测定

1. 钛的测定——变色酸光度法测定钢铁及合金中的钛含量

（1）方法提要　试样用酸溶解，以硫酸冒烟，在草酸溶液中，变色酸与钛形成红色络合物，测量其吸光度。测定范围：0.010%~2.50%（质量分数）。

（2）试剂

1）氯化钠　固体。

2）氢氟酸　$\rho=1.15g/mL$。

3）亚硫酸　$\rho=1.03g/mL$。

4）高氯酸　$\rho=1.67g/mL$。

5）盐酸　$\rho=1.19g/mL$。

6）硝酸　$\rho=1.42g/mL$。

7）王水。

8）硫酸　1+1。

9）氢氧化钠溶液　350g/L。

10）草酸溶液　50g/L。

11）草酸溶液　100g/L。

12）变色酸溶液30g/L：称取3g变色酸，0.5g无水亚硫酸钠置于250mL烧杯中，用少量水溶解并用水稀释至100mL，过滤后贮存于棕色瓶中。

13）钛标准溶液：称取0.1668g于950℃灼烧至恒重的二氧化钛（99.9%以上），置于铂坩埚中，加5~7g焦硫酸钾，在600℃熔融至透明，取下冷却，于400mL烧杯中用硫酸（5+95）浸取熔块后，用硫酸（5+95）移入500mL容量瓶中并稀释至刻度，混匀。此溶液1mL合200μg钛。

移取100mL上述钛标准溶液置于200mL容量瓶中，用硫酸（5+95）稀释至刻度，混匀。此溶液1mL含100μg钛。

（3）分析步骤

1）试样称取：称取试样置于250mL锥形瓶中，见表7-1。

表7-1　试样称取

钛的质量分数(%)	称样量/g	移取试液体积/mL	钛的质量分数(%)	称样量/g	移取试液体积/mL
0.010~0.100	0.5000	20.00	0.500~1.00	0.1000	10.00
0.10~0.500	0.2500	10.00	1.00~2.50	0.1000	5.00

2）试样溶解：称取试样于锥形瓶中，加20~30mL王水，加热溶解［高硅试样滴加几滴氢氟酸（$\rho=1.15g/mL$）；高碳钢试样加3~5mL高氯酸（$\rho=1.67g/mL$）］后，加10mL硫酸1+1，继续加热冒硫酸烟（溶样滴加氢氟酸时，需要取下稍冷，用水吹洗瓶壁，再加热至冒硫酸烟）。将溶液稍冷，加15~30mL水，加热溶解盐类，取下冷却至室温，移入100mL容量瓶中，用水稀释至刻度，混匀。移取试液2份，分别置于50mL容量瓶中，分别按下述方法进行显色。

显色液：加25mL草酸溶液（50g/L）［移取20mL试液时，加20mL草酸溶液（100g/L）］、变色酸溶液（30g/L）7mL，用水稀释至刻度，混匀。

参比液：加25mL草酸溶液（50g/L）［移取20mL，加入20mL草酸溶液（100g/L）］，用水稀释至刻度，混匀。

3）测量：将部分溶液移入3cm吸收皿中，以参比液为参比，在分光光度计上于波长490nm处，测量吸光度。根据测量所得吸光度，从工作曲线上查出相应的钛量。

（4）工作曲线的绘制　称取与试样量相同的已知低含量钛的纯铁（$w(\mathrm{Ti})<0.001\%$）

6份，分别置于6个250mL锥形瓶中，按表7-2加入钛标准溶液，置于上述6个锥形瓶中，按分析步骤测量吸光度，以钛的质量为横坐标，吸光度为纵坐标绘制工作曲线。

表7-2　工作曲线的绘制

钛的质量分数(%)	0.010~0.100	0.100~0.500	0.500~1.00	1.00~2.50
标准溶液/(μg/mL)	100	100	100	200
标准溶液加入量/mL	0	0	0	0
	0.50	2.50	5.00	5.00
	1.50	5.00	6.00	7.00
	3.00	7.50	7.00	9.00
	4.00	10.00	8.00	11.00
	5.00	12.50	10.00	12.00

（5）计算　按下式计算钛的质量分数：

$$w_{Ti}=\frac{m_1V_1\times10^{-6}}{m_0V_0}\times100\%$$

式中　w_{Ti}——钛的质量分数；

m_1——从工作曲线上查得的钛的质量，单位为μg；

V_1——分取试液的体积，单位为mL；

V_0——试液总体积，单位为mL；

m_0——试样的质量，单位为g。

2. 铜试剂吸光光度法测定钛合金中的铜含量

（1）方法提要　试样用硫酸溶解，以柠檬酸络合钛，在氨性介质中有保护胶存在下，铜（Ⅱ）与铜试剂生成棕黄色胶体悬浮物，于分光光度计波长445nm处测其吸光度。显色液中含有0.1mg以上的铬对测定有干扰，可在测量吸光度的参比溶液中加入相应量的铬，消除其干扰。钒、铝、锡、钼、铁、锌不干扰测定。

（2）试剂

1）硫酸　1+1。

2）铜试剂溶液　5g/L。

3）柠檬酸溶液　100g/L。

4）阿拉伯胶溶液　5g/L。

5）铜标准贮存溶液　称取1.0000金属铜（不小于99.95%）于400mL烧杯中，加入20mL硝酸（1+1），加热溶解并蒸发至近干，加入10mL硫酸（1+1），加热蒸发至冒硫酸烟，冷却。加入50mL水，煮沸至盐类溶解，冷却，移入1000mL容量瓶中定容。此溶液含铜1mg/mL。

6）铜标准溶液　移取10.00mL铜标准贮存溶液100mL于容量瓶中，以水定容。此溶液含铜100μg/mL。

7）铬标准溶液　称取0.1000g金属铬（不小于99.95%）于150mL烧杯中，加入10mL盐酸，加热溶解，加入5mL硫酸（1+1），蒸发至冒硫酸烟，冷却，加入50mL水，混匀，冷却。移入100mL容量瓶中，以水定容，此溶液含铬1mg/mL。

(3) 分析步骤

1) 试样称取：称取0.2000~0.5000g试样置于200mL烧杯中。

2) 试样溶解：于称取试样烧杯中加入40mL硫酸（1+1），加热至试样溶解，滴加硝酸，至溶液紫色消失，加热煮沸除去氮的氧化物，冷却。将溶液移入250mL的容量瓶中，以水定容。分取5.00mL溶液于100mL容量瓶中，加水约50mL，加入10mL100g/L柠檬酸溶液，10mL氨水、10mL5g/L阿拉伯胶溶液，混匀。加入10.0mL5g/L铜试剂溶液，以水定容。

3) 测量：将部分溶液移入2cm吸收皿中，以参比溶液为参比，于分光光度计波长445nm处测量其吸光度，从工作曲线上查得相应的铜的质量。

参比溶液：如果分取试液中含铬不大于0.1mg，以空白试验溶液为参比溶液；如果分取试液中含铬大于0.1mg，则在空白试验溶液稀释至刻度前，加入铬标准溶液，使其含铬量与分取试液中的含铬量相同，以水定容。

(4) 工作曲线的绘制　移取0mL、0.50mL、1.00mL、1.50mL、2.00mL、2.50mL铜标准溶液，分别置于一组100mL容量瓶中，以下同分析步骤中相应部分操作，将部分溶液移入2cm吸收皿中，以标准系列中“零”标准溶液为参比，于分光光度计波长445nm处测量其吸光度，以铜的质量为横坐标，吸光度为纵坐标，绘制工作曲线。

3. 邻菲啰啉吸光光度法测定钛合金中的铁含量

(1) 方法提要　试样用硫酸溶解，在弱酸性介质中，用盐酸羟胺将铁（Ⅲ）还原为铁（Ⅱ），铁（Ⅱ）与邻菲啰啉生成橙红色络合物，于分光光度计波长510nm处测量其吸光度。显色溶液中含1.0mg以上铬、4.0mg以上钒时有干扰，于参比溶液中加入同量铬可消除铬的干扰；显色溶液放置过夜后，再测量其吸光度可消除钒的干扰。其他元素均不干扰测定。

本法适用于钛及钛合金中0.010%~3.0%铁的测定。

(2) 试剂

1) 优级硫酸　1+1。

2) 盐酸羟胺溶液　100g/L。

3) 酒石酸铵溶液　200g/L。

4) 铁标准贮存溶液：称取1.0000g金属铁（大于99.95%）置于100mL烧杯中，加入30mL盐酸，加热溶解、冷却。移入1000mL容量瓶中，以水定容。此溶液含铁1mg/mL。

5) 铁标准溶液：移取50.00mL铁标准贮存溶液，置于50mL容量瓶中，加入10mL盐酸（1+1）；以水定容。此溶液含铁100μg/mL。

6) 铬标准溶液　1mg/mL。

(3) 分析步骤

1) 试样称取：称取0.5000g试样置于150mL烧杯中。

2) 试样溶解：于称取试样烧杯中加入40mL优级硫酸（1+1），盖上表面皿，加热溶解，滴加100g/L盐酸羟胺溶液至溶液紫色消失，冷却。根据试样中铁的含量，移入容量瓶中定容。分取适量试液于100mL容量瓶中，加入5mL100g/L盐酸羟胺溶液，10mL200g/酒石酸铵溶液，用水稀释至约40mL。用乙酸钠饱和溶液中和至刚果红试纸显紫红色（pH=4.5），加入5.0mL2g/L邻菲啰啉溶液，以水定容，放置15min。

3）测量：移取部分溶液于2cm吸收皿中，以随同试样的空白溶液为参比，于分光光度计波长510nm处测量其吸光度，从工作曲线上查出相应的铁的量。

（4）工作曲线的绘制　移取0.00mL、0.50mL、1.00mL、1.50mL、2.00mL、2.50mL铁标准溶液，分别置于一组100mL容量中。移取部分溶液于2cm吸收皿中，以随同试样的空白溶液为参比，于分光光度计波长510nm处测量其吸光度，以铁的质量为横坐标，吸光度为纵坐标，绘制工作曲线。

4. 硅铜蓝吸光光度法测定钛合金中的硅含量

（1）方法提要　试样用氢氟酸溶解，以硼酸络合氯离子，用高锰酸钾氧化后，使钛水解析出。在pH=1.3~1.5时加入钼酸铵，使硅形成硅钼杂多酸，经还原生成钼蓝后，过滤分离，于分光光度计波长700nm处测量其吸光度。显色溶液中钒、铬大于2mg有干扰，在绘制工作曲线时，应加入相应量的钒、铬消除其影响。

（2）试剂

1）氢氟酸　1+1。

2）硼酸　优级纯。

3）高锰酸钾溶液　10g/L。

4）氨水　1+1。

5）硫酸　1+19。

6）酒石酸　500g/L。

7）钼酸铵溶液　100g/L，贮存于聚乙烯塑料杯中。

8）还原剂溶液　称取0.5g1-氨基-2-萘酚-4-磺酸及10g无水亚硫酸钠于250mL烧杯中，加100mL水溶解，加入1mL冰乙酸，用水稀释至200mL，有效期7天。

9）硅标准贮存溶液：称取0.2139g二氧化硅（纯度99.9%，预先在1000℃灼烧1h并置于干燥器中冷却至室温）和5g无水碳酸钠，至于铂坩埚中混匀，放入950℃高温炉中熔融15min，冷却。移入烧杯中，加入300mL热水，加热搅拌，浸出熔块，用水洗净坩埚，冷却，移入1000mL容量瓶中，以水定容。立即移入干燥的聚乙烯塑料杯中。此溶液含硅100μg/mL。

10）硅标准溶液　移取20.0mL硅标准贮存溶液，置于100mL容量瓶中，以水定容。立即移入干燥的聚乙烯塑料杯中。此溶液含硅20μg/mL。

（3）分析步骤

1）试样称取：称取0.5000g试样（随同试样做空白试验），置于250mL聚乙烯烧杯中。

2）试样溶解：于称取试样的聚乙烯烧杯中加40mL水，缓慢滴入4.0mL氢氟酸（1+1），待试样完全溶解后，加入100mL水、5g硼酸，摇动使之溶解。在摇动下滴加50g/L高锰酸钾溶液至溶液无色。再滴加10g/L高锰酸钾溶液至微红并过量1滴，盖严杯盖，置于沸水浴中加热1.5h。取下聚乙烯杯，冷却至20~30℃，用氨水（1+1）和硫酸（1+19）调节酸度至pH为1.3~1.5。加入7mL100g/L钼酸铵溶液，混匀，放置20min，加入7mL500g/L酒石酸，混匀，立即加入5mL还原剂溶液，混匀，将溶液连同沉淀移入200mL容量瓶中，以水定容。放置30min。用9cm定量滤纸过滤，先将溶液注满滤纸，过滤后弃去，再过滤其余溶液。

3）测量：将部分滤液移入3cm吸收皿中，以试样的空白溶液为参比，于分光光度计波长700nm处测量吸光度。从工作曲线上查出相应的硅的质量。

（4）工作曲线的绘制　分别称取0.5000g金属钛（硅的质量分数小于0.003%），置于一组250mL聚乙烯杯（带盖）中，分别加入0.00mL、2.00mL、4.00mL、6.00mL、8.00mL、10.00mL硅标准溶液，加水40mL，以下按分析步骤操作。将部分滤液移入3cm吸收皿中，以水为参比，于分光光度计波长700nm处测量吸光度，以硅的质量为横坐标，吸光度为纵坐标，绘制工作曲线。

5. 高碘酸盐吸光光度法测定钛合金中的锰含量

（1）方法提要　试样用硫酸溶解，在硫酸介质中，以高碘酸钾将锰（Ⅱ）氧化至锰（Ⅶ），于分光光度计波长530nm处测量其吸光度。显色溶液中含1.0mg以上铬时有干扰。滴加亚硝酸钠溶液使高锰酸褪色，用褪色后的溶液进行校正可消除铬的干扰，其他元素均不影响测定。

（2）试剂

1）硫酸　1+1。

2）硝酸　1+1。

3）亚硝酸钠溶液　20g/L，用时现配。

4）锰标准贮存溶液　称取1.000g预先用硫酸（3+7）洗除表面氧化层后，再用水冲洗并将干燥过的金属锰（≥99.95%）置于100mL烧杯中，加入20mL硫酸，加热溶解，冷却，移入1000mL容量瓶中，以水定容。此溶液含锰1.0mg/mL。

5）锰标准溶液　移取50.00mL锰标准贮存溶液于500mL容量瓶中，以水定容。此溶液含锰100μg/mL。

（3）分析步骤

1）试样称取：称取0.5000g试样置于150mL烧杯中（随同试样做空白试验）。

2）试样溶解：于称取试样的烧杯中加入40mL硫酸（1+1），盖上表面皿，加热至试样溶解完全，滴加硝酸（1+1）至溶液紫色消失，如试样中含钒，则继续滴加硝酸至溶液呈现黄色，冷却。移入100mL容量瓶中，以水定容。

3）测量：根据锰的含量分取适量体积溶液于100mL烧杯中，补加硫酸（1+1）使溶液中硫酸（1+1）的总量为10mL，以水稀释至约40mL，加入0.5g高碘酸钾，盖上表面皿，低温加热至沸腾，继续煮沸5min，冷却，移入100mL容量瓶中，以水定容。移取部分溶液于3cm吸收皿中，以随同试样的空白溶液为参比，于分光光度计波长530nm处测量其吸光度，从工作曲线上查得相应的锰的质量。

（4）工作曲线的绘制　移取0.00mL、0.50mL、1.00mL、1.50mL、2.00mL、2.50mL、3.00mL锰标准溶液，置于一组100mL烧杯中。加入10mL硫酸（1+1），以水稀释至约40mL，以下按分析步骤进行。移取部分溶液置于3cm吸收皿中，以标准系列中“零”标准溶液为参比，于分光光度计波长530nm处测量其吸光度，以锰的质量为横坐标，吸光度为纵坐标，绘制工作曲线。

6. 碱分离EDTA络合滴定法测定钛合金中的铝含量

（1）方法提要　试样用硫酸溶解，经氢氧化钠沉淀分离钛、铁、铬、锗、铜、锰及部分钒等元素，在pH=5的弱酸介质中，加过量EDTA络合铝，以PAN为指示剂，用乙酸锌标准滴定溶液确定过量的EDTA，加入氟化钾络合铝并释放出定量的EDTA，再用乙酸锌标准滴定溶液滴定释放出的 EDTA，从而求得铝的质量分数。

（2）试剂

1）硫酸 1+1。

2）碘化钾溶液 200g/L。

3）盐酸羟胺溶液 100g/L。

4）三氯化铁溶液 50g/L：称取5g 三氯化铁（$FeCl_3 \cdot 6H_2O$）溶解于100mL 盐酸（1+99）中。

5）氯化铜溶液 10g/L：称取1g 氯化铜（$CuCl_2 \cdot 2H_2O$）溶解于100mL 水中。

6）甲基红乙醇溶液 1.0g/L。

7）PAN 乙醇溶液 1.0g/L。

8）乙二胺四乙酸二钠（EDTA）溶液[c(EDTA)=0.05mol/L]称取 18.6gEDTA 置于500mL 烧杯中，加300mL 水溶解，移入1000mL 容量瓶中，以水定容。

9）六次甲基四胺缓冲溶液（pH=5）称 150g 六次甲基四胺置于1000mL 烧杯中，加400mL 水溶解，加入约50mL 盐酸，调节 pH=5（以 pH 试纸检查），用水定容至500mL。

10）铝标准溶液 称取1.000g 金属铝（99.95%）于300mL 烧杯中，加入20mL300g/L 氢氧化钠溶液，待剧烈反应停止后，加热溶解，取下，冷却。加入盐酸（1+1）至析出的沉淀溶解并过量20mL，冷却，移入1000mL 容量瓶中，用水定容，此溶液含铝1mg/mL。

11）乙酸锌标准滴定溶液[$c(Zn^{2+})\approx 0.014$mol/L]称取3g 乙酸锌[$Zn(CH_3COO)_2 \cdot 2H_2O$]于200mL 烧杯中，加入50mL 水溶解，加入2mL 冰乙酸，移入1000mL 容量瓶中，用水定容。

标定：移取3 份5.00mL 铝标准溶液分别置于3 个300mL 锥形瓶中，各加入50mL 水，2 滴1.0g/L 甲基红乙醇溶液，用150g/L 氢氧化钠溶液中和至溶液恰好变为黄色，滴加盐酸（1+1）至溶液恰好变为红色并过量5～6 滴，加入5mL10g/L 氯化铜溶液，12mL0.05mol/L EDTA 溶液，10mL 六次甲基四胺缓冲溶液，加热煮沸3min。以下按分析步骤中相应部分进行。平行标定所消耗的乙酸锌标准滴定溶液的体积的极差应大于0.10%，取其平均值。

按下式计算乙酸锌标准滴定溶液的实际浓度：

$$c=\frac{m_1\times 1000}{26.98V_1}$$

式中 c——乙酸锌标准滴定溶液的实际浓度，单位为 mol/L；

m_1——所取铝标准溶液中铝的质量，单位为 g；

V_1——滴定铝标准溶液消耗的乙酸锌标准滴定溶液的质量，单位为 mL；

26.98——铝的摩尔质量，单位为 g/moL。

（3）分析步骤

1）试样称取：称取0.5000～1.000g 试样置于200mL 烧杯中。

2）试样溶解：根据称样量的不同，相应加入25～30mL 硫酸（1+1），加热使试样溶解。滴加硝酸至溶液紫色消失，加热至刚冒白烟，冷却。如试样为含锡钛合金，再加入10mL 200g/L 碘化钾溶液，加热蒸发至红色蒸气除尽，冷却。用水吹洗杯壁，加热至刚冒白烟，冷却。加入约30mL 水，混匀，加热至盐类溶解，冷却。

加入50g/L 的三氯化铁溶液10mL，在搅拌下加入300g/L 氢氧化钠溶液至出现的氢氧化物沉淀不再溶解，将溶液及沉淀移入已盛有100mL 150g/L氢氧化钠溶液的400mL烧杯中，混匀，加热煮沸3~2min，冷却。移入250mL容量瓶中，以水定容。静置至溶液澄清，过滤后，移取50.00mL滤液于300mL锥形瓶中。如试样为含钒的钛合金，再加入5mL100g/L盐酸羟胺溶液。

3）滴定测定：加入2滴1.0g/L甲基红乙醇溶液。用盐酸（1+1）中和至溶液由黄色恰好变为红色并过量5~6滴。加入5mL1.0g/L氯化铜溶液，加入10~15mL0.05mol/L EDTA溶液（铝的质量分数大于2%，加入15mL EDTA溶液），10mL六次甲基四胺缓冲溶液，加热煮沸3min。加入12滴1.0g/L PAN乙醇溶液，趁热用乙酸锌标准滴定溶液滴定至溶液由绿色恰好变为紫红色，并记录所消耗乙酸锌标准滴定溶液的体积。

加入10mL 200g/L氟化钾溶液，加热煮沸1min，加入4滴1.0g/L PAN乙醇溶液，趁热用乙酸锌标准滴定溶液滴定至溶液由绿色恰好变为紫红色即为终点，记录所消耗乙酸锌标准滴定溶液的体积。如果试样为含钒的钛合金，则滴定前将溶液冷却至60~70℃再进行滴定。随同试样做空白试验。

（4）计算　按下式计算铝含量：

$$w_{\mathrm{Al}}=\frac{26.98(V_2-V_3)V_{\mathrm{n}}}{1000mV_{\mathrm{t}}}\times100\%$$

式中　V_2——滴定试液消耗的乙酸锌标准滴定溶液的体积，单位为mL；

V_3——滴定随同试样的空白溶液消耗的乙酸锌标准滴定溶液的体积，单位为mL；

V_{t}——分取试液的体积，单位为mL；

V_{n}——试液的总体积，单位为mL；

m——试样的质量，单位为g。

模块四　锌及锌合金分析

锌是在工业上具有广泛用途的一种非铁金属。大量锌用于制造黄铜、锌合金、原电池和阳极板、印刷用的锌板以及用于钢和铁的表面保护。锌与铝、铜、镁等元素组成的锌基合金主要用于压铸零件、制造轴承合金和压力加工制品，其主要优点是熔点低，流动性好，容易充满铸模，并有较高的力学性能，故在汽车制造及电机工业等方面广泛采用锌合金压铸零件。此外，锌合金的耐磨性也很好，常应用于不太重要的轴承制造中，代替价格较贵的锡青铜、铅青铜和铅基巴氏合金。锌合金在200~300℃时可进行压力加工，由于它在变形状态下的力学性能接近于黄铜，因此，在机械工业中常用作黄铜的代用品。锌还常常作为合金元素加入到铜基耐磨合金（如锡青铜）、白铜、镁合金、超硬铝合金中。锌在钢铁中是不太起眼的杂质元素，一般含量甚微。

一、溶样和分离技术

锌是两性物质，溶于酸生成Zn（Ⅱ）的水合物，溶于碱则生成锌酸物[$Zn(OH)_4^{2-}$或ZnO_2^{2-}]。愈纯的锌溶于酸中的速度愈慢。锌也可以在氧的存在下溶于水而生成氢氧化物，而其溶解速度可因络合剂（例如CN^-的存在）而大为加快。Zn（Ⅱ）是无色的，它与其他无色的阴离子结合时生成的化合物也是无色的，这一点对分光光度法测定锌不利。

在进行锌合金的分析时，溶样必须在氧化的状态下进行。这样除使含铜、铅等元素的试样易于溶解外，还可防止As、P、Sb，甚至Bi在溶解时挥发造成损失，因上述诸元素在金属锌的强还原状态下，能与酸作用生成易挥发的氢化物。另外，当锌合金溶于浓盐酸或溶于含氯根的硫酸、高氯酸时，必须注意加热温度切忌过高，否则Ge、As、Bb、Cd、Hg、Ga、In、Tl、Cr、Se及Fe等元素均可能以氯化物的状态挥发损失。

锌与其他元素的分离方法主要有：沉淀法、电解法、萃取法、离子交换法及分馏法。

1. 沉淀分离法

最常用的沉淀分离锌的方法是硫化物法。在pH=2~3的微酸性溶液中，通入H_2S，则锌生成ZnS沉淀，而与Fe、Mn、Al、Cr、碱土金属及其他在此酸度下不能生成硫化物沉淀的元素相分离。至于从大量锌中分离其余元素通常可采用下列方法：在pH=3.5~4.0，可使铝生成苯甲酸铝沉淀而与锌分离；在酸性溶液中，通过硫氰酸盐的分解，可使Cu、Cd呈硫化物沉淀而与锌分离；在pH=5.4左右的六胺溶液中，Ni可生成水杨醛肟络合物沉淀而与锌分离，也可使用丁二酮肟沉淀Ni而达到与Zn分离的目的。

2. 电解分离法

当采用控制电位进行电解时，凡较锌（Ⅱ）易还原为金属的元素均能达到与锌的分离的目的。在实际应用中，较常用的是从金属铜中分离锌，当在硫酸溶液中放入铂电极进行电解时，铜电解沉积于铂阴极上，而锌则留在溶液中。

3. 萃取分离法

1）在pH=5~6的HCl或硫酸介质中，加入NH_4CHS溶液（其浓度达到1mol/L左右）然后以异己酮萃取锌的硫氰化物，萃取率可达100%。如再用稀盐酸或氨性溶液进行反萃取，可使锌（Ⅱ）返回水相，从而达到与其他大量共存元素的分离。但Fe、Cu、Ni、Co、Mn等有干扰。加入足量的亚硝基R盐可掩蔽Co、Ni；氟化物掩蔽铁；硫化硫酸钠则可掩蔽铜。这一方法对测定纯铝、纯锡及某些非铁金属矿石中的微量锌是一种有效的分离途径。

2）在pH=9的柠檬酸铵介质中，以氯仿萃取锌的DDTC络合物，再用0.15mol/L HCl反萃取，则可以从大量Al、Fe及少量的Cu、Ni、Co等元素中分离Zn。因Al、Fe等元素不能被萃取入有机相中，而Cu、Ni及Co的DDTC络合物在有机相中十分稳定，不能被稀酸返萃取。

3）用高分子胺N—235的二甲苯溶液可在1~6mol/L HCl范围内萃取锌，而在2mol/L HCl中萃取率最高。同时能和大量的Ni、Co及90%左右的Cu相分离。如果将有机相用0.5mol/L KNO_3溶液进行反萃取，则可达到相当理想的分离。本法适合于从纯镍中分离出微量锌。

4）在pH=8~9的柠檬酸溶液中，用二苯硫腙的苯溶液萃取锌，再用稀盐酸溶液进行反萃取，则可达到在一般钢铁中分离出微量锌的目的。

5）在pH=2.1的溶液中，还可以用乙酰丙酮从锌中分离出铜；在镍化氢介质中，用甲基异丁酮可使锌及铜、锡及铁、铝、锰、钴及镍中分离出来。

4. 离子交换分离法

1）在0.2~0.3mol/L HBr存在时，将含有大量铋的试样溶液通过交换柱（磺酸型强酸性阳离子交换树脂）后，可使Zn与大量Bi相分离。此法曾用于纯Bi中锌的测定。

2）采用Dowex—1（相当于国产717）的强碱性阴离子交换脂，含NaCl（100g/L）的

0.1mol/L HCl 的锌试液通过交换柱，此时 Zn、Pb、Cd 及 Bi 被吸附，而 Fe（Ⅲ）、Mn（Ⅱ）、Al、Be、Ni、Co、Cr（Ⅲ）、Cu（Ⅱ）、Ti 及 Re 离子均通过柱子而达到相互分离。如再用 NaOH(2mol/L)—NaCl(20g/L)混合液淋洗，则 Cd 留在交换柱上，Zn、Pb 及部分 Bi 被洗脱下来。

5. 分馏分离法

含锌的铜基或锡基合金于750～800℃的管式电炉内加热30min，并在加热前把管内空气抽到压力只有0.05mmHg（1mmHg=133.322Pa），则锌从铜、锡中挥发逸出，从而达到与基体分离的目的。

二、分析方法

锌的测定方法主要有：重量法、滴定法、光度法、极谱法及原子吸收分光光度法（AAS）。这里着重介绍滴定法、光度法和 AAS 法。

1. 滴定法

滴定法测定锌的方法很多，如 EDTA（或 HEDTA）滴定法；赤血盐-碘量滴定法；亚铁氰化钾电位滴定法；8-羟基喹啉滴定法；硫化钠滴定法；磷酸铵滴定法以及硫氰酸汞滴定法。但仅前三者比较有实用价值，其中尤以 EDTA（或 HEDTA）螯合滴定法的使用最为广泛。

（1）EDTA 螯合滴定法　锌与 EDTA 形成中等稳定的螯合物，其 pKa=16.3，并且可以在 pH=4.5～12 的范围内进行螯合滴定。目前锌的螯合物滴定法已有十多种，大致可分为弱酸性介质（pH=5.5 左右）中滴定和在碱性介质（pH=10 左右）中滴定两大类。前者多选用 OX 或 PAN 作指示剂；而后者指示剂采用铬黑 T（EBT）。

在微酸性范围内进行滴定一般均需预先分离锌（如用 ZnS 沉淀分离法或硫酸铅钡混晶沉淀掩蔽法），残留的干扰元素再采用适当的掩蔽剂予以消除。在碱性介质中滴定锌，目前多采用甲醛解蔽法，即在 pH=10 的氨性溶液中，加入抗坏血酸及氰化物，使 Cu、Ni、Co、Cd、Hg、Zn、Fe 等离子络合，用 EDTA 滴定溶液中可能存在的 Pb、Mn、Mg、Ca 等离子，然后再加入适量的甲醛，使锌从氰化物络合物中解蔽出来，并立即以 EDTA 标准溶液滴定释放出来的锌。这一方法可用于黄铜中锌的测定。

为了革除剧毒的氰化物作掩蔽剂，消除 Ni、Mn 对 EDTA 螯合滴定锌的干扰，并尽可能避免沉淀等分离的麻烦手续，建立了硫氰酸盐萃取分离-EDTA 滴定法和用 HEDTA 作螯合剂、酰肼偶氮酚作指示剂的新方法，在合适掩蔽剂存在，可以直接测定许多有色合金中的锌。

（2）赤血盐-碘量滴定法　本法适用于一般常见的铜合金分析。试样溶解后，以 H_2S 沉淀 Cu、Pb、Sn、Bi、Sb 等元素，使 Zn 留在溶液中。过滤沉淀后，将滤液调节至弱酸性，加入赤血盐和 KI，则锌生成 $K_2Zn[Fe(CN)_6]$，并析出定量的碘，然后以 $Na_2S_2O_3$ 标准溶液滴定之。其反应为

$$2Zn^{2+}+2[Fe(CN)_6]^{3-}+2I^-=2Zn[Fe(CN)_6]^{2-}+I_2$$

$$I_2+2S_2O_3^{2-}=2I^-+S_4O_6^{2-}$$

铁、锰对测定有干扰。前者可用氟化物掩蔽，后者借过硫酸铵氧化锰成 MnO_2 而分离除去。铬不能以高价存在，否则将氧化 KI 使测定结果偏高。可在加入赤血酸盐之前加入少量

的 KI，并以 $Na_2S_2O_3$ 标准溶液滴定消除其影响。

由于加入赤血盐及 KI 后析出的 I_2 量较理论值略偏高，故最好在测定时，采用含锌量接近的同类标样，先求出 $Na_2S_2O_3$ 标准溶液对锌的滴定度，则可大大减少测量误差。

（3）亚铁氰化钾电位滴定法　本法是测定锌的经典方法。利用 $[Fe(CN)_6]^{4-}$/$[Fe(CN)_6]^{3-}$ 的浓度比在铂电极上存在相应的电位，当溶液中有锌存在时，滴定的 $[Fe(CN)_6]^{-4}$ 立即与锌产生沉淀，直至全部锌为滴下的 $[Fe(CN)_6]^{4-}$ 所沉淀，过剩一滴立即改变了试样中 $[Fe(CN)_6]^{4-}$ 与 $[Fe(CN)_6]^{3-}$ 的浓度比。于是在铂极上出现了电位突跃现象，借此可判断出终点。滴定时所用的参比电极为饱和甘汞电极。本法终点十分敏锐，因此适用于锌基合金中测定锌。但必须防止 Cd、As、Ni、Co 及大量 Al 的干扰。如存在上述元素，则需预先分离掉。

2. 光度法

迄今为止，已经发现了许多测定锌的显色试剂，但在灵敏度，特别是选择性方面还不甚理想。因此虽然方法很多，但在实际工作中仍然较多采用锌试剂、二苯硫腙、PAN 及 5-Br-PADAP 法。由于这些试剂选择性都欠佳，因此往往需要经过预先分离。

（1）锌试剂光度法　在 pH = 8.8 ~ 9.8 的溶液中，锌试剂（Zincon）与 Zn（Ⅱ）反应生成蓝色的水溶性络合物，摩尔吸光系数为 2×10^4L/(cm · mol)。在 0 ~ 250μg/100mL 浓度范围内服从比耳定律。Mg、Mn、As、Ti、Al 以及少于 50μg 的 Fe，10μgCd，100μgBi、Sb、Sn，500μgCa 不影响锌的测定。Pb、Ni、Co、Ag、Hg 对测定有干扰。Ni、Co 经 $DDTC_6$-氯仿萃取，0.15mol/L HCl 返萃取后，留于有机相而与锌相分离，少量的 Ag、Hg 可用 KI 掩蔽，残留铜则用硫脲或氰基乙酰胺掩蔽。另外，溶液中铵盐或其他盐类的浓度也不宜过大，否则分析结果大为偏低，甚至根本就不出现蓝色。此法可用于铝、铝合金及钢铁中微量锌的测定。

（2）PAN 光度法　在 pH = 8.2 ~ 10.8 的溶液中，锌与 PAN 反应生成 1∶2 的络合物，它不溶于水，而溶于氯仿、CCl_4 等有机溶剂中。在非离子表面活性剂如 Triton-100 的增溶作用下，锌-PAN 络合物溶于水呈橙红色，吸收峰位于 550nm，摩尔吸光系数为 5.6×10^4L/(cm · mol)。络合物非常稳定，在水溶液中显色，不但操作比较方便，而且可以充分利用掩蔽剂来提高方法的选择性。如在联合使用柠檬酸钠、六偏磷酸钠、β-氨荒丙酸（β-DTCPA）及磺基水杨酸等掩蔽剂的条件下，可以允许较大量的 Cu、Pb、Mn、Fe(Ⅲ)、Cd、Al、Mg、Ca 等元素共存，而不影响微量锌的测定。但 Ni 干扰测定，需预先经 N-235 等萃取分离。

（3）二苯硫腙法　二苯硫腙萃取光度法是一种经典方法，由于高分子胺在分析化学中的应用得到推广，二苯硫腙测定锌的方法也获得了新的发展。在 2mol/L HCl 溶液中，N-235 可以定量萃取锌；而用 0.5mol/L KNO_3 溶液进行返萃取时，锌（Ⅱ）又完全返回水相中。这样对采用二苯硫腙萃取光度分析十分有利。

3. AAS 法

锌与铜一样，也非常适用 AAS 法来进行测定。锌元素的共振吸收线分布在短波紫外区，火焰发射的影响可以不必考虑，但火焰气体吸收的影响比较明显，而且随火焰组成而发生变化，因此必须仔细控制火焰的组成。表 7-3 给出了常用材料中 AAS 法测定锌的主要条件。

表 7-3 常用材料中 AAS 法测定锌的主要条件

被测材料	溶解酸	火焰	测定波长/cm	测量范围(%)	备注	标准
铝及铝合金	$HCl+H_2O_2$	空气-乙炔贫燃焰	213.9	0.001~1.00	基作打底	GB/T 6987.9—2001
铜及铜合金	HNO_3 或 HNO_3+HF 或 $HCl+H_2O_2$	空气-乙炔贫燃焰	213.8	0.0020~2.00	基作打底	GB/T 5121.11—1996
镁及镁合金	$HCl+H_2O_2+HF$	空气-乙炔贫燃焰	213.9	0.10~2.00	基作打底	GB/T 13748.10—1992
铅锡焊料	$HBr+H_2O_2$	空气-乙炔贫燃焰	213.9	0.00030~0.050	$HCl+HBr$ 介质中测定	GB/T 10574.10—1989
铅及铅合金	HNO_3	空气-乙炔贫燃焰	213.8	0.0003~0.050	当 $w_{Zn}<0.0010\%$ 时，用硫酸铅沉淀分离基体	GB/T 4103.11—2000
纯锡	$HCl+H_2O_2$	空气-乙炔贫燃焰	213.9	0.00020~0.0050	当 $w_{Zn}<0.0005\%$ 时，需增加称样量，并用 HCl+HBr 挥发除锡	GB/T 3210.9—2000

三、分析实例

1. 硫氰酸盐萃取分离——EDTA 滴定法测定铜合金中的锌含量

（1）方法提要 锌与硫氰酸盐在稀盐酸介质中形成络阴离子，用甲基异丁酮萃取分离，除去大部分干扰离子后，在六次甲基四胺缓冲溶液中加入掩蔽剂，以二甲酚橙作指示剂，用 EDTA 标准溶液滴定。本方法适用于测定各种铜合金中的锌。测定范围：$w(Zn)\geq1\%$。

（2）试剂

1）甲基异丁酮（MIBK）。

2）盐酸（1+1）。

3）过氧化氢。

4）氢氟酸（$\rho=1.13g/mL$）。

5）硫脲溶液（100g/L）。

6）氟化铵溶液（200g/L）。

7）硫氰酸铵溶液（500g/L）。

8）二甲酚橙溶液（2g/L）。

9）缓冲溶液：称取150g六次甲基四胺溶于水中，加入30mL盐酸（1+1），用水稀释至500mL，混匀。

10）洗液：取10mL硫氰酸铵溶液（500g/L），加入4mL盐酸（1+1），加水至100mL，混匀。

（3）操作步骤　称取试样0.2000g置于150mL锥形瓶中，加入10mL盐酸（1+1）、2~3mL过氧化氢，微热溶解完全，煮沸除尽过量的过氧化氢，冷却。若试样中硅的质量分数大于0.5%时，将试料置于150mL聚四氟乙烯烧杯中，加入10mL盐酸（1+1）、2~3mL过氧化氢，微热溶解，待试料基本溶解，加入2~3滴氢氟酸，继续溶解完全。煮沸除尽过量的过氧化氢，冷却。

将有机相移入250mL烧杯中，用50mL水洗涤分液漏斗，洗液并入主液中，加入20mL缓冲溶液，激烈搅拌1min，加入5mL氟化铵溶液、5mL硫脲溶液和3~5滴二甲酚橙溶液，在不断搅拌下用EDTA标准溶液滴定至溶液由红色变为黄色为终点。

（4）结果的计算　按下式计算试样中锌的质量分数：

$$w_{Zn} = \frac{cV \times 65.38 \times 10^{-3}}{m_0} \times 100\%$$

式中　w_{Zn}——锌的质量分数；

V——EDTA标准滴定溶液物质的量浓度，单位为mol/L；

65.38——锌的摩尔质量，单位为g/mol；

m_0——试样的质量，单位为g。

2. 火焰原子吸收光谱法测定铝及铝合金中的锌含量

（1）方法提要　试样用盐酸-硝酸混合酸溶解，于原子吸收分光光度计波长213.9nm处，以空气-乙炔火焰，测量锌的吸光度。本方法适用于铝及铝合金中锌的测定。测定范围：w_{Zn}=0.002%~6.00%。

（2）试剂

1）金属铝（≥99.999%）：锌含量低。

2）氢氟酸（ρ=1.14g/mL）。

3）盐酸（ρ=1.19g/mL）。

4）硝酸（ρ=1.42g/mL）。

5）盐酸-硼酸混合酸：移取375mL盐酸（ρ=1.19g/mL）和125mL硝酸（ρ=1.42g/mL），加入500mL水，混匀。

6）铝溶液（20mg/mL）：称取10.00g预先用酸洗过的铝，置于500mL烧杯中，盖上表面皿，分别先加入总量为200mL的盐酸-硝酸混合酸，加1滴汞助溶，待剧烈反应停止后，再次加入200mL的盐酸-硝酸混合酸，煮沸驱除氮氧化物，冷却，移入500mL容量瓶中，以水稀释至刻度，混匀。

7）锌标准贮存溶液：称取1.0000g金属锌（≥99.99%），置于250mL烧杯中，盖上表面皿，分次加入总量为10mL的盐酸，见反应变缓后，加热至溶解，冷却。将溶液移入1000mL容量瓶中，以水稀释至刻度，混匀。此溶液1mL含1mg锌。

8）配制100μg/mL锌、50μg/mL锌、25μg/mL锌：都用标准贮存溶液，稀释至一定体积容量瓶中，保持盐酸酸度为1+99。

（3）仪器　原子吸收分光光度计、附锌空心阴极灯。

在仪器最佳工作条件下，凡能达到下列指标者均可使用。

1）灵敏度：在与测量试料溶液的基体相一致的溶液中，锌的特征灵敏度应不小于0.01μg/mL。

2）精密度：用最高浓度的标准溶液测量10次吸光度，其标准偏差不超过平均吸光度的1.0%；用最低浓度的标准溶液（不是"零"标准溶液）测量10次吸光度，其标准偏差应不超过最高标准溶液平均吸光度的0.5%。

3）工作曲线：将工作曲线按浓度等分成4段，最高段的吸光度差值与最低段的吸光度差值之比应不小于0.7。

（4）分析步骤　称取试样0.5000g（接近方法下限时称试样1.0000g）。将试样置于250mL烧杯中，盖上表面皿，分次加入总量为20mL的混合酸（称样量增加酸量加倍），待剧烈反应停止后，缓慢加热至完全溶解，加入25mL水，加热使盐类完全溶解，冷却，移入100mL容量瓶中，摇匀。

称取0.5000g铝代替试样，随同试样做空白试验。

粗读未知样品中该元素的大致浓度含量，记录粗读浓度。

样品和标准溶液的制备要求：含量浓度≥1%，样品母溶液分吸体积一律用胖肚吸管（体积不小于5mL）。复合标准溶液配制后，加入标准溶液时也用胖肚吸管。如刻度吸管每段都要用天平校准，每一台阶标准不少于2mL。

工作曲线点数应不少于5点，在已知样品元素高含量区域尽可能配密集的标准浓度点。视含量保持样品母溶液或稀释相应倍数，并带相应牌号的标准样品。

移取同最后测定样品基体的铝量5份，第一份不加，在其余4份中加入相应的锌标准溶液，控制同最后测量样品的相同酸度，稀释至相应体积。

将制备的样品溶液及工作曲线溶液在213.9nm波长处，用空气-乙炔火焰，以水调零，测量锌的吸光度。元素浓度高时采用倾斜燃烧器和元素浓度低时采用精度扩展或量程扩展，以增加各元素的线性范围和读测精度。从相应工作曲线上查得锌的含量。

（5）分析结果的计算　按下式计算锌的质量分数：

$$w_{Zn}=\frac{(m_1-m_2)}{m_0}R\times10^{-3}\times100\%$$

式中　w_{Zn}——锌的质量分数；

m_1——从工作曲线上查得的锌量，单位为mg；

m_2——从工作曲线上查得随同试样所做的空白试验的锌量，单位为mg；

m_0——试样的质量，单位为g；

R——稀释系数。

单　元　小　结

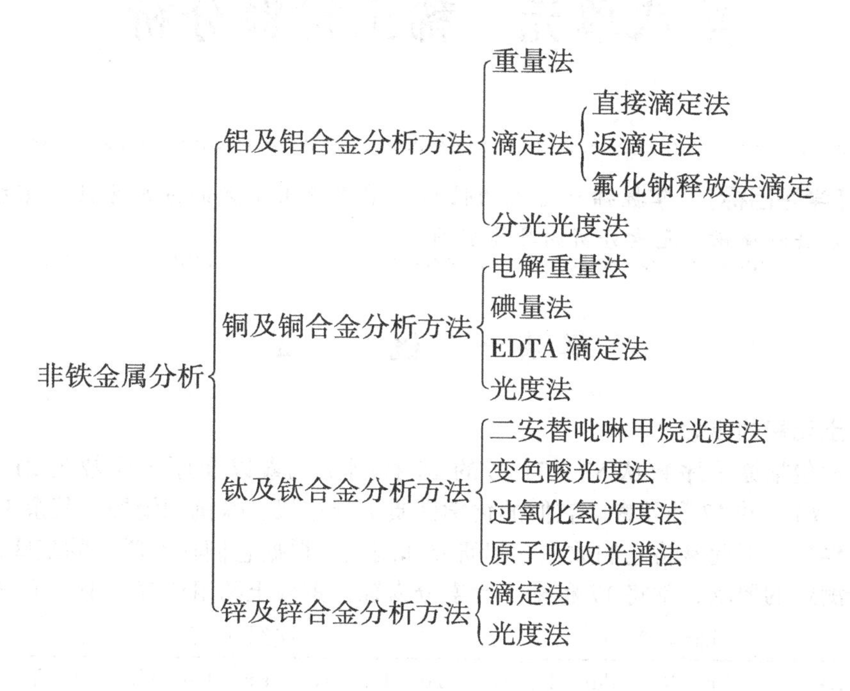

综　合　训　练

1. 采用 EDTA 滴定测定铝时，为什么要加热？
2. 采用氟化物稀释方法滴定铝有什么优点？干扰元素有哪些？如何掩蔽？
3. 萃取吸收光度法测定铝合金中的铜含量时，需要掩蔽哪些离子，如何掩蔽？
4. 电解法测定铜合金中的铜含量时，如何检验电解液中铜是否沉积完全？测定结束后，先移出电极还是先切断电流？为什么？
5. 用电解重量法测定纯铜中铜的试样时为什么要用酸清洗？用什么酸清洗？如何清洗？
6. 用碘量法测定铜时哪些共存元素有干扰？如何消除其干扰？
7. 化学分析中所接触到的一般为几价钛，为什么在分析钛的过程中应注意保持溶液的酸度？
8. 常用的测定钛的光度法有哪几种？各有什么特点？
9. 溶解锌合金时应注意什么？
10. 简述分离锌的萃取方法。
11. 试简述滴定法测定锌的主要方法。
12. 在微酸性和酸性介质中，用 EDTA 螯合滴定法测定锌时各有什么优缺点？
13. 在滴定法测定锌时，如何避免使用剧毒的氰化钾？
14. PAN 光度法测定锌时，如何提高方法的选择性？
15. 5-溴-PADAP 光度法测定锌有何特点？
16. 螯合滴定法测定锌时，如何消除镍、锰的干扰？
17. 试述硫酸铅钡混晶沉淀掩蔽-螯合滴定法中各掩蔽剂的作用。

第八单元　稀土材料分析

【学习目标】 掌握稀土元素的性质；掌握稀土元素的分离方法；掌握稀土元素的分析方法以及稀土元素分析的具体应用。

模块一　概　　述

一、稀土元素的概念

稀土元素包括原子序数从 57～71 号的 15 种镧系元素以及原子序数为 21 和 39 的钪（Sc）和钇（Y），共 17 种元素。它们的化学性质十分相似。除钪和钷外，其余 15 种元素在自然界常常伴生，因此常将它们放在一起研究和测定，根据它们在性质上的某些差异及分离工艺和分析测定的要求，常将 17 种稀土元素分为轻、重稀土两组或轻、中、重三组：

铈组(轻)						钇组（轻）								
La	Ce	Pr	Nd	Pm	Eu	Gd	Tb	Dy	Ho	Er	Tm	Yb	Lu	Y
铈组（轻）						铽组（中）						铽组（重）		

三组的分类办法没有严格的规定，还有其他分类办法，如根据稀土盐酸复盐溶解度大小可分为：难溶性铈组即轻稀土组，包括镧、铈、镨、钕、钐；微溶性铽组，包括铕、铽、镝；较易溶性的钇组即重稀土组，包括钇、铒、铥、镱、镥。

稀土元素应用广泛，特别是冶金工业中。在炼钢过程中，稀土金属被作为添加剂使用，主要是利用稀土对硫、磷、砷等元素有很强的亲和力而生成难熔的化合物进入渣内或漂浮在铸件上部，起到脱硫磷和除去或降低非金属夹杂物的作用。这样就能提高钢材的力学性能、热加工性能等。稀土金属在铸铁中起变性作用和脱硫作用，使铸铁中石墨变为球形，即所谓球墨铸铁，使其力学性能显著提高。

在钢中使用的主要是以包头稀土矿为原料的铈组混合稀土，因此，稀土总量若无特殊说明，一般是指铈组稀土即轻稀土总量。由于铈具有氧化还原性，所以可以利用其氧化还原性单纯测其含量。现在随着仪器分析的发展，镧元素也能测定。

二、稀土元素分析的对象

稀土分析是稀土冶金和稀土新材料生产过程中的重要组成部分。在矿山勘探中，需要完成许多简项分析和全分析，以便掌握稀土元素的赋存状态及其共生元素情况，确定品位和开采价值，制订出合理的开采方案；在选矿和冶炼工艺过程中，需要定时取样完成控制分析，指导生产过程按预定的方案进行；生产用的各种原材料及辅助材料和生产出来的成品，都需要按规定进行理化检测，为生产工艺提交参数或确定成品等级；在矿产资源的综合利用，新工艺、新材料的试验或试制以及环境污染的防治等方面，也需要依据分析测试数据确定最佳方案。

从具体要求来讲，稀土定量分析可分为两类，一是稀土总量的测定，包括稀土分组含量的测定；二是单一稀土含量的测定。本节叙述稀土冶金生产过程和各种稀土新材料工业中涉及的各类物料组成的分析测试方法及相关理论。

三、稀土分析内容

1. 矿物原料及中间产品分析

岩石、矿石、精矿、稀土富集物、中间产品及混合稀土氧化物等物料中，通常要求测定稀土总量，部分要求测定稀土分组含量和单一稀土。

（1）矿石及岩石中稀土、钍、钪等的测定　试样一般采用碱熔分解，用三乙醇胺和EDTA溶液浸出，再经萃取或阳离子交换分离其他杂质元素，用适当的分离及测定方法测定稀土、钍、钪。如岩石中稀土总量及钪、钍的连续测定方法是用偶氮氯膦吸光光度法测定稀土和钪，以偶氮胂（Ⅲ）吸光光度法测定钍；地质试样中痕量单一稀土用X射线荧光光谱测定，适用于0.00*x*%～0.0*x*%稀土总量中单一稀土的测定，铁矿石中稀土总量的偶氮胂（Ⅲ）光度法（GB 6730.24—2006），适用于铁矿石，铁精矿、烧结矿中0.01%～1%左右稀土总量的测定。

（2）稀土精矿中稀土总量的测定　此类测定大多已有国家标准分析方法，如独居石精矿中稀土和钍总量的测定（GB/T 18114.1—2000），其测定方法为：试样经碱熔后，在盐酸及氢氟酸介质中，使稀土、钍与碱金属、钙、镁等元素分离。以草酸沉淀稀土、钍。

（3）稀土富集物及中间产品分析　稀土总量的测定一般用草酸盐重量法，在清楚单一稀土组分的情况下，也可以用容量法测定。几种常量的单一稀土，一般采用X射线荧光光谱法、等离子光谱法、原子吸收光谱法和导数分光光度法。在无各种大型分析仪器的情况下，也可以用萃取色谱分离后EDTA容量法测定。

（4）混合稀土氧化物中单一稀土的测定　混合稀土氧化物中单一稀土的测定，一般采用X射线荧光光谱法，对0.3%～99%的含量测定，相对标准偏差约为2%。等离子体发射光谱由于基体扰动下，测定动态范围宽，也已应用于分析百分之几十到百万分之几的稀土，准确度接近X荧光光谱分析。它对微量稀土的测定效果更佳。但是对以轻稀土为主的混合稀土中铥、镱、镥的直接测定有一定困难。也可以用P507萃取色谱分离-EDTA配位滴定分析各类混合稀土中各单一稀土元素，但分离周期较长。

2. 纯稀土分析

纯稀土分析主要指单一稀土化合物或稀土金属中稀土与非稀土杂质元素的分析。一般地认为，纯度大于99%为纯稀土，纯度大于99.9%或99.99%为高纯稀土，纯度大于99.999%或99.9999%为超高纯稀土。稀土杂质有的分析4～5个稀土元素，有的分析全部稀土元素。非稀土杂质少，则分析4～5个元素，多则分析30个元素左右。有特殊需要者，常冠以荧光级、激光级、光学玻璃等。分析方法必须满足产品纯度的要求。

纯稀土中稀土杂质分析可以采用控制气氛发射光谱法或电感耦合等离子体发射光谱法（ICP—AES）。前者测定纯稀土中14种稀土杂质元素，测定下限在$1\times10^{-3}\%\sim1\times10^{-5}\%$范围内，相对标准偏差约为8%～16%。ICP—AES法可满足99.99%以上高纯稀土中14种稀土杂质的测定，测定下限在$2\times10^{-3}\%\sim4\times10^{-5}\%$的范围内，相对标准偏差为1.8%～9.7%。分析纯度高于99.99%的稀土氧化物中的稀土杂质，必须采用化学分离方法。预先分离基体元素和富集痕量稀土杂质，可以使发射光谱法分析灵敏度提高 1 ~2 个数量级，满足 5 ~6 个“9”纯度分析的需要。化学分离方法以往多用离子交换法，近年则多用萃取色层法。铈、铕可以用萃取法，也可用还原-色层法。

3. 稀土材料分析

（1）合金、钢铁中稀土元素总量的测定　稀土含量高的中间合金中稀土总量的测定，大多已有成熟方法。合金和钢铁中微量稀土元素总量的测定，主要应用吸光光度法。由于采用了高灵敏度、特效稀土显色剂，多数合金及钢铁样品已不需进行共存元素的预分离，建立了一些简便、快速测定微量稀土总量和铈组稀土含量的新方法。如三溴偶氮胂吸光光度法测定铝合金中铈组稀土总量（GB/T 20975.4—2008），该法经适当处理试样，还可测定低合金钢、球墨铸铁、磷铁、高速工具钢、高镍铬不锈钢，以及镍基、锌基、锌铝基合金中的稀土总量；二溴一氯偶氮氯膦用于铝合金、锌合金、铜合金和镍合金中稀土总量的测定；乙酰基偶氮胂用于测定铝合金中的镧和铈；硝基偶氮氯膦用于测定镍基合金中的钆等。

（2）磁性材料中稀土元素及组成的测定　钐钴合金组成分析可用导数分光光度法测定合金中的钐和镨；用 EDTA 容量法测定合金中的钴。镧镍合金和钐钴合金也可用 EDTA 和铅标准溶液容量法测定镧、镍、钐、钴。钕铁合金用 EDTA 和铅标准溶液容量法测定稀土总量和铁；也可用紫外及导数分光光度法直接测定合金中的铁、镨、钕，用离子色谱法测定镧、铈、镨、钕等。

模块二　稀土分离方法

在稀土定量分析中，由于试样组分复杂，相互干扰，或因稀土含量太低，超出测定下限，均需要进行测定前的化学分离和富集，以消除干扰或提高测定组分的浓度，改善测定方法的灵敏度与准确度。稀土分析中的分离和富集，主要是稀土与共存元素的分离和稀土元素之间的相互分离，主要分离方法有沉淀法、溶剂萃取法和液相色谱法。前两种方法主要用于稀土与非稀土元素之间的分离，后一种方法主要用于稀土元素之间的分离。

一、沉淀法

在稀土沉淀分离中，草酸盐沉淀法、氢氧化物沉淀法和氟化物沉淀法是使用最为广泛的三种方法，可分离的共存元素见表 8-1：

表 8-1　沉淀分离法可分离的共存元素

沉淀方法	可分离元素
草酸盐沉淀法	铝、钡、铍、铋、钙、铬、铜、铁、铪、钾、镁、锰、钠、铌、镍、磷、锡、钽、钛、铀、钒、锌、锆
氢氧化物沉淀法	银、铝、砷、钡、铍、钙、镉、铜、氟、钾、镁、锰、钼、钠、镍、磷、硅、锶、钒、钨、锌
氟化物沉淀法	银、铝、铍、铁、铪、钾、镁、锰、钼、钠、铌、硅、锡、钽、钛、铀、钒、钨、锆

1. 草酸盐沉淀分离法

在含稀土的微酸性溶液中，加入过量草酸，可得到白色的难溶于水的稀土草酸盐沉淀，呈结晶状，易于过滤和洗涤，灼烧后即得到稀土的氧化物，可作为称量形式。此方法将分离和测定结合起来，较适合于稀土含量较高的试样。使用此方法分离时应选择好沉淀条件，包括酸度条件、草酸加入量以及其他共存元素的影响等。

（1）稀土草酸盐沉淀法的介质和沉淀剂　稀土的草酸盐沉淀最好在盐酸介质中进行，应避免在硫酸介质中沉淀，稀土草酸盐在硝酸介质中的溶解度比盐酸介质中稍大，另外硫酸根离子会与部分稀土元素产生硫酸盐沉淀，所以最好在盐酸介质中进行沉淀。

在含稀土的微酸性溶液中，加入过量草酸，可得到白色难溶于水、也难溶于无机酸的稀土草酸盐沉淀，所以，草酸是沉淀稀土最常用的沉淀剂；当铁量比稀土量大40倍时，用草酸铵作沉淀剂的分离效果较好；在使用均相沉淀时，可使用草酸甲酯或草酸丙酮作沉淀剂；碱金属草酸盐不宜作沉淀剂，因为碱金属同轻稀土形成不溶性的复盐而带入沉淀，同时还会同钇组稀土形成可溶性草酸络合物而使稀土沉淀不完全。

（2）草酸加入量及酸度条件　稀土草酸盐与氢氧化物和氟化物相比较，有较大的溶解度。故进行稀土草酸盐沉淀分离时，稀土含量不宜太低，溶液体积不宜过大，应严格控制沉淀条件，尽量减少沉淀因溶解而引起的损失。为了使稀土草酸盐尽可能地沉淀完全，应使溶液保持合适的草酸根活度。研究表明，在 pH = 2 ~ 3 的溶液中，加入草酸使其浓度为1% ~ 2%时，稀土草酸盐的溶解损失较小，所以不是草酸加入量越多越好。当草酸盐沉淀分离法用在其他分离法之后，共存元素的存在量已不多，没有必要加入太过量的草酸。

（3）共存元素的分离及其对稀土草酸盐沉淀的影响　草酸盐沉淀法基本上能将铁、铝、镍、铬、镁、锆、铪及铀等元素分离除去。锌和铜有很强的共沉淀倾向。铋和铅共沉淀比较突出。在沉淀的酸度下，草酸钙虽有较大的溶解度，但有大量钙时，钙会随稀土共沉淀。少量钡、镁和碱金属对分离没有干扰，当其含量与稀土接近时，也会出现共沉淀。少量钛可加过氧化氢掩蔽，大量钛应在草酸沉淀之前采用氟化物沉淀法分离除去。对于共存元素含量较高的样品，必须在草酸盐沉淀之前，先用其他方法进行预分离。对磷酸根含量高的样品，可进行两次草酸盐沉淀分离，有时加入酒石酸或水杨酸等掩蔽剂，以络合铁、铀等少量共存元素使之被草酸盐所沉淀。溶液中含有 EDTA 等强络合剂时，稀土草酸盐不能定量沉淀，所以应在沉淀前先除去。

适当提高沉淀时的温度（70 ~ 80℃），在不断搅拌下加入草酸溶液，保持继续搅拌 2 ~ 3min，并于室温或 70 ~ 80℃陈化 2 ~ 5h 对沉淀的分离效果是有益的。

2. 氢氧化物沉淀分离法

稀土溶液中加入碱金属氢氧化物或氨水时能生成凝胶状沉淀，当 OH^- 与 Re（Ⅲ）的摩尔比达到 2.50 ~ 2.75 时，稀土就能获得定量沉淀。所得到的氢氧化稀土沉淀必定带有碱式盐。稀土开始沉淀的 pH 在 6.3（镥）~7.8（镧）之间。稀土氢氧化物的溶解度比草酸小，在合金分析中有一定的应用。

用氨水作沉淀剂时，一般是在适量的铵盐存在下加入过量氨水至最终溶液中含有 10% 的氨水，溶液的 pH 约为 9 ~ 10，此时稀土定量沉淀，碱金属、碱土金属、镍、锌、铜、银等元素留在溶液中，钍、铁、铝、铬、钛等元素与稀土一起沉淀。沉淀时加入过量氨水以减少镧的溶解损失。

用碱金属氢氧化物（常用氢氧化钠）作沉淀剂时，为了改善分离效果常同时加入一些掩蔽剂，如三乙醇胺、乙二胺、EDTA、EGTA、过氧化氢、水杨酸钠等。

二、萃取分离方法

1. 1-苯基-3-苯甲酰基代吡唑酮（简写作PMBP）萃取分离法

PMBP是β-二酮类酸性螯合萃取剂，是稀土元素的良好萃取剂，具有萃取容量大、萃取酸度高、平衡速度快、价格便宜等优点。在pH =5.5时用0.01mol/L PMBP-苯溶液萃取稀土能与钙、镁、铝、铬等元素分离。其他共存的重金属元素可预先用DDTC-CHCl3萃取分离。

PMBP是以烯醇式的结构与金属形成内络合物的。在一定的条件下与稀土元素形成六元环的内络合物而被有机溶剂萃取。

2. 铜铁试剂分离法

在盐酸（1+9）中，用铜铁试剂的氯仿溶液萃取分离钛、铁（Ⅲ）、钼（Ⅵ）、钒（Ⅴ）、锆、铜（Ⅱ）等，稀土元素留在水溶液中。

铜铁试剂及其螯合物遇热时分解为硝基苯，而导致萃取率降低，因此配成的试剂溶液应保存在冰箱中，并且要在低温下萃取。为了增加该试剂的稳定性，可以向其溶液中加入稳定剂对-乙酰替乙氧苯胺。一般其固体试剂应密闭保存，或贮放在碳酸铵作保护剂的棕色试剂瓶中，使用前再配成水溶液。

3. 铜试剂沉淀（萃取）分离法

在微酸性（pH =3.5）时被铜试剂沉淀的元素有铁、铬、镍、钴、铜、锰、钨、钒、铌、钼、铅、铋、锡、锑、砷、铂等，不被沉淀的元素有钙、镁、钪、钽、钛、锆、钍、钇和稀土等。高合金钢中的主要元素多数都能被铜试剂沉淀，同时钛、锆等元素由于水解也可被部分沉淀而与稀土分离。

金属离子与铜试剂形成的沉淀可以溶于有机溶剂中并为有机溶剂所萃取，所以也可用于稀土的萃取分离。

4. 甲基异丁酮萃取分离法

在$c_{(HCl)}$ =6~7mol/L的盐酸介质中萃取分离一些干扰元素，从而达到稀土元素与一些金属分离的目的。在此条件下，铁的萃取率为99.98%，从而能达到测定钢铁中稀土时分离基体元素的目的。

三、其他分离方法

1. 离子交换法

离子交换法是分离稀土元素的重要方法，特别对于稀土元素之间的分离做了大量研究工作，但在金属材料分析中，目前这一技术应用尚少。

2. 汞阴极电解法

本法可电解分离铁、镍等主要成分，而使稀土元素保留于水相中。但方法费时，且需使用大量汞，在一般场合已很少采用。

模块三 稀土分析方法

一、重量分析法

重量法是测定高含量稀土的主要方法。其中应用较多的是在酸性溶液中将稀土以草酸盐的形式沉淀后灼烧成氧化物而进行称量的方法。

1. 灼烧后稀土氧化物的形式

经灼烧后，稀土氧化物的组成除铈、镨和铽之外，均为倍半氧化物 Re_2O_3。氧化铈的组成为 CeO_2；氧化镨的平均组成为 Pr_6O_{11}，即 $4PrO_2 \cdot Pr_2O_3$；氧化铽的平均组成为 Tb_4O_7，即 $2TbO_2 \cdot Tb_2O_3$。在混合稀土氧化物中，随着灼烧时温度的控制、共存稀土组成的不同以及镨含量的高低，氧化镨的组成在 Pr_2O_3 至 PrO_4 之间变化。

2. 灼烧温度的选择

各稀土元素的草酸盐转化成氧化物的灼烧温度是有差异的。草酸铈于 350～360℃就能转化成氧化铈；而草酸镧的转化温度最高，为 735～800℃。因此要使混合稀土的草酸盐完全转化为氧化物就要求灼烧至 800℃以上，一般在 800～900℃灼烧 30～60min。

3. 称量要求

灼烧后的稀土氧化物自高温炉中取出稍稍冷却后，应随即置于干燥器中冷至室温，并迅速称重以免吸收空气中的水分和二氧化碳。称重所得为混合氧化稀土的重量。如需换算成稀土的含量时尚须根据混合稀土的平均相对原子质量进行计算。由不同矿源得到的混合稀土，因其所含稀土元素的比例不同，其平均相对原子质量也将有差异。（包头稀土混合氧化物的换算因数为 0.835）。

该方法适用于稀土硅铁、硅钙稀土合金、稀土硅镁合金、稀土金属等稀土含量在 1% 以上的样品中稀土总量的测定。

二、滴定分析法

稀土元素滴定分析主要是基于配位反应和氧化还原反应。对于稀土矿物原料分析、稀土冶金的流程控制和某些稀土材料的分析、稀土合金分析，常用配位滴定法测定稀土总量。氧化-还原滴定法常用于测定具有变价的铈、铕、镨等元素，应用于单个稀土元素的测定。

1. 配位滴定法

稀土配位滴定分析中，广泛使用 EDTA 作配位剂，三价稀土离子与 EDTA 形成较稳定的螯合物，可应用于滴定分析。由于各个稀土螯合物的稳定常数彼此相差较小，因而在配位滴定中，一般只能滴定稀土总量。只有使稀土元素彼此分离后，才能对某一稀土元素进行测定。稀土试样中，各种稀土元素的相对含量往往是变化的，因而需对滴定剂溶液相对于混合稀土的滴定度进行实际标定。

在 pH＝5～6 进行稀土总量的配合滴定。pH＜5 时，镧、铈的配合物不够稳定，配合反应不完全。pH＞6 时，部分稀土离子可能发生水解，对滴定不利。滴定时可用二甲酚橙、偶氮胂（Ⅲ）、偶氮胂（Ⅲ）等作指示剂。当有钍共存时宜用 DTPA 作为滴定剂。由于钍和 DTPA 能在较低的 pH 条件下生成配合物，可先在 pH＝2.5～3 用 DTPA 滴定剂，然后在 pH＝5.5 的六次甲基四胺缓冲介质中用 EDTA 滴定稀土总量。

在实际分析中共存的干扰元素较多，常需采用一定的分离，一般是采用氟化物分离。即：试样用硝酸-氟氢酸溶解。以氟化物的形式将稀土和钍提出，用硝酸-高氯酸破坏滤纸及溶解沉淀，加水将盐类溶解后，以溴甲酚绿为指示剂，用六次甲基四胺中和至呈微绿（pH＝5.0～5.5），加热煮沸使六次甲基四胺分解，同时沉淀钍等元素，加乙酰丙酮掩蔽少量干扰元素。以二甲酚橙为指示剂，用 EDTA 标准溶液滴定稀土总量。

此方法适用于稀土（硅、钙、镁）合金中稀土总量的测定。

2. 氧化还原滴定法

氧化还原滴定法主要用于测定铈、铕等有变价的稀土元素。但一些无变价的稀钍元素的砷酸盐或正高碘酸盐在强酸性介质中能氧化碘化钾而析出游离碘，后者可用硫代硫酸钠标准溶液滴定，间接测定稀土元素的含量。

在金属材料的分析中，氧化还原滴定法主要用于合金中铈的测定。在一定条件下用氧化剂将铈（Ⅲ）氧化至铈（Ⅳ），然后以还原剂滴定四价铈。四价铈为强氧化剂，Ce^{4+}/Ce^{3+}电对的氧化还原电位与介质的性质和介质的酸度有关。常用过硫酸铵、高氯酸、高锰酸钾等氧化剂将三价铈氧化。

用过硫酸铵氧化三价铈，在体积分数为7%～8%的硫酸介质中进行较好。酸度太高（如>10%），则过硫酸铵易分解而产生过氧化氢，使已氧化的四价铈还原，导致结果偏低；酸度太低（如<5%），则易生成碱式硫酸盐沉淀，使滴定失败。为了破坏多余的过硫酸铵可将溶液煮沸并保持沸腾2～3min即可。

在磷酸存在下用高氯酸作氧化剂时，由于铈与磷酸生成络合物，从而降低其氧化还原电位。当加热至200～280℃，高氯酸将铈（Ⅲ）氧化为四价。过量的高氯酸在稀释后即失去氧化能力。在氧化过程中共存的锰将被氧化至三价，用亚砷酸钠将锰还原至二价即可消除干扰。

三、分光光度分析法

稀土的光度测定法可以对金属材料中稀土的总量和轻重稀土分量进行测定。由于采用了较好的掩蔽体系，已经建立了一些不需要分离的直接测定法。但对一些共存元素比较复杂或稀土元素的含量极微的试样，仍需采取一定的分离手续。

1. 铜试剂（DDTC）沉淀分离-偶氮胂（Ⅲ）光度法

在pH=2.5～3.5的微酸性溶液中，三价稀土离子（包括钇）与偶氮胂（Ⅲ）形成1:1的螯合物。

此螯合物有两个吸收峰，在620nm处有一个小峰，而在660nm处有一个最大吸收峰。而且在660nm处试剂本身几乎没有吸收。各单一稀土元素的偶氮胂（Ⅲ）螯合物的摩尔吸光系数是有差异的，因为各稀土元素的离子半径不同导致所形成的螯合物的稳定性不同。其值最低为4.5×10^4（La），最高为7.1×10^4（Eu、Tb）。而且各稀土元素的相对原子质量又不同，使各单一稀土元素的工作曲线不重叠，尤其是钇，因其相对原子质量仅为其他稀土元素的一半，以至钇与其他稀土元素的工作曲线的斜率差别更大。因此，在测定稀土总量时应选用与待测试样中稀土配分相近的混合稀土做工作曲线。

偶氮胂（Ⅲ）光度法测定稀土总量时，选择性不高，需要采用一定的分离方法。为适应快速分析的需要，采用铜试剂沉淀分离法比较方便。试样经酸溶解后，用铜试剂沉淀分离干扰元素，分取部分试液，在pH=3时，加偶氮胂（Ⅲ）与稀土络合生成蓝紫色络合物，于波长650nm处进行光度法测定。此方法适应于钢铁及合金中质量分数小于1%稀土总量的测定。

2. 氟化物沉淀分离-偶氮胂（Ⅲ）光度法

试料经酸溶解后，在适当酸度下，加氢氟酸使稀土生成不溶性氟化物沉淀，与铁等元素分离，在pH=2.8～3.0时，以偶氮胂（Ⅲ）为显色剂，进行光度法测定。此方法适应于钢铁及合金中质量分数>0.005%的稀土总量的测定。

3. PMBP萃取分离-偶氮胂（Ⅲ）光度法

试样以盐酸、硝酸溶解，钨、钼、铌、钛经水解滤除。以硫氰酸铵和磺基水杨酸络合基体镍和铬、锰、铜、钼、铝、钛、铁等元素。然后以 PMBP（苯）溶液萃取稀土元素，再经稀盐酸返萃取后，以偶氮胂（Ⅲ）显色。本法可测定0.001%以上的稀土含量。

4. 偶氮氯膦 mN 光度法

偶氮氯膦 mN 光度法是一种具有不对称结构的变色酸——双偶氮氯膦酸型显色剂。

该试剂与各稀土元素的显色反应具有“倒序”现象，即螯合物的灵敏度随稀土元素的原子序数的增加而趋于下降，而且螯合物反应可在酸性较高的介质中进行。对轻稀土元素，在盐酸、硝酸、硫酸或磷酸介质中，反应的酸度范围都较宽，重稀土元素的反应酸度只有在磷酸介质中，且当磷酸浓度在 $c_{(H_3PO_4)}=0.02\sim0.10mol/L$ 之间时，螯合物的吸光度出现稳定的区间，而且与轻稀土元素的吸光度值十分接近，所以，在 $c_{(H_3PO_4)}=0.05mol/L$ 磷酸介质中显色可使轻稀土与重稀土元素的绝对灵敏度基本接近，为测定稀土总量提供了较好的条件，无论用铈、钇或按一定比例配制的混合稀土作标准绘制的工作曲线，测定的结果都能吻合。

此外，根据试剂与稀土元素螯合物反应的“倒序”现象，在磷酸介质中显色时加入一定量的草酸可抑制钇组稀土元素的显色，因此可在重稀土元素存在下测定轻稀土元素。也就是可在同一份溶液中测定稀土总量和轻稀土分量。

采用 EDTA、草酸及六偏磷酸钠等掩蔽剂，按上述显色条件可不经分离直接测定铸铁、铜合金、铝合金等金属材料中的稀土元素。

模块四　稀土分析应用实例

一、草酸盐重量法测定氟碳铈镧精矿中稀土和钍总量

1. 方法提要

试样经碱熔后，水浸、过滤除去硅、铝、氟等元素及大量钠盐，沉淀用盐酸溶解后氟化，稀土和钍生成难溶的氟化物沉淀，与磷酸根、铌、钽、钛、锆、铁、锰等元素分离。然后在氨性介质中，使稀土、钍与钙、镁、钡等元素分离，过滤后以草酸沉淀稀土和钍，经过滤，灼烧成氧化物，称重得到稀土和钍的总量。

2. 分析步骤

（1）试样称取　先将除去水分的2g氢氧化钠放入镍坩埚（或高铝坩埚）中，将准确称取的0.5g试样放入。

（2）试样溶解　在盛有试样及氢氧化钠的镍坩埚（或高铝坩埚）中加入过氧化钠2g，搅匀，覆盖一层过氧化钠，加盖。先在电炉上烘烤，然后放入750C马弗炉中熔融至红色透明约3~4min，取下冷却。将坩埚放入400mL烧杯中，加150mL温水，加热浸取，待剧烈反应停止后，洗出坩埚和盖，将溶液煮沸2min，取下，冷却至室温。用慢速滤纸过滤，以2%的氢氧化钠溶液洗涤烧杯2~3次，洗涤沉淀5~6次。

（3）试样处理　将沉淀连同试纸放入原烧杯中，加20mL浓盐酸及10~15滴过氧化氢，将滤纸搅碎，加热溶解沉淀。溶液及纸浆移入250mL塑料杯中，加热水稀释至约100mL，在不断搅拌下加入15mL氢氟酸，在60℃水浴保温30~40min。每隔10min搅拌一下，取下冷却至室温，用慢速滤纸过滤，以氢氟酸-盐酸洗液（5mL HF 和 5mL HCl，加水稀释至500mL）洗涤烧杯2~3次，洗涤沉淀8~10次（用小块滤纸擦净塑料杯内壁放入沉淀中），用水洗涤两次，将沉淀连同滤纸放入原烧杯中，加25mL硝酸及5mL高氯酸，盖上表面皿，

加热破坏滤纸和溶解沉淀。待剧烈反应停止后，继续加热冒烟并蒸至体积约为2~3mL取下，放冷。加约4mL盐酸（1+1）及2~3滴过氧化氢，低温加热溶解，加150mL温水和2g氯化铵，加热至沸，取下，用氨水（1+1）中和至氢氧化物沉淀析出。加5~20滴过氧化氢，并加20mL氨水（1+1），加热至沸，取下冷却至室温。此时溶液的pH大于9。用慢速滤纸过滤，用pH为10的氯化铵溶液洗涤烧杯2~3次，洗涤沉淀7~8次。

将沉淀连同滤纸放入原烧杯中，加25mL硝酸和5mL高氯酸，加热破坏滤纸，溶解沉淀。待剧烈作用停止后，继续加热冒烟，并蒸发体积至约2mL取下，稍冷。加30mL热水溶解盐类，用中速滤纸过滤，用盐酸（2+98）洗涤烧杯2~3次，洗涤沉淀7~8次。滤液过滤到300mL烧杯中，加水至约80mL，加热至沸取下，加100mL热的5%草酸溶液，用氨水（1+1）调节pH至约1.8（用精密试纸测试），在电热板上保温2h，取下，静置4h或过夜。用慢速滤纸过滤。用1%草酸洗液洗涤烧杯3~5次，用小块滤纸擦净烧杯．放入沉淀中，洗涤沉淀8~10次。

（4）称重测量　将沉淀连同滤纸置于已恒重的铂坩埚（或瓷坩埚）中，灰化，置于850℃的马弗炉中灼烧40min，放入干燥器中冷却30min，称重，重复操作直至恒重。

3. 计算

按下式计算稀土和钍的总量：

$$w(Re_xO_y + ThO_2) = [((W - W_0)/G)] \times 100\%$$

式中　W——坩埚及沉淀重量，单位为g；

W_0——空坩埚重量，单位为g；

G——试样重量，单位为g。

二、滴定法分析铁精矿、稀土精矿、酸洗矿、浸渣及其湿法冶金的中间产品

1. 方法提要

试样以磷酸分解，用盐酸提取，以二氯化锡将铁（Ⅲ）还原为铁（Ⅱ），用氯化汞氧化过量的二氯化锡。以二苯胺磺酸钠为指示剂，用重铬酸钾标准溶液滴定。

2. 试剂

（1）磷酸　密度1.69g/mL；

（2）盐酸　1+1；

（3）二氯化锡溶液　10%：称取10g二氯化锡溶于20mL盐酸中，加水稀释至100mL；

（4）氯化汞　饱和溶液；

（5）硫酸　1+1；

（6）二苯胺磺酸钠指示剂　0.5%水溶液；

（7）重铬酸钾标准溶液　0.003mol/L或0.01mol/L；

（8）硫磷混酸　在700mL水中加150mL硫酸、150mL磷酸。

3. 分析步骤

（1）试样称取　准确称取试样0.1000~0.2000g于300mL锥形瓶中。

（2）试样溶解及滴定液制备　于准确称取试样的锥形瓶中，用水冲洗瓶壁，加10mL磷酸，于电炉上加热，不时摇动，至试样全部分解，液面平静无小气泡。取下，稍冷，在不断摇动下，加入20mL盐酸（1+1），趁热滴加二氯化锡还原至黄色刚消失并过量2滴。

（3）滴定测量　流水冷却至室温，加10mL饱和氯化汞溶液，摇匀，用水稀释至

100mL，加5~10mL硫酸（1+1），4滴二苯胺磺酸钠指示剂，用重铬酸钾标准溶液滴定至出现稳定的蓝紫色即为终点。

4. 计算

按下式计算铁含量：

$$w_{(Fe)} = [VM \times 55.845 \times 6/(m \times 1000)] \times 100\%$$

式中 m——试样质量，单位为g；

V——滴定时消耗的重铬酸标准溶液的体积，单位为mL；

M——重铬酸钾标准溶液的物质的量浓度，单位为mol/L；

55.845——铁的相对分子质量，单位为g/mol。

三、偶氮胂（Ⅲ）光度法测定铁矿石中稀土的总量

1. 方法提要

试样经碱熔、氟化分离后，在pH=2时用磷酸三丁酯-二甲苯萃取除去钍，萃取后水相中稀土在pH=2.8时用偶氮胂（Ⅲ）显色，光度法测定。

2. 试剂

（1）硫氰酸铵 50%，50g溶于水，稀释至100mL；

（2）硫氰酸铵洗液 10%水溶液，用稀盐酸调节pH至2；

（3）氨水 1+1；

（4）盐酸 1+2；

（5）磷酸三丁酯-二甲苯萃取剂（5:95） 将50mL磷酸三丁酯与50mL二甲苯混合于250mL分液漏斗中，加入等体积的5%碳酸钠洗两次，水洗两次，2mol/L盐酸洗一次，再用水洗一次（水相均弃去），将洗过的有机相与900mL二甲苯混合均匀，即成5:95的萃取剂，储于试剂瓶中备用。用过的萃取剂立即用水洗一次，储于废液瓶中。按上述方法洗涤处理后可反复使用；

（6）抗坏血酸；

（7）磺基水杨酸 10%水溶液；

（8）对硝基酚指示剂 饱和水溶液；

（9）一氯醋酸缓冲液 60g一氯醋酸溶于约1000mL水中，加入含有18g氢氧化钠的稀碱液，用水稀释至2000mL，混匀。调至pH=2.8±0.1（用pH计测量）；

（10）偶氮胂（Ⅲ）0.1%水溶液；

（11）氧化稀土标准溶液 称取一定量从相应的矿石中提取、提纯的混合稀土氧化物（>99.5%），用盐酸溶解，最后制备成每毫升含0.5mg氧化稀土的标准贮备溶液。用时稀释成每毫升含10μg氧化稀土的标准溶液。

3. 分析步骤

（1）试样溶解 试样经碱熔、氟化分离，转成溶液移入50mL容量瓶中，用水稀释至刻度。根据含量，移取上述溶液2~20mL于60mL分液漏斗中，加入5mL硫氰酸铵溶液，用氨水（1+1）和盐酸（1+2）调至pH=2~2.5，此时硫氰酸铁红色刚出现，并过量盐酸2~3滴，保持体积约为25mL。加25mL磷酸三丁酯-二甲苯萃取剂，在振荡器上振摇1.5min，分层后，将水相放入50mL容量瓶中，用10%硫氰酸铵洗液洗涤两次，每次10mL，洗液并入50mL容量瓶中，用水稀释至刻度，摇匀（有机相可用盐酸反萃后测钍）。

（2）测量 移取1~10mL试液于50mL容量瓶中，加入少量固体抗坏血酸及2mL磺基水杨酸溶液，用少量水稀释，加1滴对硝基酚指示剂，用氨水（1+1）中和至溶液刚呈黄色，用水吹洗瓶壁，滴加盐酸（1+2）至黄色恰好消失并过量2~3滴，pH约为2.8，加10mL一氯醋酸缓冲液，用水稀释至45mL，加2.0mL 0.1%偶氮胂（Ⅲ）溶液，用水稀释至刻度，摇匀，在721或722分光光度计上，波长655nm处，用2cm比色皿，以试剂空白作参比，测量吸光度，从工作曲线求得稀土的含量。

4. 工作曲线的绘制

取含5.00、10.0、20.0、30.0、40.0、50.0μg氧化稀土标准溶液于一系列容量瓶中，加入少量抗坏血酸及2mL磺基水杨酸，用少量水稀释，以下同分析步骤中的显色操作。以吸光度对含量绘制工作曲线。

单元小结

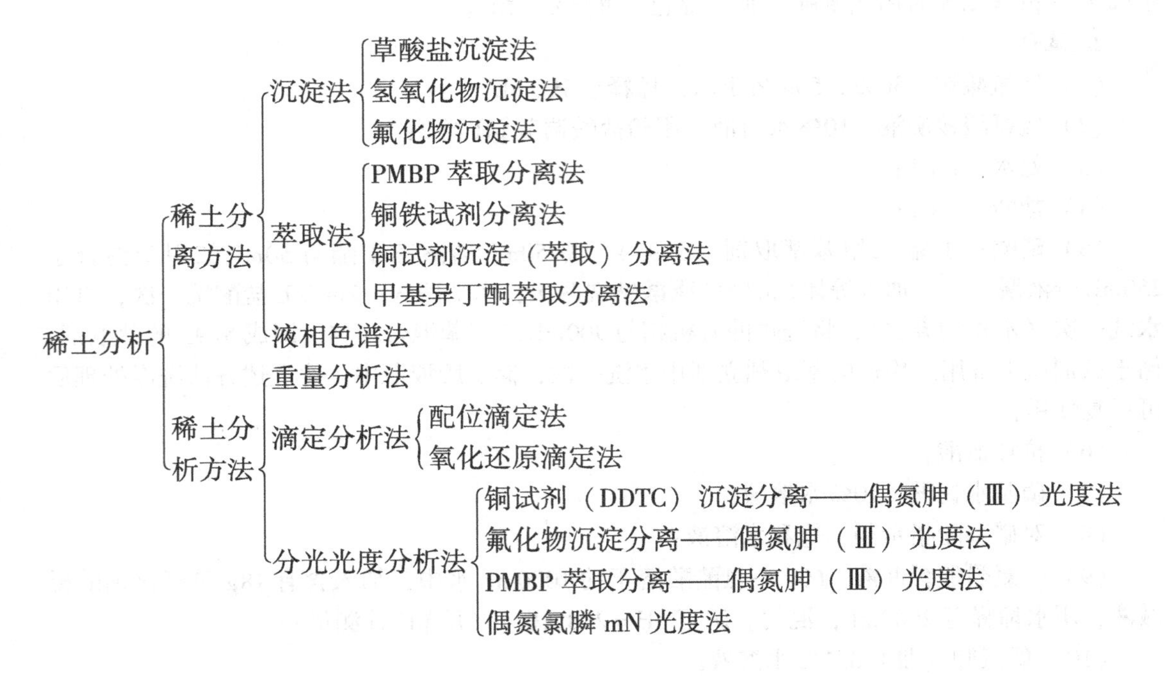

综合训练

1. 稀土元素包括哪些元素？通常如何分组？

2. 用草酸盐沉淀法分离稀土如何控制酸度条件？

3. 采用偶氮氯膦mN光度法测定稀土元素时为什么要控制酸度，并且选择磷酸为酸性介质？

4. 用草酸盐沉淀重量分析法分析稀土时，灼烧后稀土氧化物自高温炉中取出为何置于干燥器中？

5. 偶氮胂（Ⅲ）与稀土元素在什么条件下能反应生成络合物？共吸收特性如何？

第九单元　金属材料化学分析实验

【学习目标】 学会用基准物质标定盐酸浓度的方法；了解酸碱滴定法在碱度测定中的应用；掌握标准溶液的配制和标定方法；学会用燃烧气体容量法测定钢铁及合金中碳量的方法；学会用燃烧碘量滴定法测定钢铁中硫含量的方法；了解铁合金试样的分解方法。

实验一　盐酸溶液的配制与标定

一、目的要求

1）学会用基准物质标定盐酸浓度。

2）进一步掌握滴定操作。

二、原理

标定 HCl 溶液的基准物质常用无水碳酸钠，其反应式如下：

$$Na_2CO_3 + 2HCl = 2NaCl + H_2O + CO_2\uparrow$$

滴定至反应完全时，化学计量点的 pH = 3.98，可选用溴甲酚绿-二甲基黄混合指示剂指示终点，其终点颜色变化为绿色（或蓝绿色）到亮黄色（pH = 3.9），根据 Na_2CO_3 的质量和所消耗的 HCl 的体积，可以计算出盐酸的浓度 $c_{(HCl)}$。

由于测定或测量总是存在一定的误差，因此，所测得的盐酸浓度与其真实浓度存在一定的差别。根据数理统计的原理可知，只有当不存在系统测量误差时，无限多次测量的平均结果才接近真实值。在实际工作中，我们不可能对盐酸溶液进行无限多次标定，只能进行有限次测量，对于 3 次以上的测量，利用数理统计方法，通过计算其平均值、标准偏差及置信限度，可以判断测定结果与真实值的接近程度。

三、试剂

Na_2CO_3 基准物质：先置于烘箱中（270 ~ 300℃）烘干至恒重后，保存于干燥器中。

溴甲酚绿-二甲基黄混合指示剂：取 4 份 w 为 0.002 溴甲酚绿酒精溶液和 1 份 w 为 0.002 二甲基黄酒精溶液，混匀。

四、实验步骤

用减量法准确称取经干燥过的无水 Na_2CO_3 3 ~ 5 份，每份约 0.15 ~ 0.20g，分别置于 250mL 锥形瓶中，各加入 80mL 水，使其完全溶解。加 9 滴溴甲酚绿-二甲基黄混合指示剂溶液，用待标定的 HCl 溶液滴定，快到终点时，用洗瓶中的蒸馏水吹洗锥形瓶内壁。继续滴定到溶液由绿色变为亮黄色（不带黄绿色）。记下滴定用去的 HCl 体积。

五、实验报告（表9-1）

表9-1 盐酸溶液浓度的标定

记录项目	序号			记录项目	序号		
	1	2	3		1	2	3
称量瓶+碳酸钠质量(倒出前)/g				HCl:最后读数/mL			
称量瓶+碳酸钠质量(倒出后)/g				最初读数/mL			
称出碳酸钠质量/g				净用体积/mL			

实验二 混合碱中碳酸钠和碳酸氢钠含量的测定

一、目的要求

1）了解强碱弱酸盐滴定过程中的变化。

2）掌握用双指示剂法测定混合碱中 Na_2CO_3、$NaHCO_3$ 以及总碱量的方法。

3）了解酸碱滴定法在碱度测定中的应用。

二、原理

混合碱中组分 Na_2CO_3、$NaHCO_3$ 的含量和总碱量（以 Na_2O 表示）的测定，一般可以用“双指示剂法”。实验中，先加酚酞指示剂，以 HCl 标准溶液滴定至无色，此时溶液中 Na_2CO_3 仅被滴定成 $NaHCO_3$，即 Na_2CO_3 只被中和了一半。反应式如下：

$$Na_2CO_3 + HCl \xlongequal{} NaHCO_3 + NaCl$$

然后再加溴甲酚绿-二甲基黄指示剂，继续滴定至溶液由绿色到亮黄色，此时溶液中 $NaHCO_3$ 才完全被中和：

$$NaHCO_3 + HCl \xlongequal{} NaCl + H_2O + CO_2\uparrow$$

假定用酚酞作指示剂时，用去的酸体积为 V_1，再用溴甲酚绿-二甲基黄作指示剂时，用去的酸体积为 V_2，则 Na_2CO_3，$NaHCO_3$ 以及 Na_2O 的含量可由下列式子计算：

$$w(Na_2CO_3) = [c(\mathrm{HCl})V_1M(Na_2CO_3)\times 100\%]/m$$

$$w(NaHCO_3) = [c(\mathrm{HCl})V_2M(NaHCO_3)\times 100\%]/m$$

$$w(Na_2O) = [(1/2)c(\mathrm{HCl})VM(NaO)\times 100\%]/m$$

式中 m——碱灰试样质量，单位为 g；

V——滴定碱灰试液用去 HCl 的总体积，单位为 mL。

三、试剂

碱灰试样、酚酞指示剂、溴甲酚绿-二甲基黄指示剂、0.1mol/L 的 HCl 标准溶液。

四、实验步骤

准确称取0.15～0.2g 碱灰试样三份，分别置于250mL 锥形瓶中，各加50mL 蒸馏水，1滴酚酞指示剂后溶液呈红色，用0.1mol/LHCl 标准溶液滴定至无色，记下用去 HCl 的体积（V_1）。必须注意，在滴定时，酸要逐滴地加入并不断地摇动溶液以避免溶液局部酸度过大。否则，Na_2CO_3 不是被中和成 $NaHCO_3$，而直接转变为 CO_2。第一终点到达后再加9滴溴甲酚绿-二甲基黄指示剂，继续用 HCl 滴定，直到溶液由绿色到亮黄色。记下第二次用去 HCl 的体积（V_2）。计算 Na_2CO_3、$NaHCO_3$ 和 Na_2O 的含量。

实验报告格式见表 9-2。

表 9-2 混合碱中碳酸钠和碳酸氢钠含量的测定

记录项目	1	2	3	记录项目	1	2	3
称量瓶 + 碳酸钠质量(倒出前)/g				净用量 V_2/mL			
称量瓶 + 碳酸钠质量(倒出后)/g				$w(Na_2O)$			
试样质量				平均值			
HCl:第一终点读数/mL				$w(Na_2CO_3)$			
初始读数/mL				平均值			
净用量 V_1/mL				$w(NaHCO_3)$			
HCl:第二终点读数/mL				平均值			
初始读数/mL							

五、思考题

1）本实验用酚酞作指示剂时，其消耗的 HCl 的体积较溴甲酚绿-二甲基黄的少，为什么？

2）在总碱量的计算式中，V 有几种求法？如果只要求测定总碱量，实验应怎样做？

3）测定某一批烧碱或碱灰样品时，若分别出现 $V_1<V_2$，$V_1=V_2$，$V_1>V_2$，$V_1=0$，$V_2=0$ 五种情况，说明各样品的组成有什么差别？

4）滴定管和移液管使用前均需用操作溶液润洗，而滴定用的烧杯或锥形瓶为什么不能用待测溶液润洗？

实验三 EDTA 标准溶液的配制与标定

一、目的要求

1）掌握标准溶液的配制和标定方法。

2）学会判断配位滴定的终点。

3）了解缓冲溶液的应用。

二、原理

配位滴定中通常使用的配位剂是乙二胺四乙酸的二钠盐（$Na_2H_2Y \cdot 2H_2O$），其水溶液的 pH = 4.5 左右，若 pH 偏低，应该用 NaOH 溶液中和到 pH = 5 左右，以免溶液配制后有乙二胺四乙酸析出。

EDTA 能与大多数金属离子形成 1∶1 的稳定配合物，因此可以用含有这些金属离子的基准物，在一定酸度下，选择适当的指示剂来标定 EDTA 的浓度。标定 EDTA 溶液的基准物有 Zn、Cu、Pb、$CaCO_3$、$MgSO_4 \cdot 7H_2O$ 等。用 Zn 作基准物可以用铬黑作指示剂，在 $NH_3 \cdot H_2O$-NH_4Cl 缓冲溶液（pH = 10）中进行标定，其反应如下：

滴定前：

$$Zn^{2+} + In^{2-} = ZnIn$$

纯蓝　　　　酒红色

式中　In——金属指示剂。

滴定开始至终点前：

$$Zn^{2+} + Y^{4-} = ZnY^{2-}$$

终点时：

$$ZnIn + Y^{4-} = ZnY^{2-} + In^{2-}$$

酒红色　　　　纯蓝

所以，终点时溶液由酒红色变为纯蓝色。

用Zn作基准物也可用二甲酚橙为指示剂，六亚甲基四胺作缓冲剂，在pH=5~6进行标定。两种标定方法所得的结果稍有差异。通常选用的标定条件应尽可能与被测物的测定条件相近，以减少误差。

三、试剂

$NH_3 \cdot H_2O$-NH_4Cl缓冲溶液（pH=10）：取6.75gNH_4Cl溶于20mL水中，加入57mL15mol/L$NH_3 \cdot H_2O$，用水稀释到100mL。

铬黑T指示剂、纯Zn、EDTA二钠盐（AR）。

四、实验内容

1. 0.01mol/L EDTA的配制

称取3.7gEDTA二钠盐，溶于1000mL水中，必要时可温热以加快溶解（若有残渣可过滤除去）。

2. 0.01mol/L Zn^{2+}标准溶液的配制

取适量纯锌粒或锌片，用稀HCl稍加泡洗（时间不宜长），以除去表面的氧化物，再用水洗去HCl，然后，用酒精洗一下表面，沥干后于110℃下烘几分钟，置于干燥器中冷却。

准确称取纯锌0.15~0.2g，置于100mL小烧杯中，加5mL 1∶1的HCl，盖上表面皿，必要时稍为温热（小心），使锌完全溶解。吹洗表面皿及杯壁，小心转移于250mL容量瓶中，用水稀释至标线，摇匀。计算Zn^{2+}标准溶液的浓度c（Zn^{2+}）。

3. EDTA浓度的标定

用25mL移液管吸取Zn^{2+}标准溶液置于250mL锥形瓶中，逐滴加入1∶1$NH_3 \cdot H_2O$，同时不断摇动直至开始出现白色的$Zn(OH)_2$沉淀。再加5mL $NH_3 \cdot H_2O$-NH_4Cl缓冲溶液，50mL水和3滴铬黑T，用EDTA标准溶液滴定至溶液由酒红色变为纯蓝色即为滴定终点。记下EDTA溶液的用量V（EDTA）。平行标定三次，计算EDTA的浓度c(EDTA)。

五、思考题

1）在配位滴定中，指示剂应具备什么条件？

2）本实验用什么方法调节pH？

3）若调节溶液pH=10的操作中，加入很多$NH_3 \cdot H_2O$后仍不见有白色沉淀出现是何原因？应如何避免？

实验四 铁矿石中全铁含量的测定——铁的比色测定

一、目的要求

1）学习比色法测定中标准曲线的绘制和试样测定的方法。

2）了解分光光度计的性能、结构及使用方法。

二、原理

亚铁离子在 pH =3 ~9 的水溶液中与邻菲啰啉生成稳定的橙红色的$[Fe(C_{12}H_8N_2)_3]^{2+}$。本实验就是利用它来比色测定亚铁的含量。

如果用盐酸羟胺还原溶液中的高铁离子，则此法还可测定总铁含量，从而求出高铁离子的含量。

三、实验试剂及仪器

试剂：邻菲啰啉水溶液（w 为 0.0015），盐为酸羟胺水溶液（w 为 0.10，此溶液只能稳定数日），NaAc 溶液（1mol/L），HCl（6mol/L）

$NH_4Fe(SO_4)_2$ 标准溶液（学生自配）：称取 0.215g 分析纯 $NH_4Fe(SO_4)_2 \cdot 12H_2O$，加少量水及 20mL 6mol/L 的 HCl，使其溶解后，转移至 250mL 容量瓶中，用蒸馏水稀释至刻度，摇匀。此溶液 Fe^{3+} 的浓度为 100mg/L。吸取此溶液 25.00mL 于容量瓶中，用蒸馏水稀释至标线，摇匀。此溶液 Fe^{3+} 的浓度为 10mg/L。

仪器：722 型分光光度计。

四、实验步骤

1. 标准曲线的绘制

在 5 只容量瓶中，用吸量管分别加入 2.00、4.00、6.00、8.00、10.00mL $NH_4Fe(SO_4)_2$ 标准溶液（Fe^{3+} 浓度为 10mg/L），然后再各加入 1mL 盐酸羟胺，摇匀，再加入 5mL 1mol/L NaAc 溶液、2mL 邻菲啰啉水溶液，最后用蒸馏水稀释至标度，摇匀。在 510nm 波长下，用 2cm 比色皿，以试剂空白作参比溶液测其吸光度。并以铁含量为横坐标，相对应的吸光度为纵坐标绘出 A-Fe 含量标准曲线。

2. 总铁的测定

吸取 25.00mL 被测试液代替标准溶液，置于 50mL 容量瓶中，其他步骤同上，测出吸光度，并从标准曲线上查得相应于 Fe 的含量（单位为 mg/L）。

3. Fe^{2+} 的测定

操作步骤与总铁相同，但不加盐酸羟胺溶液。测出吸光度并从标准曲线上查得相应于 Fe^{2+} 的含量（单位为 mg/L）。

有了总铁量和 Fe^{2+} 的量，便可求出含量。

五、思考题

1）从实验测出的吸光度求铁含量的根据是什么？如何求得？

2）如果试液测得的吸光度不在标准曲线范围之内怎么办？

3）如试液中含有某种干扰离子，它在测定波长下也有一定的吸光度，该如何处理？

实验五 铝合金中铝含量的测定

一、目的要求

1）掌握络合滴定中置换滴定法测定铝的基本原理。

2）掌握置换滴定法测定铝的操作技能及其计算方法。

二、原理

Al^{3+}易水解形成多羟基络合物，在酸度不高时还与EDTA形成羟基络合物，同时它与EDTA络合速度缓慢；在高酸度，煮沸条件下它与EDTA则容易络合完全，故一般采用返滴定法或置换滴定法测定A1，而不能直接滴定。

采用置换滴定法测Al^{3+}，先调溶液的pH=3~4，加入过量的EDTA溶液，煮沸加速Al^{3+}与EDTA完全络合，冷却后，再调节溶液的pH=5~6，以二甲酚橙为指示剂，用Zn^{2+}盐标准溶液滴定过量的EDTA（不计体积）；然后加入过量的NH_4F，加热至沸，使AlY^-与F^-之间发生置换反应，并释放出与Al^{3+}等物质的量的EDTA：

$$AlY^- + 6F^- + 2H^+ \xlongequal{} AlF_6^{3-} + H_2Y^{2-}$$

再用Zn^{2+}盐标准溶液滴定至紫红色，即为终点。

样品中含Sn^{2+}，Ti^{4+}、Zr^{4+}时，同时被滴定，将干扰测定。

样品中含Fe时NH_4F用量必须适当，如过多，则FeY^-中的EDTA也能被置换出来，使结果偏高；为防止FeY^-发生置换反应，可加入H_3BO_3，使过量的F^-生成BF^{4-}；若含Fe量太高时，必须加NaOH溶液将Fe^{3+}与Al^{3+}分离后再测定Al^{3+}。

样品中含Ca^{2+}量太高时，在pH=5.6滴定时，可能有部分Ca^{2+}被滴定结果不稳定，此时可用HAc-NaAc缓冲溶液在pH=3~4时进行滴定。

三、实验试剂及仪器

混合酸：HNO_3+HCl+水=1+1+2；

EDTA溶液：0.0lmol/L；

氨水（1+1）；

盐酸（1+3）；

六次甲基四胺：20%水溶液；

二甲酚橙：0.2%水溶液；

NH_4F溶液：20%水溶液，配制后贮存于塑料瓶中；

Zn^{2+}标准溶液：准确称取0.15g纯金属锌（或在800℃灼烧至恒重的基准ZnO 0.4g）至100mL烧杯中，先用少量水润湿，加入10mL(1+1)HCl溶液，盖上表面皿，使其溶解，待溶解完全后，用水吹洗表面皿和烧杯壁，将溶液转入250mL容量瓶中，用水稀释至刻度，摇匀，计算其准确浓度。

四、实验步骤

1）准确称取0.13~0.15g铝合金试样于150mL烧杯中，加入10mL混合酸，并立即盖上表面皿，待试样溶解后，用水吹洗表面皿和杯壁，将溶液转移至100mL容量瓶中，稀释至刻度，摇匀。

2）用移液管吸取25.00mL试液于250mL锥形瓶中，加入0.01mol/L EDTA溶液20mL、二甲酚橙指示剂2滴，用（1+1）氨水调至溶液恰呈紫红色后，滴加（1+3）HCl3滴，将溶液煮沸3min左右，冷却，加入20%的六次甲基四胺溶液20mL，此时溶液应呈黄色，如不呈黄色，可用HCl调节至黄色，再补加二甲酚橙2滴，用Zn^{2+}标准溶液滴定至溶液呈紫红色（不计体积）。

3）加入20%的NH_4F溶液10mL，将溶液加热至沸，流水冷却，再补加二甲酚橙2滴，此时溶液呈黄色，再用Zn^{2+}标准溶液滴定至溶液由黄色变为紫红色，即为终点，根据消耗的Zn^{2+}标准溶液的体积，计算Al的质量分数。

五、数据记录及处理

按下式计算铝的质量分数：

$$w(\text{Al}) = (VT) \times 100\% / (m \times 1000)$$

式中　V——滴定分取液消耗锌标准滴定溶液的体积，单位为mL；

T——锌标准滴定溶液对铝的滴定度，单位为mg/mL；

m——分取液中的试料量，单位为g；

六、思考题

1）铝可溶于NaOH，铝合金是否可用NaOH溶液溶解？为什么？

2）采用酸法溶样，单用HCl溶液可以吗？

3）本实验采用的EDTA溶液要不要标定？为什么？

4）本实验在加入二甲酚橙之后，溶液几次变黄，变黄的原因是什么？

实验六　燃烧气体容量法测定钢铁及合金中碳含量

一、目的要求

1）学会用燃烧气体容量法测定钢铁及合金中碳量的方法。

2）掌握滴定度的确定方法。

二、原理

试料与助熔剂在高温炉中通氧燃烧，碳被完全燃烧，氧化为二氧化碳。以活性二氧化锰（或粒状钒酸银）吸收二氧化硫，将混合气体收集于碳量测量装置的量气管中，测量其体积，然后以氢氧化钾溶液吸收二氧化碳，再测量剩余气体体积。吸收前后体积差即为二氧化碳体积，经温度、压力校正，可计算碳的质量分数。

三、实验装置及试剂

二氧化锰、三氧化钨、氢氧化钾溶液。

管式高温燃烧炉（包括净化系统、燃烧系统和吸收系统）。

四、实验步骤

（1）连接好碳量测量装置　将炉温升至1200～1350℃，通氧检查并调节测量装置，使其严密不漏气。调节并保持仪器装置在正常的准备工作状态。

（2）试料量　按碳含量称取不同量试样。碳量0.05%～0.50%，称取2.00g；0.50%～1.00%，称取1.00g；1.00%～1.50%，称取0.50g；1.50%～3.0%，称取0.25g；大于3.0%，称取0.15g，精确至0.0001g。

(3) 空白试验　分析前按试料分析步骤做空白试验，直至得到稳定的空白值。由于室温的变化和分析过程中冷凝管水温的变化，在测试过程中须插入做空白试验，并从测量值中扣除。

(4) 验证分析　选择与被测样品含碳量相近的标准物质按试料分析步骤操作，当测量值与标准值一致（在规定的允许差内），表明仪器装置和操作正常，可开始进行试样分析。否则，应检查仪器装置和操作，直至测量值与标准值一致。

(5) 试料分析　称取试料置于瓷舟中，覆盖适量助熔剂，开启耐热连接塞，用不锈钢长钩将瓷舟送入高温区，立即塞上耐热连接塞，预热1min。开启通氧活塞，使瓷管与量气管相通，量气管内酸性水液面缓慢下降。控制通氧速度，在约1~1.5min内使燃烧后的混合气体充满量气管（酸性水液面降至为零），转动小三通活塞，使量气管短暂与大气相通，液面自动调零（注意观察液面是否对准零点）。

关闭通氧活塞，转动大三通活塞，使量气管与吸收器相通，提起水准瓶，将量气管内混合气体全部压入吸收器，用氢氧化钾溶液吸收混合气体中的二氧化碳。放低水准瓶，气体压回量气管内，重复操作吸收一次。最后将吸收后的气体导入量气管，至吸收器上浮子顶至原来位置并不留气泡。关闭大三通活塞，将水准瓶放回原来位置，待液面平稳后（约15s），记下量气管标尺的读数。

五、结果计算

1）当量气管标尺的读数是碳含量时，按下式计算碳的质量分数：

$$w(C) = \frac{xf}{m}$$

式中　x——量气管标尺上读出对1g试样时碳的质量分数；

f——温度、压力校正系数，查表求得；

m——试料量，单位为g。

2）当量气管标尺的读数是体积时，按下式计算碳的质量分数：

$$w(C) = \frac{AVf}{m} \times 100\%$$

式中　A——温度16℃、气压101.32kPa，封闭液中每毫升二氧化碳中碳的质量，用酸性水作封闭液时A值为0.0005000g/mL；用氯化钠酸性溶液作封闭液时A值为0.0005022g/mL；

V——量气管标尺读数，单位为mL；

f——温度、压力校正系数，查表求得；

m——试料量，单位为g。

六、注意事项

1）生铁、碳钢、低合金钢等控制炉温在1200~1250℃，高合金钢、高温合金等难熔样品控制炉温在1250~1350℃。炉子升降温度应开始慢，逐步加速，以延长硅碳棒的寿命。

2）生铁、碳钢、中低合金钢可选用锡（片、粒）、铜片或氧化铜作助熔剂，用量为0.25~0.50g；高合金钢、高温合金选用锡加纯铁粉（1+1）、氧化铜加纯铁粉（1+1）或五氧化二钒加纯铁粉（1+1）作助熔剂，用量0.25~0.50g，所选用助熔剂的空白值应低而稳定。

3）更换量气管、吸收器内溶液，或更换干燥剂、除硫剂后，均应先作几个高碳试样，使系统与二氧化碳达到一定平衡后开始样品分析。

4）通氧速度要恰当。对卧式炉，开始通氧速度稍慢，待样品燃烧后适当加快通氧速度，将生成的二氧化碳驱至量气管内。氧气流速过小或过大都不利于试料燃烧和二氧化碳的吸收，一般保持在400～500mL/min。对立式炉，则应控制较大的氧气流量，即所谓的“前大氧，后控气”。通常钢样控制60～90s，生铁、铁合金样为90～120s。

5）分析高碳试样后，应通氧吸收一次，将系统中残留的CO_2驱尽，才可接着进行低碳样的分析。

6）吸收器及水准瓶内溶液及混合气体的温度应基本一致。否则温差的不同会敏感地影响气体体积的变化，对分析结果产生较大的误差。产生温差的原因主要有：混合气体没有得到充分冷却，吸收前后混合气体的温度有差别；连续分析时，量气管冷却水套内水量有限，使量气管的温度升高，而吸收器中的吸收液量大，升温相对慢，致使吸收前后混合气体有温差；定碳仪安装位置不当，与高温炉距离过近，各部位受热辐射影响不一致。温差的影响在夏天气温高时更明显。为此需注意对混合气体的冷却，冷凝管内最好通回流冷却水，注意测量装置的通风，在测量前后和过程中穿插进行空白试验，得到稳定的空白值，并从分析结果中扣除。

7）当洗气瓶内硫酸的体积明显增加，除硫管中二氧化锰变白时，应及时更换。

除硫剂的制备：

粒状活性二氧化锰的制备：取20g硫酸锰溶于500mL水中，加10mL氨水（$\rho \approx 0.90$g/mL），混匀。在不断搅拌下加约100mL过硫酸铵溶液（250g/L），煮沸10min，加数滴氨水，静止至澄清（如溶液不澄清，可再加适量过硫酸铵溶液煮沸）。抽滤，用氨水（5+95）洗10次，热水洗2次，用硫酸（5+95）洗10次，再用热水洗至无硫酸。沉淀于110℃干燥3～4h，取20～40目（0.90～0.45mm）粒度，贮存于干燥器中备用。

粒状钒酸银的制备：取12g钒酸铵（或偏钒酸铵）溶于400mL水中，取17g硝酸银溶于200mL水中，将两溶液均匀混合。用玻璃坩埚抽滤，用水洗净。沉淀于110℃干燥，取0.833～0.370mm（20～40目）粒度，贮存于干燥器中备用。

8）根据理想气体方程，可以计算1.00mg碳生成的二氧化碳在0℃、101.32kPa的标准状态下的体积为1.8535mL。按气态方程计算，16℃在量气管酸性水液面上二氧化碳的体积V_2。理想气体状态方程式中$P_1 = 101.32$kPa，$V_1 = 1.8535$mL，$T_1 = 273.15$K；$P_2 = (101.32 - 1.81)$kPa（1.81kPa是16℃时酸性水液面上水的饱和蒸气压），$T_2 = (273.15 + 16)$K。将数据代入方程，得$V_2 = 1.998\text{mL} \approx 2.00$mL。因此在一般定碳仪的量气管以2.00mL作为一个刻度单位，对1g试料，2.00mL相当于0.10%的碳量。

9）气体体积受温度和压力的影响很大，分析结果计算时需对测量的体积（或含量）进行温度和压力校正，换算为16℃和101.32kPa时的体积（或含量）。根据气态方程，校正系数f是16℃、101.32kPa时的体积和测量条件（t/℃、P/kPa）的体积比，f可表示为：

$$f = \frac{T_1 P_2}{T_2 P_1} = \frac{273.15 + 16}{101.32 + 1.81} \times \frac{p_w}{273.15 + t} = 2.906 \times \frac{P - p_w}{273.15 + t}$$

式中　P——测量时的大气压，单位为kPa；

p_w——测量时水的饱和蒸气压，单位为kPa；

t——量气管温度，单位为℃。

分析结果计算时不必按上式计算校正系数f，已专门制成校正系数表，根据测量时的温度、压力查表得到校正系数。有时量气管内使用的是260g/L的氯化钠溶液，由于其溶液的水蒸气压不同，计算出的校正系数与酸性水略有不同，查表时应注意。

10）瓷舟及溶剂须作空白试验。瓷舟应预先在马弗炉中1000～1200℃下灼烧1h，不等完全冷却就取出，放在盖子不涂凡士林油的干燥器中保存，空白值检查应小于0.002%的碳。

11）试样应保证清洁，不含有机物和油垢等，若有油垢可用乙醚或乙醇清洗，烘干后再分析。

12）量气瓶应保持清洁，瓶壁上不得沾有水珠，以免溶液不能顺利流下。

实验七 燃烧碘量滴定法测定钢铁中硫含量

一、目的要求

1）学会用燃烧碘量滴定法测定钢铁中硫含量的方法。

2）进一步掌握滴定操作。

二、原理

试料在高温下通氧燃烧，将硫氧化成二氧化硫，用酸性淀粉溶液吸收，生成的亚硫酸被碘酸钾（或碘）标准滴定溶液滴定，根据消耗碘酸钾标准滴定溶液的体积，计算硫的质量分数。

三、实验装置及试剂

碘酸钾标准滴定溶液（0.010mol/L）助熔剂。

管式高温炉、酸式滴定管。

四、实验步骤

（1）分析前准备　连接和安装硫量测定装置，将炉温升至1250～1300℃。通入氧气，其流量约为1500～2000L/min，检查整个装置的管路及活塞，使其严密不漏气，调节并保持装置在正常的工作状态。按试样分析步骤分析两个含硫较高的试样，使系统处于平衡状态。选择适当的标准物质按分析步骤操作，计算分析结果是否符合要求。在装置达到要求后才能进行试样分析。

（2）试料量　按试样含硫量不同称取不同量的试样，硫量为0.003%～0.05%，称取0.5000g；硫量为0.05%～0.10%，称取0.2500g；硫量大于0.10%，称取0.1000g。

（3）空白试验　试样分析前做瓷舟、助熔剂的空白试验，测量的空白值应小而稳定，空白试验滴定毫升数不大于0.10mL。测量过程中也随时进行空白试验，以检查空白值的稳定性。

（4）试样分析　于吸收杯中放入一定量的淀粉吸收液（甲），通氧，用碘酸钾标准滴定溶液（0.010mol/L）滴定至吸收液呈稳定的淡蓝色，以此作为滴定的终点色泽。当硫量小于0.01%时采用浓度为0.0025mol/L的碘酸钾标准滴定溶液（下同）。

将试料平铺于瓷舟中，均匀覆盖适量助熔剂。打开瓷管塞，用不锈钢长钩将瓷舟送入瓷管高温区，立即塞紧瓷管塞。预热0.5～1min，依次打开通氧活塞和吸收杯前活塞，待吸收液蓝色减褪时，随即用碘酸钾标准滴定溶液滴定，使吸收液液面在通氧滴定过程中始终保持蓝色。当吸收液色泽褪色变慢时，相应降低滴定速度。间歇通氧，滴定至吸收液色泽与原调节的终点色泽一致，并在15s内不变为终点，关闭通氧活塞，读取滴定所消耗碘酸钾标准溶液的毫升数。

打开瓷管塞，用长钩将瓷舟拉出，送入下一试样的瓷舟进行测定。观察试料是否熔融燃烧完全，如熔渣不平，断面有气孔，表明燃烧不完全，应重新进行测定。

五、结果计算

按下式计算硫的质量分数：

$$w(\mathrm{S})=\frac{T(V-V_0)}{m}\times 100\%$$

式中　T——标准滴定溶液对硫的滴定度，单位为g/mL；

V，V_0——分别为滴定试料和空白试验消耗碘酸钾标准滴定溶液的体积，单位为mL；

m——试料量，单位为g。

六、注意事项

1）生铁、碳钢、低合金钢可选用五氧化二钒（预先在600℃灼烧2h，贮于磨口瓶中）、铜片或氧化铜作助熔剂，合金钢、高温合金等选用五氧化二钒加纯铁（3+1）或锡粒+纯铁（1+1）作助熔剂。根据称样量，加入0.2~0.5g助熔剂。所用助熔剂应具有低而稳定的空白值（硫量$<0.0005\%$）。

2）当测定高硫试样后再测定低硫试样时，应再做空白试验，直至空白值低而稳定，才进行低硫试样分析。

3）所用瓷舟长88mm或97mm，使用前在1000℃的高温炉中灼烧1h以上，冷却后贮于盛有碱石棉和无水氯化钙的未涂油脂的干燥器中备用，用于测定低硫的瓷舟应于1300℃的管式炉中通氧灼烧1~2min。分析时采用带盖的瓷舟可提高试样中二氧化硫的转化率。

4）试样中的硫并不是100%转化为二氧化硫，管路中的氧化铁粉可催化生成三氧化硫。因此在连续测定中要注意清除瓷管中的粉尘，并更换球形管中的脱脂棉，特别在分析生铁、高锰钢时。清除粉尘或更换脱脂棉后应作一个废样，以使系统处于平衡状态，并以标准物质校正。在瓷舟上加盖（可将瓷舟两头打掉，反扣在瓷舟上），可减少氧化铁粉的喷溅和对瓷管的沾污。

5）滴定液也可使用碘标准滴定溶液，此时应使用淀粉吸收液（乙）。通常认为碘酸钾标准滴定溶液比碘标准溶液稳定，灵敏度较高，适用于低含量硫的测定。为防止碘的挥发，碘标准滴定溶液应贮于棕色瓶中。

6）连续测定中，吸收液可放掉一半再补充一半新吸收液，对高硫试样应做一次更换一次。滴定过程中当吸收液液面全部褪色，二氧化硫气体有逃逸的可能，影响分析结果的准确度。对高硫试样，可在吸收液中适当预置滴定液。

7）通氧燃烧时，硫的转化率与测量条件有很大的关系。提高燃烧温度有利于提高二氧化硫的生成率，炉温1400℃二氧化硫的转化率达到90%以上，1500℃可达到98%。使用高频炉加热，有利于提高硫的转化率。常用的管式炉难以加热到1400℃以上。一般而言，电弧炉中硫的转化率低于管式炉和高频炉；加大氧气流量，有效提高试样的燃烧速度和温度，减少二氧化硫与粉尘接触的时间，有利于提高硫的转化率。氧气流速通常控制在1.5~2L/

min；选择合适的助熔剂也是保证分析结果准确度和精度的重要条件。采用五氧化二钒作助熔剂的效果较好，其优点是产生的粉尘少，硫的回收率高达90%。也有用五氧化二钒加纯铁（或五氧化二钒加纯铁和炭粉）混合助熔剂，可使生铁、碳钢和中、低合金钢样品中硫的转化率接近一致。

8）由于试样中二氧化硫的转化率不是100%，分析结果不能用标准滴定溶液浓度直接计算，需用标准物质在同条件下测量并计算其滴定度。应采用硫含量相近、组成尽可能一致的标准物质求滴定度，同时尽量采用近期研制的标准物质。当标准物质和试样的称量相同时，滴定度 T 的单位可直接简化为%/mL，计算更方便。测量中应严格控制和保持分析条件一致，保证分析结果的准确度和精度。

9）预热时间不宜过长，生铁、碳钢及低合金钢预热不超过30s；中高合金钢、高温合金及精密合金预热1~1.5min。

10）若滴定速度跟不上，会导致结果偏低，因此滴定高硫样品时，开始可适当加入一些碘酸钾标准溶液。

11）为延长淀粉溶液的使用期限，可加入0.03%的硼酸或少量对羟基苯甲酸乙酯，以防变质。

实验八　氟硅酸钾滴定法测定硅铁中硅含量

一、目的要求

1）学会用氟硅酸钾滴定法测定硅铁中硅量的方法。

2）了解铁合金试样分解的方法。

二、原理

试料以硝酸、氢氟酸分解。在酸性溶液中，加硝酸钾使硅生成氟硅酸钾沉淀。经过滤、洗涤，中和沉淀物成中性，加中性沸水使氟硅酸钾水解，以氢氧化钠标准滴定溶液滴定水解析出等物质的量的氢氟酸，计算硅的质量分数。

三、试剂

硝酸—硝酸钾溶液（200g/L）、氢氟酸、氟化钾溶液（150g/L）、氢氧化钠标准滴定溶液（0.25mol/L）、溴麝香草酚蓝。

四、实验步骤

（1）试料量　称取约0.10g粒度不大于0.125mm的试样，精确至0.0001g。

（2）试料分解　将试料置于塑料烧杯中，随同试料进行空白试验。加15mL硝酸—硝酸钾溶液（200g/L），边摇动边缓缓滴加5mL氢氟酸至试料完全溶解。

（3）沉淀分离　加滤纸浆少许，在塑料棒搅拌下加入15mL氟化钾溶液（150g/L，或加15mL硝酸钾饱和溶液），搅拌1min，在25℃以下静止10~15min，使氟硅酸钾沉淀完全。沉淀用中速滤纸加纸浆在塑料漏斗上抽滤，用硝酸钾洗涤液洗烧杯和沉淀6~7次。

（4）滴定　将沉淀连同滤纸置于原烧杯中，加15mL硝酸钾洗涤液、5滴溴麝香草酚蓝—酚红指示剂溶液，在充分搅动下，滴加氢氧化钠标准滴定溶液仔细中和滤纸上的余酸至出现稳定的紫红色，不计毫升数。加150~200mL中性（将蒸馏水煮沸，加数滴溴麝香草酚蓝—酚红指示剂溶液，滴加氢氧化钠标准滴定溶液至溶液呈紫红色，混匀）。沸水，搅拌，补加数滴指示剂溶液，立即用氢氧化钠标准滴定溶液（0.25mol/L）滴定试液至呈现紫红色为终点。

五、结果计算

按下式计算硅的质量分数：

$$w(\mathrm{Si})=\frac{c(V-V_0)\times 28.086}{m\times 4000}\times 100\%$$

式中 $w(\mathrm{Si})$——硅的质量分数；

c——氢氧化钠标准滴定溶液浓度，单位为 mol/L；

V，V_0——滴定试液和空白试验溶液消耗氢氧化钠标准滴定溶液的体积，单位为 mL；

m——试料量，单位为 g；

28.086——硅的摩尔质量，单位为 g/mol。

或按下式计算：

$$w(\mathrm{Si})=\frac{T(V-V_0)}{m\times 1000}\times 100\%$$

式中 T——氢氧化钠标准滴定溶液对硅的滴定度，mg/mL；其余同上。

六、注意事项

1）氟硅酸钾在热水中水解，释放出等物质的量的氢氟酸：

$$K_2SiF_6+4H_2O=\!=\!=H_4SiO_4+4HF\uparrow+2KF$$

用氢氧化钠标准滴定溶液滴定释放出的氢氟酸：

$$HF+NaOH=\!=\!=NaF+H_2O$$

2）试料分解温度控制在 80℃以下，滴加氢氟酸速度不可太快，以防四氟化硅逸出。对于一些难分解的试样，可在塑料烧杯中预加约 1g 硝酸钾，使溶解的硅即转化成氟硅酸钾沉淀。

3）沉淀过滤洗涤时采用抽滤法，尽快过滤，防止沉淀水解。为加速抽滤的速度，在滤纸下面垫一层绸布，防止滤纸抽破。

4）洗涤液中加乙醇，以降低氟硅酸钾的溶解度，并加快游离酸洗去的速度，中和时加洗涤液是防止局部沉淀遇氢氧化钠而发生水解。

5）氟硅酸钾沉淀的酸度一般控制在 2～3mol/L，酸度太高会增加氟硅酸钾的溶解度，而酸度太低又易产生其他离子的氟化物沉淀。通常在硝酸介质中沉淀氟硅酸钾，其溶解度最小。

6）沉淀温度应控制在 25℃以下，体积为 40～50mL，室温高时可将烧杯在冰水浴或冷水浴中沉淀。洗涤沉淀的次数不宜过多，用量不宜过大，每次抽滤干后再洗下一次。

7）分析时注意试剂引入的空白。当氢氟酸的空白较高（消耗氢氧化钠标准滴定溶液 0.5mL 以上）时，可用以下方法消除硅的影响：取 100mL 氢氟酸于塑料瓶中，加 10mL 乙醇、20g 硝酸钾，混匀，放置过夜，在塑料漏斗上过滤于塑料瓶中，使用时按 2 倍量加入。

8）中和滴定时也可用酚酞或仅以溴麝香草酚蓝作指示剂，滴定至终点时，前者由无色变为微红色，后者由黄色变为蓝色。

9）含锰量高的试样溶解时可加入 1～2mL 过氧化氢，对测定无影响。

参 考 文 献

[1] 甘峰，分析化学基础教程［M］．北京：化学工业出版社，2007.

[2] 张慧波，韩忠霄．分析化学［M］．大连：大连理工大学出版社，2006.

[3] 赵泽禄．化学分析技术［M］．北京：化学工业出版社，2006.

[4] 张燮．工业化学分析［M］．北京：化学工业出版社，2003.

[5] 钟国清，赵明宪．大学基础化学［M］．北京：科学出版社，2003.

[6] 王英杰．金属材料及热处理［M］．北京：机械工业出版社，2007.

[7] 郭文录，袁爱华，林生岭．无机与分析化学［M］．哈尔滨：哈尔滨工业大学出版社，2004.

[8] 王戟．金属材料及热处理［M］．北京：中国劳动社会保障出版社，2004.

[9] 谭湘成．仪器分析［M］．北京：化学工业出版社，2001.

[10] 宋卫良．冶金化学分析［M］．北京：冶金工业出版社，2008.

[11] 北京矿冶研究总院测试研究所．有色冶金分析手册［M］．北京：冶金工业出版社，2004.

[12] 邓珍灵．现代分析化学实验［M］．长沙：中南大学出版社，2002.

[13] 吴诚．金属材料化学分析300问［M］．上海：上海交通大学出版社，2003.